Jürgen Burberg
Peter Schneiderlöchner

Excel 4.0
Einsteigen leichtgemacht

Jürgen Burberg
Peter Schneiderlöchner

Excel 4.0

Einsteigen leichtgemacht

Die Deutsche Bibliothek - CIP-Einheitsaufnahme

Burberg, Jürgen:
Excel 4.0 : Einsteigen leichtgemacht / Jürgen Burberg ; Peter Schneiderlöchner. - Braunschweig ; Wiesbaden : Vieweg, 1992
ISBN 3-528-05276-7
NE: Schneiderlöchner, Peter:

Der Verlag Vieweg ist ein Unternehmen der Verlagsgruppe Bertelsmann International.

Druck und buchbinderische Verarbeitung: Lengericher Handelsdruckerei, Lengerich
Gedruckt auf säurefreiem Papier
Printed in Germany

ISBN 3-528-05276-7

Inhaltsverzeichnis

1 Vorwort und Einleitung

Der eine oder andere Leser dieses Buches wird sich vielleicht noch an die ersten Schuljahre erinnern, in denen man immer wieder sog. *Rechenpäckchen* durcharbeiten mußte. Das waren 10 oder mehr untereinandergeschriebene Zahlen, die addiert oder subtrahiert werden mußten.
Je schneller man die Lösung gefunden hatte, desto eher konnte man zu den Freunden zum Spielen. Was hätte man damals für einen Taschenrechner oder gar einen modernen Personal Computer (PC) mit einem Kalkulationsprogramm gegeben. Allerdings hätte man trotz der elektronischen Hilfe die Zahlenwerte einmal eingeben müssen, bevor man die Berechnung der Summen oder Differenzen hätte vornehmen können. Diese lästige Eingabearbeit kann uns allerdings der PC leider noch nicht abnehmen. Das Lösen solch massenhafter Rechenaufgaben könnte man auch vornehm als *Lösen umfangreicher kalkulatorischer Problemstellungen* bezeichnen. Auch wenn die nette Kellnerin nach einem gelungenen Mahl die Kosten für die einzelnen Speisen und Getränke untereinander schreibt, handelt es sich um ein vergleichbares Problem mit einer gleichen Problemlösung: eine Tabelle.
In späteren Schuljahren oder gar während des Studiums wurden die kalkulatorischen Probleme dann immer komplexer und umfangreicher. Viele werden außer einem Taschenrechner nicht viel mehr an elektronischer Hilfe gehabt haben. Es sei denn, man hatte einen Groß-Rechner vom Kaliber einer IBM / 370 oder eine DEC PDP11 zur Verfügung, aber solche Helfer unterstützten sicher die wenigsten von Ihnen.
Bei sämtlichen Problemlösungen steht immer eines im Vordergrund: das *Gewußt-wie*. Dieses - im Englischen als *know-how* bezeichnete - *Gewußt-wie* verhilft uns fast immer mit einer Lösungsidee oder -strategie zum Ergebnis. Die Beschreitung des Lösungsweges bereitet sicher dem einen oder anderen Schwierigkeiten, weil man sich allzu leicht verrechnet oder Zahlen falsch in den Taschenrechner eintippt. Dennoch ist der Weg, d.h. die Strategie, das eigentlich Wichtige an der Lösung

komplexer kalkulatorischer Problemstellungen.
Heute stehen jedem, der umfangreiche kalkulatorische Probleme zu lösen hat, PCs zur Verfügung, die mit einem Kalkulationsprogramm ausgerüstet sind. Aber eines ist bei aller Hi-Tech-Liebe geblieben: das Austüfteln einer Lösungsstrategie bleibt dem Anwender überlassen. Der PC leistet dabei leider keine Hilfe. Er ist lediglich ein Spezialist für die rasche Verarbeitung größerer Zahlenmengen (numerischer Daten). Die Voraussetzung für die numerische Massenverarbeitung ist allerdings, daß man die nötigen numerischen Daten erst einmal in den Computer bzw. das Programm eingibt. Dieses "Futter" verarbeitet der PC dann, indem er es addiert, subtrahiert, Mittelwerte bildet, Zinsen berechnet oder die Standardabweichung bestimmt. Die Lösungsstrategien dazu, also unsere planerischen Vorarbeiten, müssen allerdings erst einmal in den Computer einprogrammiert werden. Diese Einprogrammierung besteht in der Festlegung von Methoden, wie mit den numerischen Daten umgegangen werden soll, wie das numerische Futter verdaut werden soll.

Bei vielen kalkulatorischen Problemen hat sich die Anordnung des Zahlenmaterials in Form einer Tabelle bewährt (wie "Rechenpäckchen und Kellnerin"). Auf diese Weise können auch umfangreichere Zahlenmengen übersichtlich angeordnet werden. Die Rechenpäckchen sind eine spezielle tabellarische Darstellungsform: Eine einspaltige, mehrzeilige Tabelle. Nimmt man dagegen mehrere Rechenpäckchen und setzt sie nebeneinander, so erhält man eine mehrspaltige und mehrzeilige Tabelle.
In einer Tabelle ist es darüber hinaus möglich, Zahlenwerte verschiedenen Kategorien zuzuordnen. Die Kategorien werden mit Überschriften gekennzeichnet. Die Überschriften beziehen sich entweder auf eine Tabellenspalte (Spaltentitel) oder eine Tabellenzeile (Zeilentitel).
Eine Umsatztabelle hat beispielsweise den in Abbildung 1-1 dargestellten Aufbau.

Stückzahlen verkaufter Hardware					
	1989	1990	1991	1992	Gesamt
Laserdrucker	2456	2678	3145	4321	12600
VGA-Monitor	3456	3567	4567	5678	17268
VGA-Karte	3678	4789	5789	6789	21045

Abb. 1-1 Typische Tabellenstruktur

Durch die Struktur einer Tabelle kann einem Zahlenwert genau am Kreuzungspunkt von Spalte und Zeile sowohl die Spalten- als auch die Zeilenüberschrift zugeordnet werden. So sieht man beispielsweise, daß der Zahlenwert *4567* aus der Tabelle in Abbildung 1-1 die Anzahl von VGA-Monitoren ist, die im Jahre 1991 verkauft wurden.
Sämtliche Berechnungen, die in einer solchen Tabelle vorgenommen werden, wie etwa die Berechnung des Durchschnittes der verkauften Laserdrucker o.ä., werden häufig als *Tabellenkalkulation* bezeichnet.
Um kalkulatorische Probleme zu lösen, nutzt man die unterschiedlichsten Werkzeuge:
- Rechenschieber
- Abakus
- Finger
- Bleistift und Papier
- Taschenrechner
- Rechenscheibe

Je nach dem Grad der Beherrschung sind diese Werkzeuge mehr oder weniger effektive Helfer bei der Erledigung kalkulatorischer Aufgaben.
Das Kopfrechnen wurde in der Schule in großem Umfang trainiert, der Gebrauch des Rechenschiebers ist den meisten jedoch gänzlich fremd geworden. Im Gegensatz dazu kann heute fast jeder normal begabte Mensch mit einem Taschenrechner umgehen und zumindest die eingangs erwähnten *Rechenpäckchen*-Aufgaben damit lösen. Gänzlich unterschiedlich ist die Erfahrung und der Trainingsstand im Umgang mit Personal Computern (PC) und ihren Programmen.
Auf dem PC-Markt haben sich seit einigen Jahren die verschiedensten Kalkulationsprogramme etabliert: Lotus 1-2-3 (der Klassiker), MS-Multiplan (das Arbeitstier), SuperCalc (der "alte Herr") und MS-Excel (der Herausforderer).

Diese Programme besitzen alle einen ähnlichen Aufbau, nämlich eine tabellarische Struktur aus Spalten und Zeilen.

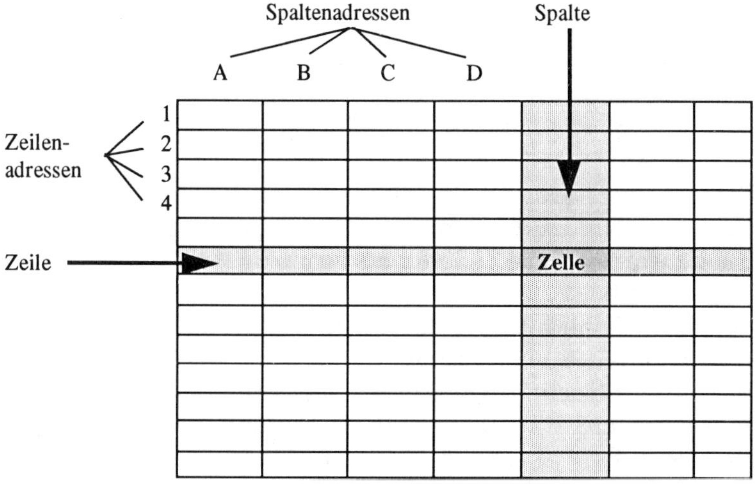

Abb. 1-2 Prinzipieller Aufbau von Tabellenarbeitsblättern

Diese Tabellenkalkulationsprogramme stellen dem Anwender eine tabellarische Struktur aus Zeilen und Spalten zur Verfügung. Der Kreuzungspunkt zwischen Zeile und Spalte bildet eine sog. *Zelle*. In solch eine Zelle kann der Anwender Zahlen, Formeln, Funktionen oder Text eintragen.
Damit man die Eintragungen auch wiederfinden kann, werden Zeilen und Spalten von den Programmen mit Zahlen, Buchstaben oder Kombinationen daraus benannt. Dies ist programmintern und hat nichts mit den von Ihnen individuell vergebenen Spalten- und Zeilentiteln zu tun.
Von Programm zu Programm unterschiedlich sind die Benennungen der Zeilen und Spalten. In MS-Excel werden die Spalten mit Buchstaben, die Zeilen mit Zahlen bezeichnet (z.B.: A1 für Spalte A und Zeile 1). Für alle Multiplan-Anwender bietet MS-Excel 4.0 den Komfort, auch die Adressierung von Multiplan (z.B.: Z1S1 für Zeile 1, Spalte 1) in MS-Excel einstellen zu können. Damit entfällt eine Umgewöhnungszeit und eine Umstellung von Makros und Adreßangaben in Formeln, die von einer Multiplan-Tabelle in MS-Excel übernommen werden sollen.

Neben der Möglichkeit, etwas in Zellen einzutragen, können Sie dem Programm mitteilen, was mit den Eintragungen zu geschehen hat. In sog. *Menüs* stellen die Programme dem Anwender einen Vorrat von Befehlen zur Verfügung, über die man mit dem Programm kommuniziert. Diese Art der Kommunikation erspart in vielen Fällen das Erlernen komplizierter Syntaxregeln, wie dies bei einigen Datenbankprogrammen und natürlich bei sämtlichen Programmiersprachen noch üblich ist. Tippfehler bei der Befehlseingabe werden so weitgehend vermieden.

Damit Sie wissen, in welche der vielen Zellen Sie denn nun Ihre Zahlen und Texte eingeben können, wird die jeweils aktuelle Zelle besonders gekennzeichnet, sei es mit einem Rahmen, durch eine andere Farbe oder eine Inversdarstellung.
Bei der Betrachtung verschiedener Kalkulationsprogramme fällt sofort die unterschiedliche Oberflächengestaltung der Programme auf. MS-Multiplan stellt sich als rein zeichenorientiertes Programm dar, während MS-Excel die umfassenden Grafikmöglichkeiten von MS-Windows nutzt. Aber MS-Excel 4.0 ist nicht nur "schöner" als Multiplan, sondern verfügt auch über eine erheblich größere Anzahl integrierter Funktionen zu den unterschiedlichsten Fachgebieten.
Welche Bildschirmelemente in MS-Excel die Kommunikation mit dem Programm ermöglichen, erfahren Sie in Kapitel 2 *Der Aufbau von MS-Excel 4.0.*
Die konsequente Nutzung der grafischen Oberfläche von MS-Windows eröffnet bei MS-Excel die Möglichkeit, bereits auf dem Bildschirm eine Tabelle so darzustellen, wie sie später auch ausgedruckt wird. Dieses Prinzip wird auch als WYSIWYG-Prinzip (*What You See Is What You Get* = Was du siehst, bekommst du) bezeichnet. Nicht nur die einzelnen Schriftarten, sondern auch Rahmen, Schraffuren und Farben werden im richtigen Verhältnis auf dem Bildschirm dargestellt. Farben können natürlich nur mit Farbdruckern auch zu Papier gebracht werden.
Neben der Bearbeitung umfangreicher numerischer Datenreihen in Tabellenform ist es häufig sinnvoll, die nackten Zahlenwerte in anschaulichere Grafiken und Diagramme zu verwandeln. Insbesondere wenn Zahlenmaterial vor einem größeren Zuhörerkreis präsentiert werden soll, bietet sich die Erstellung

von Diagrammen an. Früher war dies recht mühevoll. Die Werte mußten zunächst auf Millimeterpapier übertragen werden. Dann wurde diesen Werten mit Hilfe eines Kurvenlineals eine Kurve angenähert. Je geschickter man mit den Handwerkszeugen Lineal, Millimeterpapier, Farbstiften usw. umgehen konnte, desto befriedigender waren die Ergebnisse. So mancher wird es früher vorgezogen haben, auf eine schlechte Grafik lieber zu verzichten, als mit eben derselben eine mühsam aufgebaute Argumentationskette zu ruinieren. Nichts ist weniger überzeugend als eine schlechte Grafik ohne Aussage. Excel bietet umfangreiche Gestaltungsmöglichkeiten für die grafische Darstellung numerischer Daten. Je nach Art der anfallenden Daten und gewünschter Aussage kann man zwischen Kreis-, Balken-, Säulen-, Linien- und Punktwolkendiagrammen sowie Mischformen zwischen diesen auswählen. Auch 3D-Effekte lassen sich seit der Version 3.0 von Excel den Diagrammtypen zuordnen.

Werden die Daten der Tabelle geändert, so folgen automatisch die Veränderungen in dem entsprechenden Diagramm. Die Daten werden dabei selbsttätig im Hintergrund des Programmes ausgetauscht. Diese Eigenschaft von MS-Excel nennt man *dynamischen Datenaustausch* (DDA). Im Englischen wird dafür der Begriff *dynamic data exchange* (DDE) verwendet.

Auch Tabellen tauschen ihre Daten untereinander dynamisch aus. Bei jeder Änderung der Ursprungstabelle werden die Daten der verbundenen, konsolidierten Tabelle aktualisiert.

Die Einbettung verschiedener Objekte (Tabellenteile, Schalter, Grafiken) in einer Tabelle ist in Excel 4.0 leicht möglich. Dabei können die eingebetteten Objekte häufig auch untereinander verknüpft werden. So ist es leicht möglich, eine Grafik in eine Tabelle so zu integrieren, daß man bei Doppelklick auf dem Diagramm in den Bearbeitungsbereich für Grafiken von Excel gerät. Dieses Verfahren nennt der Fachmann "Object Linking and Embedding" (= Verbinden von Objekten und einbetten).

Darüber hinaus können beispielsweise Ergebnisse komplexer Excel-Berechnungen so in einem WinWord-Dokument eingebettet werden, daß sie bei Aktualisierung der Tabelle gleichzeitig mit erneuert und an den neuen Wert angepaßt werden; und das in jedem Dokument, in dem sie auftauchen. Auch dies bezeichnet man mit den drei Buchstaben OLE (= object linking and embedding).

Die tabellarische Darstellung umfangreicher Datenmengen bildet auch die für Datenbank-Anwendungen typische Form. Jede zu einer Datenbank gehörende Datei ist prinzipiell eine Tabelle. Die Spaltenüberschriften sind dabei die Bezeichnungen der Datenfelder, die Eintragungen in den Zellen der Tabelle sind die Feldinhalte der Datei. MS-Excel verfügt über Funktionen und Befehle, die die Bearbeitung kleinerer Datenbankprobleme (Kundenstammdaten, Adreßdaten) erlauben. Komplexe Datenbankprobleme, die einer relationalen Struktur bedürfen, lassen sich damit allerdings nicht lösen. Dies wäre eine Überfrachtung von Excel, das ein typisches Tabellenkalkulationsprogramm darstellt. Die Funktionen sind daher auch auf dieses Aufgabenfeld konzentriert.

Verfügten die Vorgängerversionen MS-Excel 2.x und 3.x bereits über umfangreiche Grundfunktionen, so sind die folgenden Neuerungen in der aktuellen Version 4.0 zu finden:

- Die Werkzeugleiste (= Symbolleiste) kann in weiten Bereichen den individuellen Bedürfnissen angepaßt werden.
- Das Arbeitsblatt kann vergrößert und verkleinert werden.
- Die Erstellung von Diagrammen wurde einem Grafik-Assistenten übertragen, der bereits bei der Diagrammerstellung exakte Festlegung von Überschrift, Diagrammtyp, Achsenbeschriftung usw. zuläßt.
- Ähnlich wie in Excel 3.0 finden sich auch bei Excel 4.0 wieder einige mitgelieferte Makros. Diese Makros können in Excel "eingebaut" werden. Sie übernehmen beispielsweise das Lösen komplexer Was-Wäre-Wenn-Fragestellungen (Szenario-Manager) oder eine Dia-Show für Präsentationszwecke. Solche Makros werden als *Add-In-Makros* bezeichnet. Mit Hilfe des **Add-In-Managers** können Sie in Excel integriert werden.
- In Excel 4.0 wurde die rechte Maustaste entdeckt. Mit ihr ist es jetzt ganz leicht möglich, Zellen zu kopieren, Grafiken zu formatieren usw. Es können mit der rechten Maustaste nämlich immer die zu einem Tabellen- oder Diagrammelement passenden Menüoptionen direkt aufgerufen werden. Sie erscheinen dann immer in der Nähe der Stelle, auf die man mit der rechten Maustaste geklickt hat (Kontextmenüs).
- Mit Hilfe der neuen Funktion *Autoformatieren* lassen sich auch komplexe Tabellen ganz schnell unter optimalem Nutzen des Platzes formatieren.
- Makro-Interpreter für Lotus 1-2-3 User

- *Drag & Drop*-Möglichkeiten (Ziehen und Fallenlassen) zum Kopieren und Verschieben von Tabellenteilen und anderen Objekten.
- Zusammenfassung von zusammengehörenden Dateien in Arbeitsmappen.
- Rechtschreibprüfung
- Umfangreiche OLE-Möglichkeiten (object linking and embedding).
- Neue Diagrammtypen: Polardiagramm, Oberflächendiagramm und 3D-Balkendiagramm.

Darüber hinaus sind zahlreiche Verbesserung im Umgang mit den Funktionen und Möglichkeiten integriert worden, die Ihnen vielleicht bereits aus der Version 3.0 bekannt sind.

Wie nutzt man dieses Buch?

Mit diesem Buch wird vor allem der Einsteiger in die Welt der Tabellenkalkulation und MS-Excel 4.0 angesprochen. Aber auch Umsteiger von anderen Tabellenkalkulationsprogrammen finden hilfreiche und interessante Informationen über Problemlösungen mit MS-Excel. Somit sind alle Einsteiger und Umsteiger angesprochen. Im Mittelpunkt des Buches steht die Vermittlung solcher Kenntnisse von MS-Excel 4.0, die Sie als Anwender in der täglichen Praxis benötigen. Damit ist keineswegs der gesamte Funktionsumfang abgearbeitet. Der Rahmen dieses Einsteiger-Buches würde bei weitem gesprengt, wollte man sämtliche Befehle, Funktionen und Möglichkeiten von MS-Excel 4.0 darstellen.
In diesem Buch wurde ganz bewußt auf Informationen verzichtet, die man in der gleichen Weise auch bereits in den Handbüchern von Excel findet. Auf ein langatmiges Aufzählen aller verfügbaren Funktionen oder aller Möglichkeiten der Tastaturbedienung wurde bewußt verzichtet.
Die Funktionsbereiche von MS-Excel werden in den praxisnahen Fallbeispielen berücksichtigt und so intensiv behandelt, daß Sie als Einsteiger den Funktionsumfang von MS-Excel 4.0 abschätzen können. Der Schwerpunkt liegt auf der Tabellenkalkulation. Der Excel-User erhält darüber hinaus beim Durcharbeiten dieses Buches die Kenntnisse und Ideen, die ihn befähigen werden, eigene Problemlösungen effektiv zu planen und in die Tat umzusetzen.

Ganz sicher wollen die Autoren dieses Buch nicht zur Darstellung Ihrer Kenntnisse von MS-Excel mißbrauchen, sondern vielmehr dem Einsteiger Hilfestellungen zum Umgang mit dem Werkzeug geben und Wege zum Lösen einfacher Problemstellungen mit MS-Excel 4.0 aufzeigen.
Die Fallbeispiele dieses Buches wurden daher bewußt der alltäglichen Anwendungspraxis entnommen. Sie stellen somit ein hohes Maß an Übertragbarkeit sicher. Keine exotischen und später kaum nachvollziehbaren Meisterwerke sollen Ihnen vorgestellt werden, sondern die sichere Einübung elementarer Handgriffe und Abläufe bestimmen den Schwerpunkt dieses Buches.
Wenn Sie noch nicht mit der grafischen Benutzeroberfläche MS-Windows 3.x gearbeitet haben, ist das weniger problematisch, denn die wesentlichen für die Arbeit mit MS-Excel relevanten Grundlagen sind in das Buch eingearbeitet. MS-Excel 4.0 nutzt die Möglichkeiten der grafischen Oberfläche MS-Windows 3.1 konsequent aus. Sinnvollerweise wird diese Oberfläche mit der Maus bedient, denn dafür wurde sie auch entwickelt. In diesem Buch wird daher das Vorhandensein einer Maus vorausgesetzt. In einigen Fällen kann eine Kombination aus Maus- und Tastaturbedienung schneller zum Ziel führen als eine reine Mausbedienung. In solchen Fällen ist jeweils der schnellste und effektivste Weg dargestellt. Sie sollen sich schließlich nicht mit unnötigem Ballast abmühen, sondern möglichst schnell gute Arbeitsergebnisse in MS-Excel erzielen. Sollten Sie dennoch Excel lieber mit der Tastatur bedienen, so finden Sie sowohl in der Excel-Hilfe als auch in der Original-Dokumentation sämtliche dazu nötigen Tastenkombinationen.
MS-Excel läßt umfangreiche Gestaltungsmöglichkeiten für den Ausdruck zu. Die meisten besonders "schönen" Ausdrukke und die Benutzung der vielfältigen Schriften lassen sich allerdings nur mit einem hochwertigen Laserdrucker erzielen. Um diese Gestaltungsmöglichkeiten demonstrieren zu können, wurde für dieses Buch ein Laserdrucker *Hewlett-Packard LaserJet IIP* verwendet. Andere Laserdrucker funktionieren ähnlich, sofern sie mit der Seitenbeschreibungssprache HP-PCL arbeiten. Sollten Sie gar einen Postscript-Laserdrucker verwenden, so haben Sie es besonders einfach, denn sämtliche Schriften sind bereits fest in den Drucker integriert. Die Tabellen, Grafiken und Datenbanken dieses Buches lassen sich mit sämtlichen Druckern ausgeben, die von MS-Windows unterstützt werden, wenn auch in unterschiedlicher Qualität.

Die in diesem Buch beschriebenen Vorgänge sollten Sie an Ihrem Rechner nachvollziehen. So erhalten Sie am schnellsten die Sicherheit, die Sie im Umgang mit Excel brauchen.
Damit Sie nötige Eingaben nachvollziehen können, werden folgende Schreibweisen benutzt:

- [...]
  Tasten der Tastatur werden in eckigen Klammern dargestellt. Beispiele dafür sind [Return], [Esc] und [Einfg]. Auch Tastenkombinationen wie [Strg]+[Esc], [Shift]+[Einfg] und [Alt]+[D] werden in dieser Weise geschrieben. Das +-Zeichen zwischen zwei Tasten bedeutet, daß zunächst die erste Taste gedrückt und **festgehalten** wird, dann muß zusätzlich die zweite Taste **kurz** betätigt werden. Danach können Sie beide Tasten wieder loslassen.

In der folgenden Abbildung 1-3 finden Sie die wichtigsten Tasten, die in Excel verwendet werden - auch wenn es in erster Linie mit der Maus bedient wird.

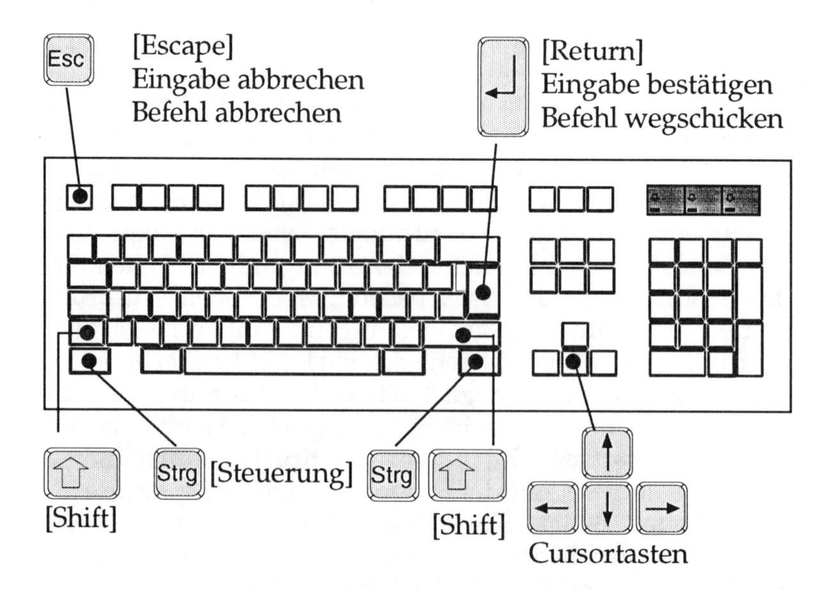

Abb. 1-3 Die wichtigsten Tasten für Excel

- [Klick], [Doppelklick] und [Dauerklick]
  Diese Angaben beziehen sich auf den Umgang mit der Maus.
  Dabei bezeichnet [Klick] das Zeigen mit dem Mauszeiger auf eine Option oder Eingabezelle gefolgt von einem **kurzen** Druck auf die linke Maustaste.
  [KlickRechts] meint das kurze Betätigen der **rechten** Maustaste.

- [Doppelklick] meint den gleichen Vorgang wie [Klick] mit dem Unterschied, daß **zweimal** kurz hintereinander auf die linke Maustaste gedrückt wird.

- [Dauerklick] bezeichnet folgenden Vorgang: Zunächst zeigen Sie mit dem Mauszeiger auf ein Objekt, dann drücken Sie die linke Maustaste **und halten diese fest**. Bei gedrückter Maustaste bewegen Sie den Mauszeiger und überstreichen dabei einen Bereich in Ihrem Arbeitsblatt oder bewegen das markierte Objekt über das Arbeitsblatt. Manchmal wird der Bereich angegeben, der mit [Dauerklick] überstrichen werden soll (**[Dauerklick] M3:M6**).

Einige Befehle können nur über den Druck auf eine Taste und zusätzlichem [Klick] erzielt werden (*Bild einfügen* über [Shift]+[Klick] auf *Bearbeiten*).

- ***Befehl* oder *Befehl1* --> *Befehl2***
  Befehle und Befehlsfolgen werden *kursiv* geschrieben. Beispiele sind *Datei* —> *Speichern* als Befehlsfolge zum Speichern einer Datei und *Bearbeiten* —> *Leerzellen* für das Einfügen von Leerzeilen oder -spalten.

Häufig sind Aufgaben und Übungen so angelegt, daß als Ergebnis zahlreicher Operationen in Excel eine Tabelle, eine Grafik oder eine Datenbank erzeugt wird. Sie sollten versuchen, die Aufgaben und Übungen zu lösen bzw. durchzuführen. Die Fragen, Aufgaben und Übungen sollen Sie motivieren, mehr mit Excel zu arbeiten. Natürlich würde der Rahmen eines Einsteigerbuches gesprengt, wollte man auch sämtliche Lösungen zu den Aufgaben erläutern. Redundanzen und Langeweile wären die Folge. Wir beschränken uns daher darauf, Ihnen die Aufgaben vorzuschlagen, und den Hinweis, daß die Aufgaben sich meist auf das vorangegangene Kapitel beziehen.

Sollte Ihnen also etwas unklar sein, so schlagen wir vor, daß Sie das vorangegangene Kapitel noch einmal überfliegen, um die Unklarheiten zu beseitigen. Ein optimaler Lernerfolg und Informationszuwachs bei Ihnen ist sicher die Folge.

Dank

Dank gebührt natürlich an erster Stelle Ihnen, unserem Leser, daß Sie sich für unser Buch entschieden haben. Darüber hinaus möchten wir uns an dieser Stelle ganz herzlich bei allen Verwandten, Freunden und Bekannten bedanken, die unsere Arbeit an diesem Buch unterstützt haben. Ganz besonderer Dank gebührt den beiden Ehefrauen Annick und Jacqueline, die viel Verständnis für die teilweise intensive, nächtliche Arbeit am Rechner aufbrachten.

Jürgen Burberg Peter Schneiderlöchner

Sommer 1992

2 Excel aufrufen

MS-Excel ist installiert, und Sie wollen loslegen. Jetzt ist es an der Zeit, Excel aufzurufen. Es gibt verschiedene Möglichkeiten, MS-Excel zu aktivieren:

- Aus der Windows-Gruppe ***Microsoft Excel 4.0*** des Programm-Managers per [Doppelklick] auf dem Excel-Symbol. Diese Gruppe wird vom Installationsprogramm automatisch angelegt.

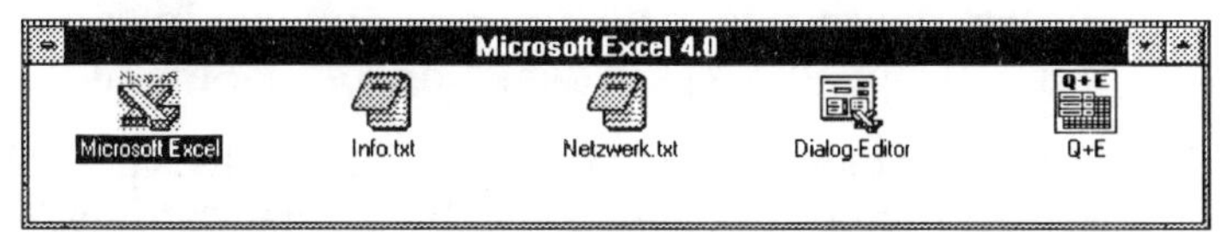

Abb. 2-1 Excel aus der Gruppe **Microsoft Excel 4.0** *starten*

- Aus dem Datei-Manager durch Auswahl des Excel-Verzeichnisses und [Doppelklick] auf dem Programmnamen **EXCEL.EXE**.

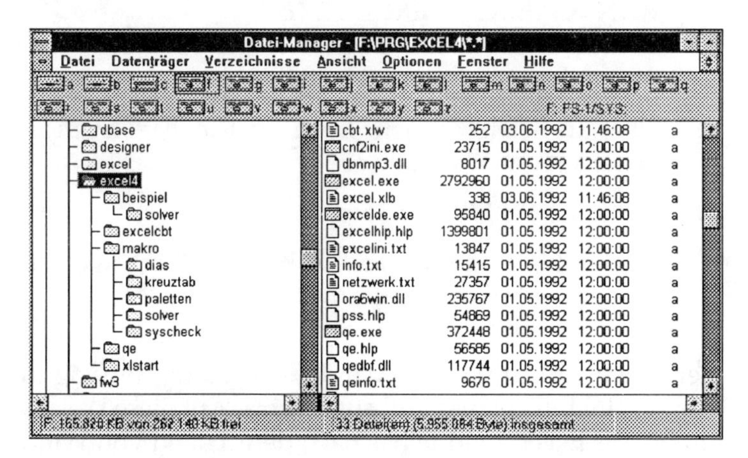

Abb. 2-2 Excel aus dem Datei-Manager *starten*

- Durch Eingabe von [excel] oder [win excel] auf der DOS-Ebene, sofern Zugriffspfade sowohl in das Windows- als auch in das Excel-Verzeichnis gelegt wurden. Automatisch bei jedem Start von MS-Windows durch entsprechenden Eintrag in der Datei WIN.INI.

- Wenn Sie im wesentlichen mit Excel arbeiten und auf andere Applikationen nur selten zurückgreifen, bietet es sich an, Excel beim Starten von Windows automatisch zu laden.

Excel automatisch laden:

1. Öffnen Sie in MS-Windows die Anwendung **Notizblock**, die standardmäßig in der Gruppe **Zubehör** integriert ist, durch [Doppelklick] auf dem Notizblock-Sinnbild.

- Es ist auch möglich, mit Hilfe von **SYSEDIT.EXE** die Datei WIN.INI zu bearbeiten. SYSEDIT ist standardmäßig im Verzeichnis \WINDOWS\SYSTEM eingetragen.

2. Über die Befehlssequenz *Datei —> Öffnen* laden Sie die Datei **WIN.INI** aus dem Windows-Verzeichnis.

3. Schreiben Sie die Befehlszeile
   RUN=C:\EXCEL\EXCEL.EXE
   in die Datei WIN.INI. Dabei ist C:\EXCEL das Verzeichnis, in dem MS-Excel 4.0 installiert ist.

4. Über die Befehlssequenz *Datei —> Speichern* legen Sie die Datei auf der Festplatte ab.

5. Verlassen Sie MS-Windows.

6. Starten Sie Windows erneut. Erst dadurch werden die Änderungen in der Datei WIN.INI aktiv.

Bei jedem Aufruf von MS-Windows wird der Eintrag in der Datei WIN.INI gelesen und ausgeführt. Auf diese Weise steht Ihnen MS-Excel unmittelbar nach dem Laden von Windows zur Verfügung. Die gewohnte Arbeit mit MS-Windows leidet darunter nicht, denn Sie können selbstverständlich sämtliche Windows-Funktionen auch weiterhin benutzen.

- **Tip:**
  Integrieren Sie in Windows 3.1 das Excel-Symbol in der Programm-Gruppe *AUTOSTART*. Nun wird Excel bei jedem Start von Windows automatisch neu geladen. Diese sehr einfache Methode stellt eine sinnvolle Alternative zu der zuvor beschriebenen Methode dar. Allerdings ganz ohne Eingriffe in die Datei WIN.INI.

Daneben ist es möglich, MS-Excel durch [Doppelklick] auf dem Namen einer Excel-Datei aufzurufen. Voraussetzung ist jedoch, daß entweder Excel richtig installiert wurde (vgl. Anhang) oder im Datei-Manager mit Hilfe des Befehls *Datei --> Verknüpfen* Dateien mit den typischen Excel-Erweiterungen XLS, XLC, XLW, XLT, XLA und XLM dem Programm MS-Excel 4.0 zugeordnet wurden. Allerdings wird durch die richtige Installation von Excel bereits in der Datei WIN.INI diese Zuweisung vorgenommen.
Sie können dort die folgenden Einträge finden:
xls=excel.exe ^.xls
xlc=excel.exe ^.xlc
xlw=excel.exe ^.xlw
xlm=excel.exe ^.xlm
xlt=excel.exe ^.xlt
xla=excel.exe ^.xla

Neben den für MS-Excel relevanten Einträgen in der Datei WIN.INI werden von der Installationsprozedur auch Eintragungen für die Anwendung Q+E vorgenommen. Diese Einträge beziehen sich auf den Umgang mit Fremddateien (z.B. dBase-Dateien) und mit SQL-Statements (SQL = Structured Query Language = Strukturierte Abfragesprache).

- **Tip**
  Um MS-Windows ausschließlich als Plattform für Excel zu nutzen, können Sie in der Sektion **[boot]** der Datei SYSTEM.INI den Eintrag **shell=c:\excel\excel.exe** machen. Dabei wird vorausgesetzt, daß Excel 4.0 im Verzeichnis **C:\EXCEL** installiert ist.
  Mit der Eingabe des gewohnten [win] zum Start von Windows wird automatisch Excel 4.0 aufgerufen. Wird Excel verlassen, so steht auch Windows nicht mehr anderweitig zu Diensten. Windows dient dann lediglich als Plattform für Excel. Es wäre allerdings schade für die interessanten Möglichkeiten von Windows, die dem Anwender dann natürlich nicht mehr zur Verfügung stehen.

- Um diese Variation wieder rückgängig zu machen, tragen Sie mit Hilfe eines Editors (MS-Word, Edit o.ä.) in der Sektion **[boot]** der Datei SYSTEM.INI wieder **shell=c:\win\progman.exe** ein, sofern **C:\WIN** das Verzeichnis ist, in dem MS-Windows 3.x lokalisiert ist. Die Datei SYSTEM.INI finden Sie im Windows-Verzeichnis.

Jetzt haben Sie die Voraussetzung dafür geschaffen, daß wir uns gemeinsam den Aufbau von MS-Excel 4.0 einmal genauer anschauen können. Im nächsten Kapitel werden Sie unter der Überschrift *Die Bausteine von MS-Excel 4.0* den Aufbau des Excel-Bildschirms genauso kennenlernen wie die Struktur des Programms insgesamt.

3 Die Bausteine von Excel

3.1 Der Excel-Bildschirm

Nachdem Sie Excel geladen haben, stellt sich der Bildschirm wie folgt dar:

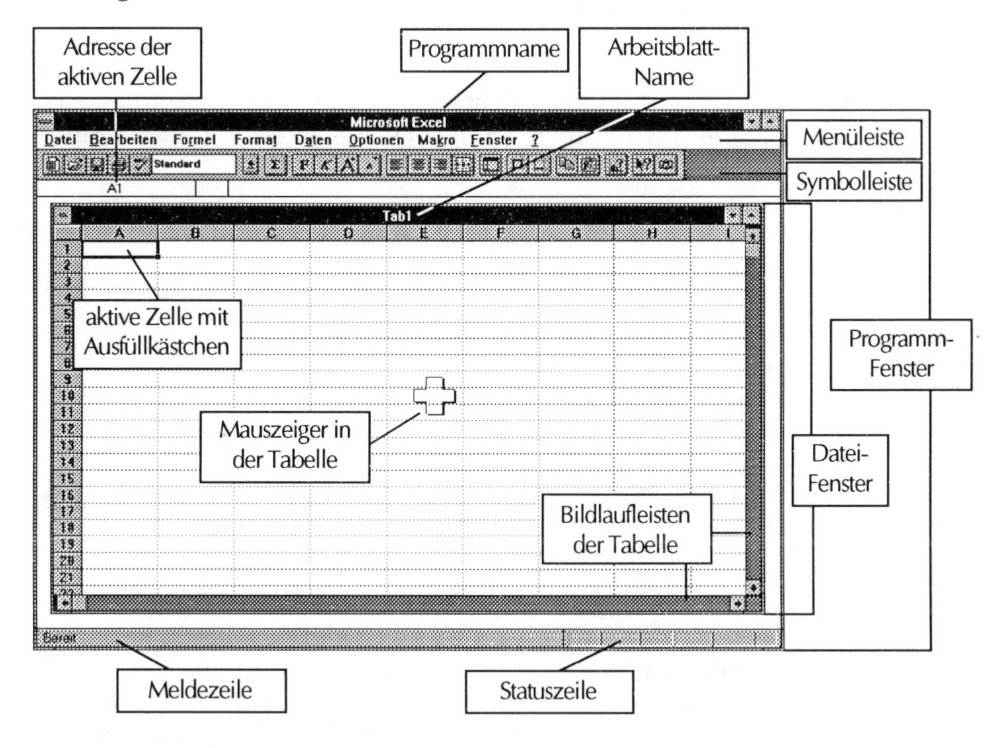

Abb. 3-1 Startbildschirm von MS-Excel 4.0

Der Excel-Bildschirm umfaßt zwei verschiedene Fenstertypen mit ganz spezifischen Funktionen:

- das **Programmfenster**, in dem Sie Aktionen über die in der Menüleiste angezeigten Befehle auslösen können,
- das **Datei- oder Dokumentenfenster**, das jeweils Tabellen, Grafiken, Datenbanken und Makros enthalten kann. In die-

sem Fenster können Sie Daten eingeben und bearbeiten. Das Dokumentenfenster wird auch als **Arbeitsblattfenster** bezeichnet.

Automatisch wird beim Aufruf von MS-Excel eine leere Tabelle auf dem Bildschirm angezeigt. Diese leere Tabelle hat den Namen **Tab1**. Dieser Name wird von Excel automatisch vergeben, Sie haben jedoch später die Möglichkeit, einen eigenen Namen zu wählen. Jedes weitere, neu angelegte Arbeitsblatt erhält zunächst automatisch den Namen **Tab** gefolgt von einer laufenden Nummer beginnend bei **1**.

- **Tip**
  Wenn Sie nicht möchten, daß Excel automatisch die Tabelle **Tab1** öffnet, so starten Sie Excel mit der Option "/E".

Das Programmfenster weist sämtliche von MS-Windows bekannten Merkmale auf:
- Fensterrahmen
- Fensterfläche (= Arbeitsfläche)
- Titelleiste (MS-Excel)
- Menüleiste (mit den Befehlen *Datei, Bearbeiten, Formel, Format, Daten, Optionen, Makro, Fenster* und ?)
- Systemmenüfeld
- Schaltflächen zum Verkleinern und Vergrößern des Programmfensters

Diese Fensterelemente haben folgende Aufgaben:

Fensterrahmen
In Windows wird jedes Fenster von einem Rahmen umgeben. Dieser Rahmen fehlt bei der Vollbilddarstellung und natürlich auch bei der symbolischen Darstellung. Mit Hilfe des Rahmens ist es möglich, das **Programm**- oder **Dokumentenfenster** zu vergrößern und zu verkleinern.

Arbeitsfläche
Auf der Arbeitsfläche finden Sie sämtliche Arbeitsblatt-Fenster, sofern diese nicht *verborgen* markiert wurden (*Fenster —> Ausblenden*).

Titelleiste des Programmfensters
Hier wird der Name des geladenen Programms angezeigt (Microsoft Excel). Der Name der aktuellen Datei wird ebenfalls in der Titelleiste angezeigt, wenn das zugeordnete Dokumentenfenster die gesamte Excel-Arbeitsfläche ausfüllt (z.B.: Microsoft Excel - Tab1).

Titelleiste des Dokumentenfensters
Jedem Dokumentenfenster wird eine eigene Titelleiste zugeordnet, in der der Name der Tabelle, der Grafik oder des Makros eingetragen ist, das sich in diesem Fenster befindet. Nur das aktuelle Dokumentenfenster ist mit einer blauen Titelleiste versehen (bei Windows-Standardeinstellung der Farben). Nur auf dieses Fenster wirken Eingaben von der Tastatur. Um ein Fenster zum aktuellen Fenster zu machen, wird es einfach an beliebiger Stelle angeklickt.

Menüleiste
In der Menüleiste sind sämtliche, für das aktuelle Dokument möglichen Befehle aufgeführt. Diese Befehle können durch [Klick] aktiviert werden. Ein Drop-Down-Menü öffnet sich, in dem weitere Optionen aufgelistet sind.
Die Befehle in der Menüleiste ändern sich je nach Typ des aktuellen Fensters.
Ist kein Dokumentenfenster vorhanden (weder sichtbar noch ausgeblendet), so besteht die Menüleiste nur aus den Befehlen *Datei* und *?*.

- Wird Excel über die Tastatur bedient, so werden die aufgeführten Befehle über die [Alt]-Taste in Verbindung mit dem jeweils unterstrichenen Buchstaben des Befehlswortes ausgewählt.
  Beispiel: [Alt]+[D] für den Befehl **Datei**.

Systemmenüfeld oder Steuerungsmenüfeld
Mit Hilfe des Systemmenüfeldes ist eine Steuerung der Programm- und Dokumentenfenster möglich. Dort können grundsätzliche Steuerungen erfolgen:
- Alte Fenstergröße wiederherstellen.
- Verschieben des Fenster.
- Größe des Fensters einstellen.

- Excel als Symbol auf der Arbeitsfläche von Windows ablegen.
- Vollbild-Modus.
- Schließen des Fensters.
- Aufruf der Task-Liste.
- Aufruf der Zwischenablage, Systemsteuerung, des Makroübersetzers und des Dialog-Editors.

Das Systemmenüfeld wird häufig dann verwendet, wenn Excel über die Tastatur bedient wird. Die meisten der hier vorhandenen Funktionen können allerdings wesentlich einfacher mit Hilfe der Maus ausgeführt werden.

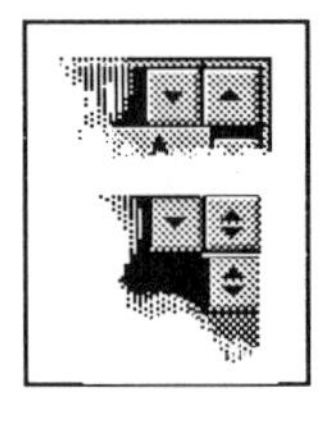

Schaltflächen
Über die Schaltflächen wird das Fenster entweder von Fenster- auf Vollbildgröße vergrößert oder als Symbol verkleinert. Ist der Vollbildmodus eingeschaltet, so kann über den Schalter ⇕ die ehemalige Fenstergröße wiederhergestellt werden. Sofern zwei Fensterschalter vorhanden sind (vgl. Abbildung links), so läßt sich mit dem oberen Schalter das Programm MS-Excel, mit dem unteren Schalter jedoch das Dokument auf Fenstergröße schalten.

Symbolleiste
Häufig benötigte Werkzeuge sind in einer eigenen Werkzeugleiste (Symbolleiste) zusammengefaßt. Es handelt sich dabei um häufig benötigte Tools zur Textformatierung, zur Tabellenbearbeitung und zur Grafikerstellung direkt aus der Tabelle heraus. Die zur Verfügung stehenden Werkzeuge können in einem weiten Bereich an die individuellen Bedürfnisse angepaßt werden (*Optionen --> Symbolleisten*).

Adresse der aktiven Zelle
In diesem Bereich wird die aktive Zelle angezeigt. Das ist nicht zwangsläufig die Zelle, auf der der Mauszeiger steht, sondern immer die Zelle, in der Eingaben gemacht werden können. Während der Markierung eines zusammenhängenden Tabellenbereiches wird hier angezeigt, wieviel Zeilen und Spalten der markierte Bereich umfaßt. Nach Beendigung der Markierung wird wieder nur die Adresse der aktiven Zelle angezeigt. Hier finden Sie auch Angaben über die Zeilenhöhe oder Spaltenbreite, wenn Sie diese mit der Maus verändern.

Bildlaufleisten
Das Arbeitsblattfenster wird in den Bereichen Tabellenkalkulation, Datenbank und Makro von Bildlaufleisten rechts und unten begrenzt. Damit können solche Teile des Arbeitsblattes auf den Bildschirm geholt werden, die außerhalb liegen.

Arbeitsblattname
Sofern das Arbeitsblattfenster nicht auf volle Größe geschaltet ist - wie in Abb. 3-1 -, so wird jedem Arbeitsblatt eine eigene Titelleiste zugeordnet, in der der Arbeitsblattname vermerkt ist.

Meldezeile und **Statuszeile**
Schließlich werden in der Meldezeile Excel-Nachrichten angezeigt, die Sie unbedingt beachten sollten, da sie hilfreiche Erläuterungen oder Fehlermeldungen enthalten. Wird ein Befehl mit der Maus angeklickt, so finden Sie in der Meldezeile eine kurze Erklärung zu dem ausgewählten Befehl.
Die Statuszeile gibt Auskunft über den Status der Tasten [Num], [Rollen], [Groß] und [Ende] sowie den Erweiterungsmodus (EXT/ADD).

Im Dokumentenfenster ist jeweils entweder ein Teil eines Arbeitsblattes oder eine Grafik sichtbar. In speziellen Fällen können auch Makros dort angezeigt und verändert werden.

3.2 Die Module von MS-Excel 4.0

MS-Excel 4.0 ist im wesentlichen ein Tabellenkalkulationsprogramm, um dessen Kern sich weitere Funktionen gruppieren:

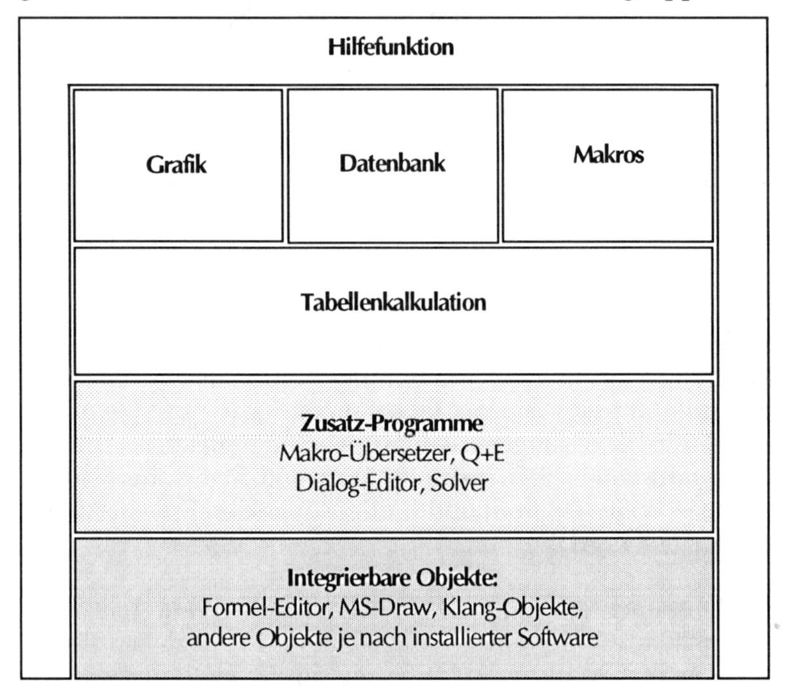

Abb. 3-2 Die Funktionsgruppen von MS-Excel 4.0

Die Excel-Funktionsgruppen haben folgende Aufgaben:

Tabellenkalkulation
Hier werden Zahlen und erklärender Text eingegeben und mit Hilfe von Formeln zueinander in Beziehung gesetzt. Die Anordnung der Daten entspricht einer Tabelle.
In den Formeln können Funktionen verwendet werden, die Excel zur Verfügung stellt.
Darüber hinaus werden zahlreiche spezielle Werkzeuge zum Bearbeiten der Tabellen in der Werkzeugleiste angeboten (Zeichenwerkzeuge, Summen-Werkzeug, Rechtschreibprüfung, Dateioperationen, Drucken, Text- und Grafikbearbeitung).

Grafik
Die in der Tabelle aufbereiteten Zahlenwerte können mit Hilfe des Moduls *Grafik* in eine ansprechende und aussagekräftige optische Form gebracht werden.

Datenbank
Da die Tabelle auch die Grundform zur Aufnahme von strukturierten, textorientierten Daten ist, eignet sich Excel auch, Daten in Form einer Datenbank zu speichern. Aus einer solchen tabellarischen Anordnung kann dann gezielt nach Daten gesucht werden.

Makro
Die Funktionsgruppe *Makro* dient in erster Linie dazu, komplexe Befehlsabläufe zusammenzufassen und als "Programm" ablaufen zu lassen. Auf diese Weise spart man sich viel Eingabearbeit. Weiterhin kann die Makrosprache von Excel dazu genutzt werden, komplette Anwendungen zu schreiben und als weitgehend eigenständige Programme unter Excel laufen zu lassen.

3.3 Weitere Programme

Wenn Sie MS-Excel 4.0 besitzen, so befinden sich weitere interessante Module im Programmpaket - quasi als Beigabe.

Q+E
Werkzeug für den Zugriff auf Datenbanken-Dateien, die mit anderen Programmen erstellt wurden (z.B. dBase IV). Darüber hinaus ist es unter Q+E möglich, mit Hilfe der Datenbank-Abfragesprache SQL (Structured Query Language) auf beliebige Datenbanken zuzugreifen, die mit dieser Abfragesprache bearbeitet werden können. Q+E ist seit der Excel-Version 3.0 automatisch im Lieferpaket integriert. Es wird ebenfalls wie Excel selbst während der Installation in die neue Gruppe **Microsoft Excel 4.0** eingebunden.

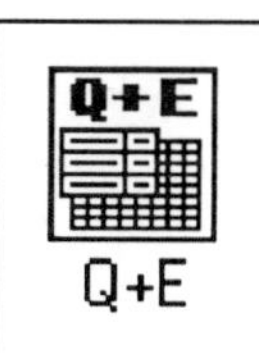

Makro-Übersetzer
Mit dem Makro-Übersetzer ist es möglich, Multiplan- und Lotus 1-2-3-Makros so zu übersetzen, daß sie in MS-Excel 4.0 weiterverwendet werden können. Ihre alten Multiplan- oder Lotus 1-2-3-Makros gehören mit dem Einsatz von MS-Excel also nicht etwa zum "alten Eisen", sondern können wie gewohnt weiter verwendet werden.

Dialog-Editor
Der Dialog-Editor ermöglicht das Erstellen eigener Bedieneroberflächen unter Verwendung der Windows-üblichen Objekte (Fenster, Schaltflächen, Radio-Buttons). Solche selbst-definierten Fenster können in Makros eingebunden werden. Eine komfortable Bedienung Ihrer individuellen Kalkulations-, Datenbank- oder Grafikanwendungen ist darüber möglich.

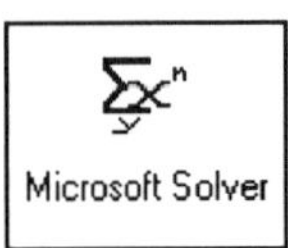

Solver
Die Optimierung von Kalkulationsmodellen sowie die Beantwortung von Fragestellung nach dem Muster "Was-wäre-Wenn" setzt die Beherrschung von teilweise komplexem mathematischem Handwerkszeug voraus. Der Solver ist bei der Berechnung linearer Optimierungen behilflich.

Als fortgeschrittener Excel-Anwender werden Sie sicher erfolgreich mit diesen Programmen arbeiten können. Für Einsteiger jedoch wollen wir im Rahmen dieses Buches nicht näher darauf eingehen. Das würde den Umfang dieses Buches leicht verdoppeln.

Von besonderem Interesse sind sicher die Objekte, die über *Bearbeiten --> Objekt einfügen* in Excel-Tabellen integrierbar sind. Welche Objekte eingefügt werden können, hängt ganz entscheidend davon ab, welche Software auf Ihrem Rechner installiert ist. Die einzelnen Software-Produkte fügen häufig in dem Verzeichnis MSAPPS unterhalb des Windows-Verzeichnisses die unterschiedlichsten Zusatzprogramme ein. Diese zusätzlichen Software-Werkzeuge stehen dann über *Bearbeiten --> Objekt einfügen* zur Verfügung. Fassen Sie die Software-Tools der folgenden Auflistung bitte nur als Beispiele auf. Sie erhebt keinerlei Anspruch auf Vollständigkeit:

Werkzeug/Objekt	Kurzbeschreibung
Formel-Editor	Mit seiner Hilfe können auch komplexe mathematische Formeln gesetzt werden. Voraussetzung dafür ist allerdings, daß Sie über die Schriftart *MT-Extra* verfügen.Der Formel-Editor ist ein Bestandteil von Word für Windows 2.0.
Klang	Es wird der Klangrecorder von Windows 3.1 aktiviert.
MS-Draw	Ein einfaches Zeichenprogramm, daß zu Word für Windows 2.0 gehört.
MS-Graph	Ein Tool, das aus numerischen Daten einfache Business-Grafik generiert. Benötigt man als Excel 4.0-User sicher nicht. Es wird ebenfalls mit einigen neueren Microsoft-Produkten ausgeliefert.
MS-Wordart	Einfaches Programm, mit dessen Hilfe Textmanipulationen möglich sind. Beispiel: MS-Excel **MS-Excel** MS-Excel
Paintbrush-Bild	Bilder, die im Windows-Werkzeug Paintbrush erzeugt und verändert wurden, können hierüber in Excel eingebettet werden.
Paket	Der Objekt-Manager von Windows 3.1 wird aktiviert. Dort haben Sie die Möglichkeit, komplexe Datenpakete zu schnüren, um Sie in Excel-Arbeitsblätter einzubetten.

4 Die Excel Hilfe - Ihr Rettungsring

Wie oft wird es vorkommen, daß man während der Arbeit mit MS-Excel an einer Stelle einfach nicht mehr weiterweiß? Gerade in der Anfangszeit sicher sehr häufig. Das umständliche Wälzen der Handbücher macht dann auch keinen Spaß. Manchmal ist es nur eine Kleinigkeit, die dazu führt, daß man nicht weiterkommt. Die in MS-Excel integrierte Hilfe ist dann sicher der geeignete Rettungsring.

4.1 Generelles zur Hilfe in MS-Excel 4.0

Auf diese Hilfe hat man grundsätzlich auf drei unterschiedliche Arten Zugriff:

- Durch Aufruf des Befehls ? in der Menüleiste. Von dort können zu den verschiedensten Themen hilfreiche Informationen abgefragt werden.

- Durch Drücken der Funktionstaste **[F1]**, über die die kontext-sensitive Hilfe aktiviert wird und somit Informationen zum gerade aktiven Befehl geliefert werden.

- Durch Drücken der Tastenkombination **[Shift]+[F1]** oder [Klick] auf dem Symbol in der Symbolleiste wird der Standard-Mauszeiger um ein Fragezeichen erweitert. Klikken Sie mit diesem den fraglichen Befehl an. Sofort wird Ihnen der entsprechende Hilfetext zum ausgewählten Befehl angezeigt. Auch dieses nennt man kontext-sensitive Hilfe.

Über das Hilfe-Menü können Sie Informationen über folgende Themenbereiche erhalten:

?
Übersicht F1
Suchen...
Produktunterstützung
Einführung
Lernprogramm
Lotus 1-2-3...
Multiplan...
Microsoft Excel-Info...

- **Übersicht**
  Sie gelangen in das Inhaltsverzeichnis der Excel-Hilfe. Dort erhalten Sie einen Überblick über sämtliche Themenbereiche, die mit der Hilfefunktion abgedeckt sind.

- **Suchen**
  Sie können in einem Schlagwortregister nach gewünschten Hilfe-Themen suchen. Dies ist die gleiche Funktion wie der Schalter *Suchen* in der Windows-Hilfe.

- **Produktunterstützung**
  Damit Sie als Anwender immer die Nähe des Software-Herstellers spüren und nie allein gelassen sind, war Microsoft so freundlich und hält unter dieser Menüoption Informationen über Telefonnummern und Adressen von Microsoft bereit. Unter diesen Nummern lassen sich hilfreiche Informationen abfragen. Außerdem werden Ihnen generelle Informationen über den Zugang zu den elektronischen Medien BTX, CompuServ und Microsoft-Online gegeben.

- **Einführung**
  Gerade für Sie als Einsteiger ist dieser Menüpunkt interessant, da Sie hierüber eine kurze und knappe Einführung in das Programm MS-Excel 4.0 erhalten. In einer kleinen Übung werden Sie so mit den Eigenschaften des Programms vertraut gemacht. Weiterhin können Sie schnell erfahren, was neu an MS-Excel 4.0 im Vergleich mit der Vorgängerversion ist.

- **Lernprogramm**
  Etwas weiter geht das Lernprogramm. Unter dem Schlagwort *Computer Based Training* (CBT) findet sich hier eine umfassende Einführung in Excel mit Übungen an "ungefährlichen" Objekten. Als Einsteiger sollten Sie - zumindest Teile - dieses Computer Based Training absolvieren.

- **Lotus 1-2-3** und **Multiplan**
  Als ehemaliger Anwender der beiden Kalkulationsklassiker erhalten Sie hilfreiche Informationen über Vorgehensweisen in Excel. Geben Sie später in der Hilfe den Lotus- oder Multiplan-Befehl ein, sagt Ihnen die Hilfe, wie die gleiche Funktion in MS-Excel 4.0 ausgeführt werden kann.

- **Microsoft Excel Info**
  Hier erfahren Sie die Version des Hilfeprogramms. Dadurch wissen Sie, ob Sie noch "up-to-date" sind. Weiterhin wird der noch verfügbare Speicherplatz angezeigt. Dies ist ähnlich wie in MS-Windows 3.x. Dort kann der verbleibenden Speicherplatz über den Befehl *? —> Info über Programm-Manager* erfragt werden.
  Sie erfahren etwas über den Lizenznehmer und das "Geschäftsgeheimnis" der Firma Soft-Art (Wörterbuch).

Die Übersicht - also das Inhaltsverzeichnis - der Excel-Hilfe stellt gleichsam die höchste Hilfeebene dar. Aus jeder Ebene kann man mit dem Schalter *Inhalt* hierher zurückkehren.

Das Excel-Hilfesystem besteht im wesentlichen aus der Datei EXCELHLP.HLP. Diese Datei wird mit Hilfe des Windows-Hilfesystems aufgerufen. Aus diesem Grunde ist der Bildschirmaufbau identisch zu dem von MS-Windows 3.x.

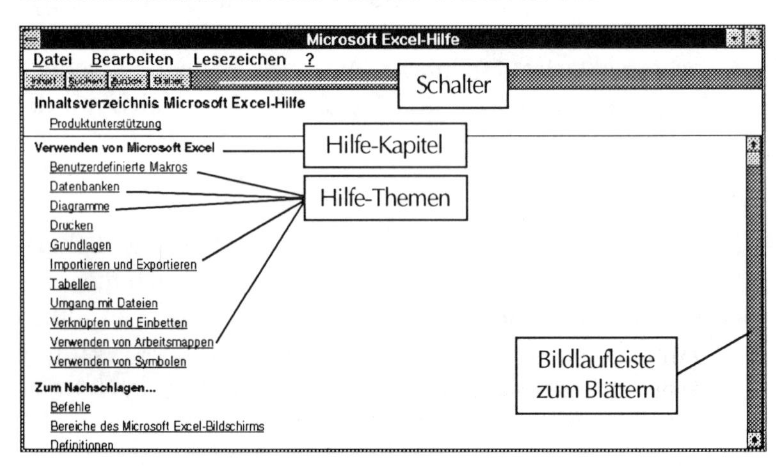

Abb. 4-1 Der Bildschirm in der Excel-Hilfe

- **Titelzeile**
  In der Titelzeile ist der Name der Hilfe angezeigt: *Microsoft Excel Hilfe* angezeigt. Die Titelleiste wird links vom Systemmenüfeld und rechts von den Schaltern zur Veränderung des Fensters auf Symbol- bzw. Vollbildgröße begrenzt.

- **Menüzeile**
  Die Menüzeile beinhaltet die Befehle *Datei, Bearbeiten, Lesezeichen* und ?. Diese Befehle können per [Klick] aufgerufen werden. Es öffnet sich dann ein zugeordnetes Drop-Down-Menü.

- **Hilfe-Schalter**
  Je nach aufgerufenem Hilfetext kann hier zurückgeblättert werden. Mit Hilfe des Schalters *Inhalt* können Sie jederzeit zum Inhaltsverzeichnis zurückblättern. Eine gezielte Suche nach Detailinformationen kann mit dem Schalter *Suchen* aktiviert werden. Mit Hilfe des Schalters *Bisher* läßt sich lückenlos verfolgen, welche Hilfe Sie bisher angefordert haben. Per [Doppelklick] auf dem gewünschten Hilfekapitel wird die gesuchte Information erneut aufgerufen (vgl. Abbildung 4-2).

- **Hilfe-Kapitel**
  Neben einer eventuell vorhandenen allgemeinen Hilfestellung sind die Hilfetexte häufig in einzelne Kapitel aufgeteilt. Diese Hilfekapitel werden stets **fett** und schwarz angezeigt.

- **Hilfe-Themen**
  Wird Hilfe angefordert, so befinden sich in vielen Hilfe-Texten unterstrichene Textstellen, die auf Farb-Monitoren standardmäßig grün dargestellt werden. Diese hervorgehobenen Textstellen bezeichnen weitere Hilfe-Themen, die in unmittelbarem Zusammenhang mit dem aktuellen Hilfetext stehen.
  Wenn Sie den Mauszeiger auf einen der durchgehend unterstrichenen Begriffe bewegen, verwandelt er sich in eine kleine Hand, die mit dem Zeigefinger auf den Text zeigt.

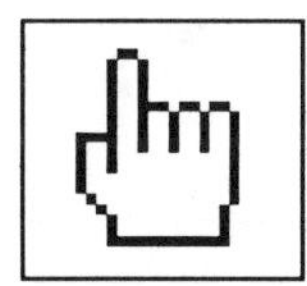

- Per [Klick] wird dann der gewünschte Text geladen und angezeigt. Sofern Begriffe im Hilfetext gepunktet unterstrichen sind, so kann der zugeordnete Hilfetext per [Klick] solange angezeigt werden, bis Sie eine beliebige Stelle des Fenster anklicken. Die aktuelle Hilfeseite bleibt nach wie vor dieselbe.

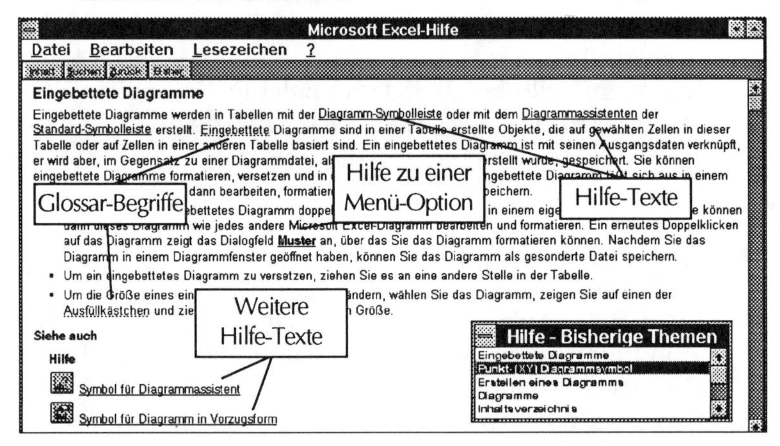

Abb. 4-2 Verschiedene Hilfetextarten und bisherige Themen

- **Bildlaufleisten**
  Sofern der Hilfetext länger als eine Bildschirmseite ist, können Sie in ihm mit Hilfe der Bildlaufleisten nach rechts oder links bzw. oben oder unten blättern.

Damit Sie bei der späteren Arbeit mit Excel jederzeit gezielt Hilfe anfordern können, werden an den folgenden Fallbeispielen typische Merkmale der Excel-Hilfe herausgearbeitet.

4.2 Sie nutzen das Inhaltsverzeichnis

Im ersten Fallbeispiel soll Hilfe unter Benutzung des Inhaltsverzeichnisses aufgerufen werden. Wir wollen Informationen über den Aufbau des Bildschirms abfragen.

Ihre Vorgehensweise:

1. [Klick] auf ? im Excel-Menü.
   Es öffnet sich ein Menü mit den *Optionen Übersicht, Suche, Produktunterstützung, Einführung, Lernprogramm, Lotus 1-2-3, Multiplan* und *Microsoft Excel-Info.*

2. [Klick] auf *Übersicht.* Die Excel-Hilfe wird aufgerufen.

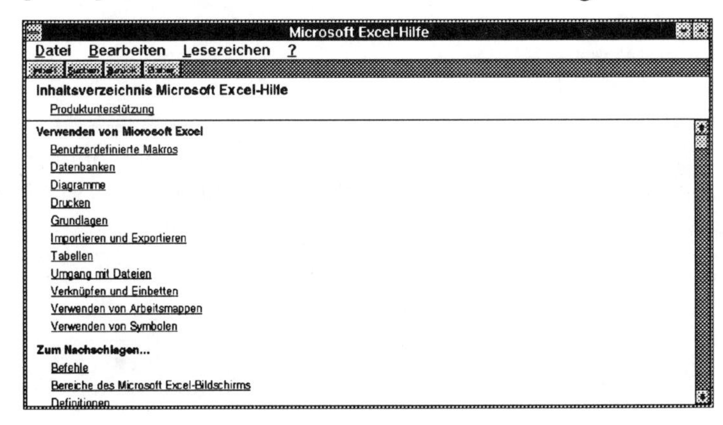

Abb. 4-3 Inhaltsverzeichnis der Excel-Hilfe

3. Blättern Sie mit Hilfe der Bildlaufleisten nach unten, bis Sie das Hilfe-Thema *Bereiche des Microsoft Excel Bildschirms* sehen.

4. [Klick] auf diesem Thema.

Jetzt wird der angeforderte Hilfetext angezeigt, dem Sie die Bildschirmelemente entnehmen können. Auf der folgenden Seite zeigt die Abbildung 4-4 den erscheinenden Bildschirm.

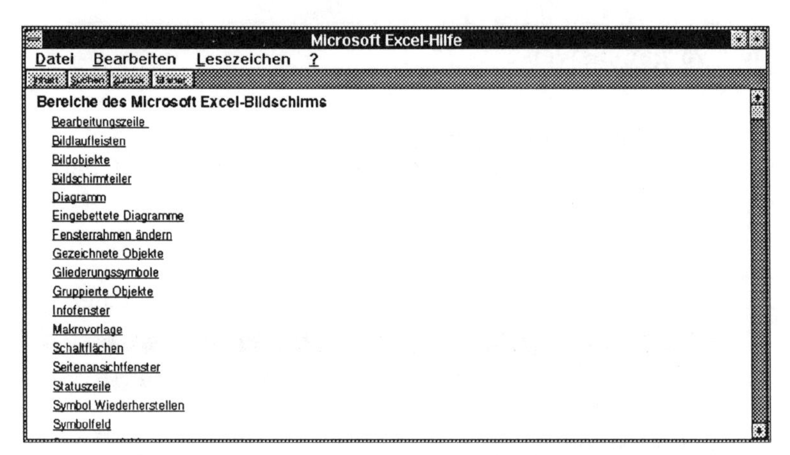

Nun möchten wir gezielt Informationen über den Bildschirmaufbau des Arbeitsblattes abrufen. Als Hilfe-Thema wird relativ weit unten auf der Seite **Tabelle** aufgelistet.

Ihre weitere Vorgehensweise:

---

5. [Klick] auf den Bildlaufleisten bis zum gesuchten Begriff.

6. [Klick] auf dem Thema *Tabelle.*
   Die Ausführungen zu Arbeitsblättern erscheinen.

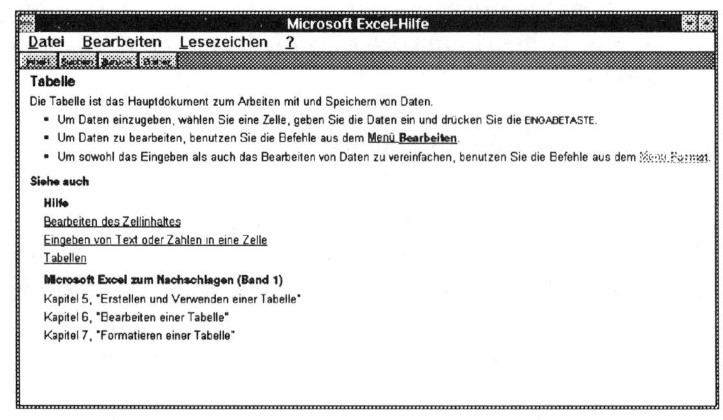

Abb. 4-5 Hilfeseite zu Arbeitsblättern

Auf dieser Seite sind die Begriffe **Menü Bearbeiten** und **Menü Format** unterstrichen. Per [Klick] auf diesen Begriffen kann weitere Hilfe angefordert werden.

Ihre weitere Vorgehensweise:

---

7. [Klick] auf dem Thema **Menü Bearbeiten**.
   Es werden sämtliche Menü-Optionen dieses Menüpunktes erklärt.
   Kreuzverweise zeigen Ihnen, wo Sie weitere Informationen erhalten können:
   - Bearbeiten des Zellinhaltes
   - Eingeben von Text und Zahlen in eine Zelle
   - Tabellen
8. [Klick] auf einem der Begriffe schlägt sofort die passende Hilfeseite auf.

Wir wollen an dieser Stelle die Informationsbeschaffung über das Menü *Bearbeiten* beenden. Es wäre natürlich noch möglich, die Informationen zu den einzelnen Befehlen nachzuschlagen.

4.3 Gezielt nach Informationen suchen

Im zweiten Fallbeispiel wollen wir gezielt durch Angabe eines Schlüsselbegriffs nach Informationen über das Zusammenfassen mehrerer Arbeitsblätter zu einer sog. Arbeitsmappe beschaffen.
Der Schlüsselbegriff dazu ist **Arbeitsmappe**.

Nach Schlüsselbegriff suchen

---

1. [F1] in Excel.
   Die Hilfe wird aktiviert. Sie befinden sich in der Inhaltsübersicht, sofern keine Menüoption beim Drücken von [F1] aktiviert war.

3. [Klick] auf dem Schalter **Suchen**.
   Es öffnet sich die auf der folgenden Seite dargestellte Dialogbox.

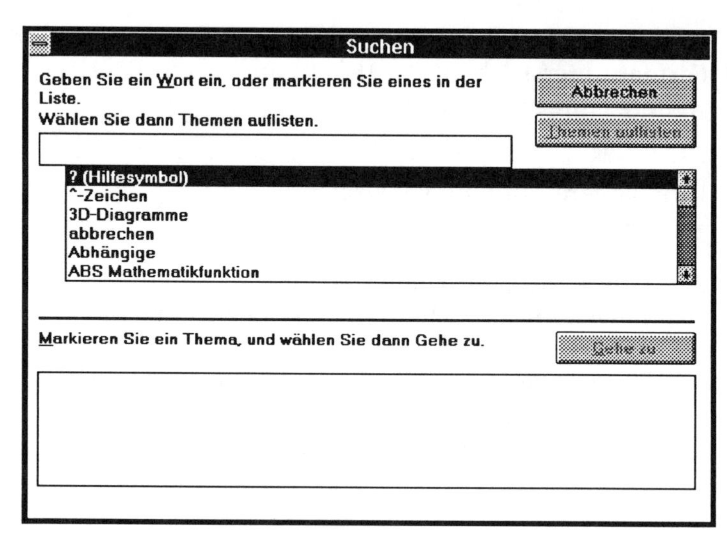

Abb. 4-6 Suchbegriff eingeben

Als erster Suchbegriff ist automatisch *? (Hilfesymbol)* eingetragen (vgl. Abbildung 4-6).

4. Geben Sie den Suchbegriff *Arbeitsmappe* ein.
   Bereits nach der Eingabe von *ar* erscheint der Suchbegriff im List-Fenster.

5. [Doppelklick] auf dem Begriff *Arbeitsmappen* in der List-Box. Im unteren Fenster werden nun verschiedene Themen, die von der Excel-Hilfe gefunden wurden, mit ihren Überschriften angezeigt.
   Aus diesen Themen können Sie per [Doppelklick] das gewünschte Thema herauspicken.

6. [Doppelklick] auf dem Thema *Arbeitsmappen,* da uns zunächst einmal generelle Information zu diesem Themenkomplex interessiert.
   Der gesuchte Hilfe-Text wird angezeigt.
   Im unteren Teil des Hilfe-Textes werden zahlreiche Verzweigungsmöglichkeiten (grüner Text, unterstrichen) aufgelistet. Per [Klick] kann jedes dieser Themen ausgewählt werden. Das mit einer Punktreihe unterstrichene Wort *Kontextmenü* zeigt an, daß es sich um einen Glossarbegriff handelt, der von Ihnen per [Klick] ausgewählt werden kann.

4.4 Lesezeichen verwenden

Manche Zusammenhänge kann man sich partout nicht merken. Immer wieder muß man den gleichen Text nachschlagen. In Ihr Handbuch würden Sie an der entsprechenden Stelle ein Lesezeichen einlegen.
Wenn man mehr als ein Lesezeichen im Buch liegen hat, empfiehlt es sich, auf die Lesezeichen zu schreiben, welche Stelle mit ihnen markiert wird.
Anhand eines Fallbeispiels wird dargestellt, wie man ein Lesezeichen definiert, es an die gewünschte Stelle in den Hilfetexten einlegt, diese Stelle wiederfindet und gegebenenfalls auch wieder herausnimmt (= löscht).

4.4.1 Lesezeichen definieren

Wir wollen davon ausgehen, daß man den Problemkreis der **Druckerauswahl** nicht so beherrscht, daß man auf die Hilfetexte vollkommen verzichten könnte. Der Hilfetext, der diesen Zusammenhang darstellt, muß demnach häufiger aufgeschlagen werden. Es empfiehlt sich also, ein Lesezeichen an der Textstelle zu definieren.

---

1. Hilfeseite lokalisieren

---

1. Aktivieren Sie über [F1] die Excel-Hilfe.

2. [Klick] auf dem Schalter *Suchen*.

3. Geben Sie als Suchbegriff beispielsweise *drucken* ein.

4. [Doppelklick] auf dem Wort *Drucken*.
   In der unteren List-Box erscheinen insgesamt 15 verschiedene Hilfe-Themen.

6. [Doppelklick] auf *Drucken*.
   Eine Übersicht mit weiteren Hilfe-Themen wird angezeigt.

Ihre weitere Vorgehensweise:

7. Für weitere Informationen klicken Sie nunmehr den unterstrichenen Begriff *Wählen eines Druckers* an. Dort werden Ihnen die Möglichkeiten der Druckereinrichtung dargestellt. Außerdem werden weitere Informationen (*Einrichten eines Druckers* und *Seite Einrichten (Menü Datei)*) angeboten.

Jetzt haben Sie die Hilfeseite gefunden, auf der Sie häufiger nachschlagen müssen. Deshalb wollen wir ein Lesezeichen an dieser Stelle einlegen.

2. Lesezeichen definieren

8. [Klick] auf *Lesezeichen*.
   Ein kurzes Menü öffnet sich.
   Es besteht nur aus der Option *Definieren*.

9. [Klick] auf *Definieren*.

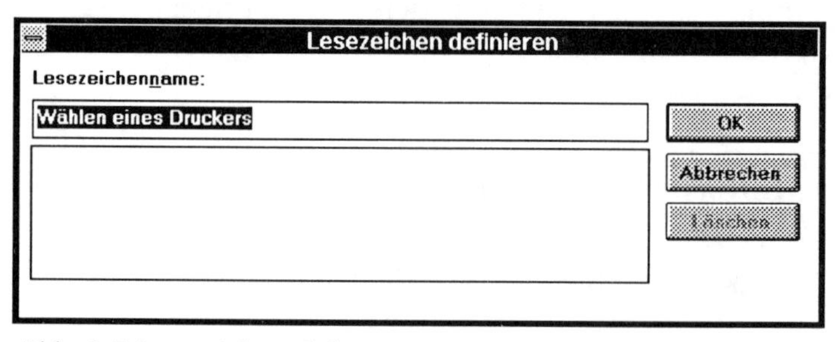

Abb. 4-7 Lesezeichen definieren

Als Name des Lesezeichens wird Ihnen die aktuelle Hilfe-Kapitelüberschrift vorgeschlagen, die Sie entweder überschreiben oder mit [Klick] auf dem Schalter OK bestätigen. Damit ist das Lesezeichen definiert.

- Beachten Sie bitte, daß Lesezeichen nur dann dauerhaft auf der Festplatte gespeichert werden, wenn Sie beim Verlassen von Windows im Programm-Manager die Option *Optionen --> Einstellungen beim Verlassen speichern* ankreuzen. Andernfalls wären sämtliche Lesezeichen verloren.

4.4.2 Hilfetext mit Lesezeichen aufschlagen

Jetzt ist es ein Leichtes, den Hilfetext zur Druckereinrichtung wiederzufinden.

---

3. Lesezeichen aktivieren

---

1. Aktivieren Sie die Hilfe über *? —> Übersicht* oder [F1].
2. [Klick] auf *Lesezeichen*.
   Dort werden jetzt neben der Option *Definieren* sämtliche Lesezeichen aufgeführt - gegenwärtig ist dies allerdings nur eines.
3. [Klick] auf dem Lesezeichen **Wählen eines Druckers** bzw. dem Lesezeichen-Namen, den Sie zuvor vergeben haben.

Sofort wird der gewünschte Hilfetext angezeigt. Der langwierige Umweg über Menüs oder den Schalter *Suchen* entfällt.

4.4.3 Lesezeichen löschen

Nach einiger Zeit wissen Sie sicher sehr gut, wie man Drucker einrichtet. Daher kann das Lesezeichen wieder entfernt werden, denn Sie müssen nicht mehr in der Hilfe nachschlagen.

---

4. Lesezeichen löschen:

---

1. Aktivieren Sie die Excel-Hilfe mit [F1].
2. [Klick] auf der Auswahl *Lesezeichen —> Definieren*.
3. [Klick] auf dem Namen des zu löschenden Lesezeichens in der List-Box.
4. [Klick] auf der Schaltfläche *Löschen*.
   Das Lesezeichen wird aus der List-Box entfernt.
5. [Klick] auf der Schaltfläche *Abbrechen*. Das Lesezeichen erscheint nicht mehr im Menü *Lesezeichen*.

4.5 Hilfetext ausdrucken

"Denn was man Schwarz auf Weiß besitzt, kann man getrost nach Hause tragen" sagt ein altes Sprichwort. Selbstverständlich können Sie die Hilfetexte auch ausdrucken.

Sie drucken Hilfetexte aus:

---

1. Aktivieren Sie zunächst den gewünschten Hilfetext.
2. [Klick] auf der Option *Datei —> Thema drucken.*
   Der Hilfetext wird ausgedruckt.

Nachdem der Text entsprechend aufbereitet wurde, wird er vom Windows Druck-Manager ausgedruckt.
Voraussetzung für den problemlosen Ausdruck des Hilfetextes ist die korrekte Installation des Druckers. Drucker können Sie mit Hilfe des Menüpunktes *Datei —> Seite einrichten --> Drucker einrichten* direkt aus MS-Excel oder mit Hilfe der Systemsteuerung von MS-Windows vornehmen. Aber das wissen Sie ja jetzt!

- Wenn Sie die Hilfetexte mit einem HP-LaserJet IIP ausdrucken, kann es relativ lange dauern, bis der Text in das entsprechende Format konvertiert wurde. Allerdings wird der Text beim Vorhandensein der erforderlichen Font-Dateien auch in Helvetica oder einer ähnlichen Schrift (Arial, Swiss o.ä.) ausgedruckt.

4.6 Eigene Hilfetexte schreiben

Das Schreiben eigener Hilfetexte ist im kleinen Umfang ebenfalls möglich. Allerdings werden diese Texte nicht in die Excel-Hilfe insgesamt eingebettet. Jedoch lassen sich zu einzelnen Excel-Hilfeseiten eigene Anmerkungen anfertigen.

So schreiben Sie Anmerkungen:

---

1. Aktivieren Sie wie gewohnt die Excel-Hilfe.

Anmerkung schreiben (Fortsetzung)

2. Lokalisieren Sie die Hilfe-Seite, zu der Sie eine eigene Anmerkung schreiben möchten.

3. [Klick] auf der Option *Bearbeiten —> Anmerken.*

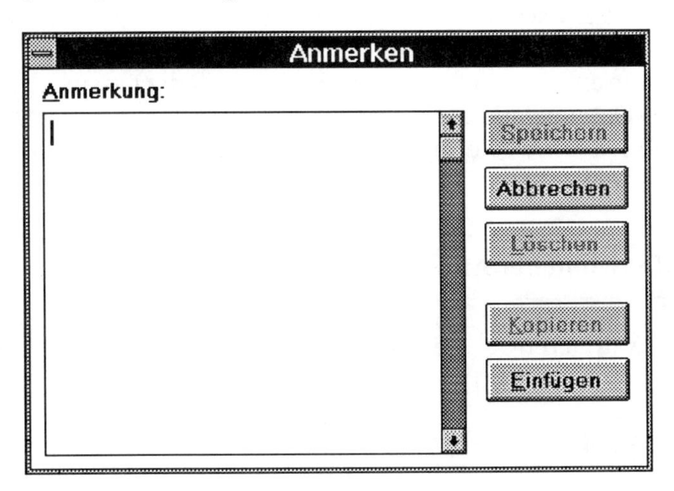

Abb. 4-8 Anmerkung schreiben

4. Schreiben Sie Ihren Anmerkungstext und bestätigen ihn mit [Klick] auf *Speichern.*

- **Regeln**
  Über [Klick] auf der Büroklammer wird die Anmerkung sichtbar gemacht.

  Über [Klick] auf der Büroklammer und [Klick] auf der Schaltfläche *Löschen* wird die Anmerkung wieder entfernt.

4.7 Weitere Möglichkeiten der Excel-Hilfe

In diesen abschließenden Ausführungen zur Hilfe-Funktion in MS-Excel 4.0 werden weitere Möglichkeiten kurz im Überblick dargestellt.

Hilfe zu anderen Anwendungen aufrufen
Neben der Excel-eigenen Hilfe besteht die Möglichkeit, über *Datei —> Öffnen* auch Hilfetexte zu anderen Applikationen (= Programmen) anzufordern. Dazu muß die entsprechende Hilfe-Datei geladen werden. Am Beispiel der Hilfe-Datei für die in Excel integrierte Anwendung Q+E wird dies im folgenden dargestellt.

Hilfe zu anderer Anwendung aktivieren

---

1. Aktivieren Sie die Hilfe wie gewohnt über eine der zuvor beschriebenen Möglichkeiten.

2. [Klick] auf *Datei.*

3. [Klick] auf *Öffnen.*
   Es öffnet sich ein Fenster, in dem in einer List-Box alle Hilfe-Dateien (*.HLP) des Excel-Verzeichnisses angezeigt werden. Standardmäßig sind dies EXCELHLP.HLP, PSS.HLP (Projektunterstützung) und QE.HLP.

4. [Doppelklick] auf der gewünschten Hilfedatei oder wechseln Sie per [Doppelklick] im Verzeichnis-Fenster zunächst das Directory.

Hilfetext in Zwischenablage kopieren
Eventuell möchten Sie die Hilfetexte in einer Dokumentation oder als Gedankenstütze verwenden. Dann ist es möglich, den aktuellen Hilfetext in die Zwischenablage von Windows zu kopieren. Von dort kann der Text dann in MS-Write, MS-Word, Word für Windows, PageMaker, Word Perfect und andere Programme eingefügt werden.

Ihre Vorgehensweise:

1. Aktivieren Sie die Hilfe über [F1], und rufen Sie die gewünschte Hilfeseite auf den Bildschirm, beispielsweise über den *Suchen*-Schalter.

3. *Bearbeiten —> Kopieren* ruft eine Dialog-Box auf, in der Sie die Textabschnitte auswählen können, die in die Zwischenablage kopiert werden sollen:

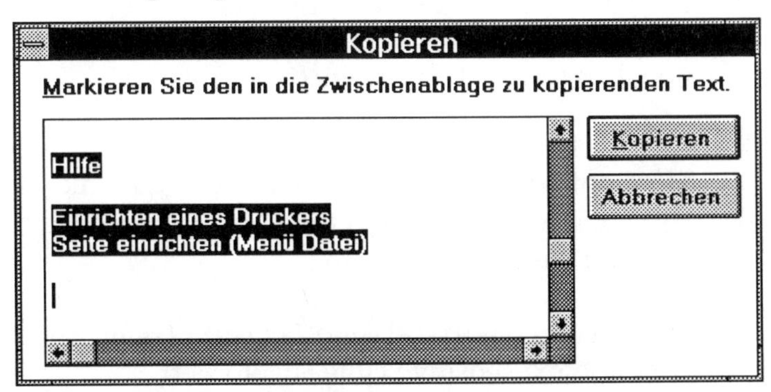

Abb.4-9 Hilfe-Text in die Zwischenablage kopieren

4. Markieren Sie per [Dauerklick] den gewünschten Text.

5. [Klick] auf *Kopieren*.
Der markierte Text wird in die Zwischenablage kopiert. Durch Aufruf der Zwischenablage können Sie sich davon überzeugen.

6. Aktivieren Sie die Anwendung, in der der Text eingefügt werden soll.

5. [Strg]+[V] oder im entsprechenden Menü (z.B.: *Bearbeiten —> Einfügen* in Word für Windows) den Einfügebefehl aktivieren. Der Inhalt der Zwischenablage wird an der Cursorposition eingefügt. Den Text können Sie dann wie gewohnt weiterverarbeiten und formatieren.

4.8 Zusammenfassung

In diesem Kapitel haben Sie gelernt, mit der Excel-Hilfe umzugehen. Erinnern Sie sich später - vor allem in kritischen Momenten - daran, wie Sie Hilfe abfragen und erhalten können. Wenden Sie sinnvoll, aber maßvoll die Lesezeichen an. Zu viele Lesezeichen verwirren eher als daß sie helfen.

Im einzelnen haben Sie folgendes gelernt:

- Die Hilfe von MS-Excel 4.0 ist in Ebenen unterteilt. Die Ebenen sind untereinander vernetzt. Texte werden relational zugeordnet (Hyper-Text).
- Die Excel-Hilfe kann über den Befehl ?, gefolgt von einer Menüoption, über die Funktionstaste [F1], die Tastenkombination [Shift]+[F1] oder [Klick] auf dem Schalter aktiviert werden.
- Mit [F1] und [Shift]+[F1] und [Klick] auf dem Schalter wird kontext-sensitive Hilfe angefordert.
- Das Inhaltsverzeichnis der Hilfe (? --> *Übersicht* oder Schaltfläche *Inhalt*) dient zum schnellen Auffinden von Informationen.
- Mit Hilfe der Schalter **Inhalt, Suchen, Zurück** und **Bisher** können die einzelnen Hilfeseiten durchblättert werden.
- Der Schalter **Suchen** dient dazu, gezielt über einen Schlüsselbegriff nach hilfreichen Informationen zu suchen.

Wir sind am Ende des Hilfe-Kapitels angelangt. Vielleicht werden Sie Ihre neu erworbenen Kenntnisse schnell anwenden müssen. Im nächsten Kapitel werden Sie eine erste kleine Tabelle erstellen und dabei die grundlegenden Arbeitsprinzipien im Excel-Arbeitsblatt kennenlernen.

5 Das elektronische Arbeitsblatt

5.1 Aufbau des Arbeitsblattes

Nach dem erfolgreichen Start von Excel wurde automatisch eine Tabelle mit dem Namen ***Tab1*** geladen. Die dort sichtbare Struktur ist nur ein kleiner Teil der realen Gesamttabelle.

Die folgende Grafik zeigt, wie man sich die gesamte Tabelle im Speicher und den sichtbaren Ausschnitt daraus vorstellen kann.

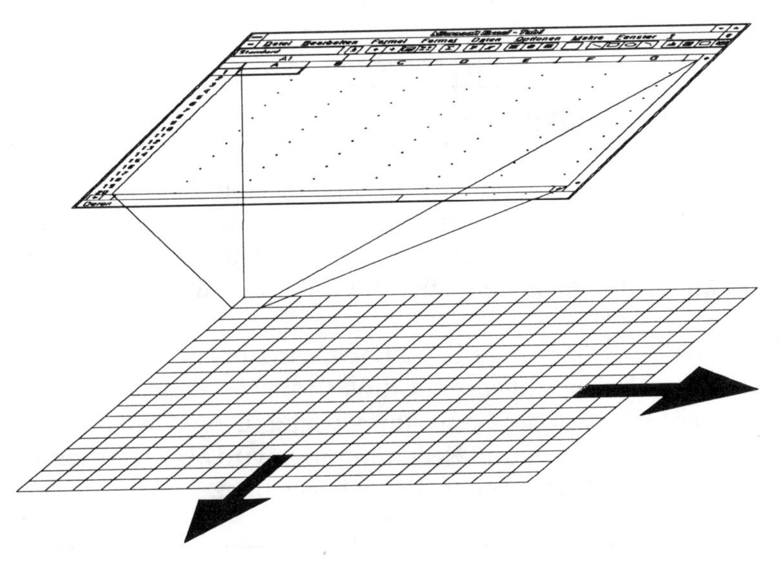

Abb. 5-1 Arbeitsblatt und Bildschirmfenster

Ein Arbeitsblatt besteht aus einer tabellarischen Anordnung von Spalten und Zeilen. Zur eindeutigen Lokalisierung der Spalten und Zeilen werden diese benannt:
- Zeilen erhalten Nummern von 1 bis 16384
- Spalten erhalten Buchstaben von A bis IV (= 256 Spalten). Dabei ist mit **IV** die Kombination der beiden Buchstaben **I** und **V** und **nicht** die römische Zahl gemeint!

Der Kreuzungspunkt einer Zeile und Spalte wird als **Zelle** bezeichnet. In Excel stehen insgesamt 4.194.304 Zellen zur Verfügung.

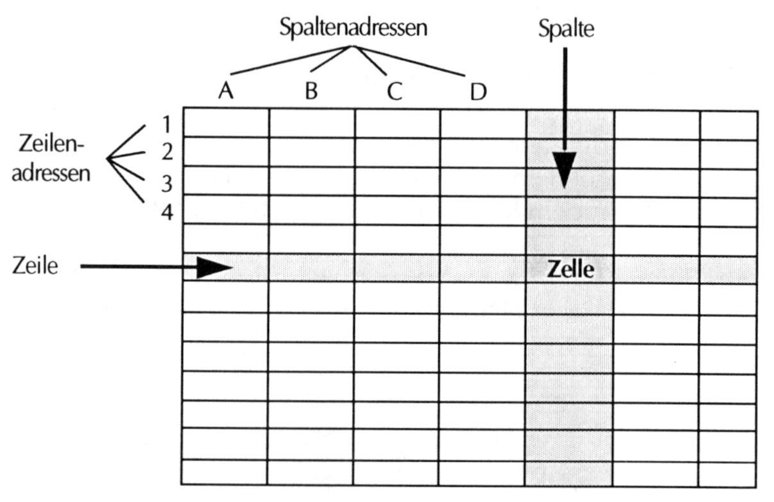

Abb. 5-2 Spalten, Zeilen und Zellen

✗ Übrigens, wenn auf einem Monitor eine Zelle ungefähr die Größe von 3 x 0,6 cm² hat, so umfaßt die Gesamttabelle eine Fläche von 7,68 x 98,30 m². Dies entspricht etwa einem knapp 100 m langen Stück einer Bundesstraße.

Um eine Zelle eindeutig zu benennen, wird ihr eine individuelle Kennzeichnung zugeordnet, die sich aus der Zeilennummer und der Spaltennummer zusammensetzt. Diese Zusammensetzung aus Spalten- und Zeilennummer wird als **Zelladresse** oder kurz als **Adresse** oder **Bezug** bezeichnet.

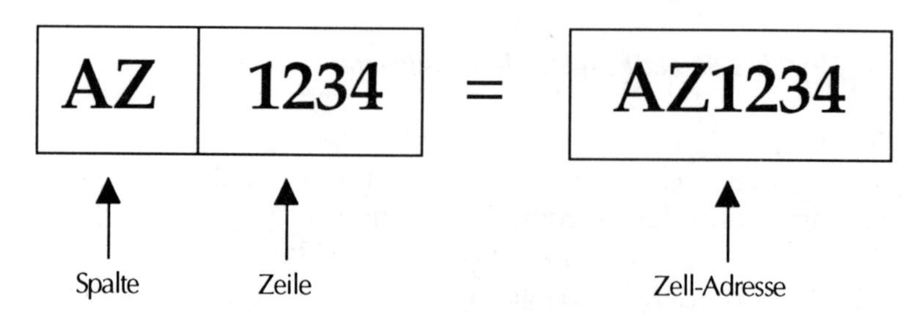

Abb. 5-3 Zusammensetzung der Zell-Adressen

In der Adresse wird stets die Spalte zuerst genannt. Ein Trennzeichen zwischen Angabe der Spalte und der Zeile darf nicht eingefügt werden.

✗ **Beispiele für Adressen:**
Obere, linke Ecke des Arbeitsblattes: A1
Erste Zeile, äußerste rechte Spalte: IV1
Untere, rechte Ecke des Arbeitsblattes: IV16384

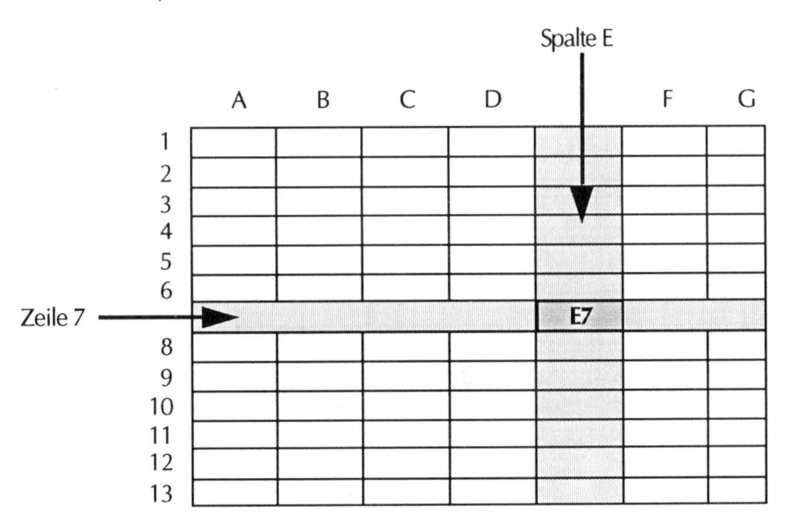

Abb. 5-4 Die Zelle ***E7*** *im Excel-Arbeitsblatt*

Um Daten in einer bestimmten Zelle eintragen zu können, muß man diese zunächst zur sog. **aktiven Zelle** machen. Die aktive Zelle wird mit einem fetten Rahmen umgeben. Mit Hilfe des Zellenzeigers wird auf die gewünschte Zelle gezeigt. Per [Klick] wird diese Zelle dann zur aktiven Zelle.

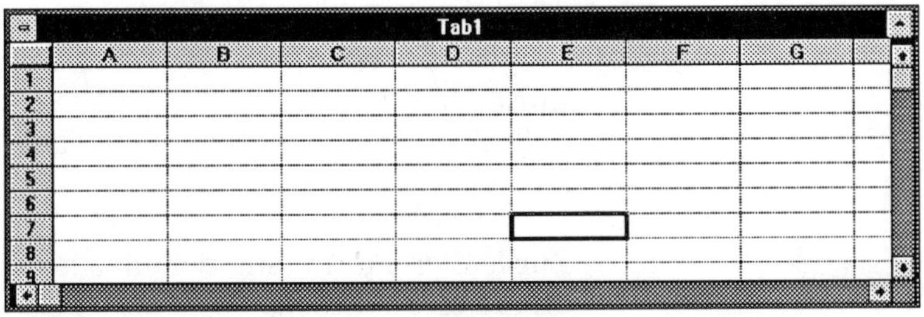

Abb. 5-5 Die Zelle E7 auf dem Bildschirm

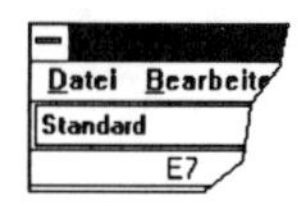

Die Adresse der aktiven Zelle wird im Adreßbereich des Programmfensters von Excel angezeigt (hier E7). Wird Excel ohne spezielle Dateiangabe gestartet, so ist die Zelle A1 immer die aktive Zelle.

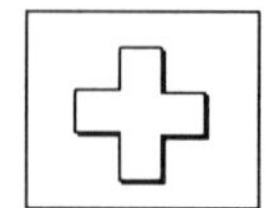

Innerhalb des Tabellenfensters wird der Mauszeiger als Kreuzsymbol, andernfalls in Form des von MS-Windows bekannten Pfeils dargestellt.

Bewegen im Arbeitsblatt

Man muß zwischen zwei Bewegungsarten unterscheiden:

- Bewegen, ohne Veränderung der aktuellen Zelle mit [Klick] auf den Rollbalken.
- Bewegen mit Veränderung der aktuellen Zelle mit Hilfe der Pfeiltasten und weiteren Tastenkombinationen.

Die Pfeiltasten (Cursortasten) dienen dazu, Zellen gezielt anzusteuern.

Taste	Effekt
↑	Eine Zeile nach oben.
↓	Eine Zelle nach unten.
→	Zur rechten Nachbarzelle.
←	Zur linken Nachbarzelle.
Pos1	Zur ersten Spalte der aktuellen Tabellenzeile.
Ende	Zur letzten Spalte der aktuellen Tabellenzeile.
Strg Pos1	Zur ersten Eintragung der Tabelle (= Zelle A1 = linke, obere Ecke der Tabelle).
Strg Ende	Zur letzten Eintragung der Tabelle (= untere rechte Ecke).

Taste	Effekt
Strg + ↑ ← ↓ →	Bewegt den Zellzeiger in Pfeilrichtung und überspringt dabei Zellen ohne Eintragung.
Bild ↑	Eine Bildschirmseite in Richtung auf den Tabellenanfang.
Bild ↓	Eine Bildschirmseite in Richtung auf das Tabellenende.

- **Tip**
  Um eine weit entfernt liegende Zelle anzusteuern, bedient man sich der Befehlsfolge *Formel —> Gehe zu*. Im Feld *Bezug* gibt man die Adresse an, zu der man gehen möchte. Über die Tastatur erfolgt der Aufruf von *Gehe zu* über die Taste [F5].

5.2 Bereiche im Arbeitsblatt

Normalerweise beziehen sich sämtliche Aktionen, die in Excel ausgeführt werden, immer auf die aktuelle Zelle. Darüber hinaus ist es aber auch möglich, Funktionen auf *Bereiche* anzuwenden. Voraussetzung dafür ist die Markierung mehrerer Zellen.

Abb. 5-6 Markierung eines Bereiches

- **Definition**
  Eine rechteckige, zusammenhängende Zellenanordnung bezeichnet man als **Bereich**.

So markieren Sie Bereiche:

---

1. Linke obere Ecke des zu markierenden Bereichs mit der Maus anklicken. Diese Zelle wird auch als **Ankerzelle** bezeichnet.
2. Mausknopf festhalten (= [Dauerklick]) und . . .
3. . . . zur unteren rechten Ecke des Bereichs ziehen. Bis auf die Ankerzelle werden sämtliche zum Bereich gehörenden Zellen invers dargestellt.
4. Mausknopf loslassen

Alternativ kann mit folgender Vorgehensweise ein vergleichbares Ergebnis erzielt werden:

Ihre alternative Vorgehensweise:

---

1. Obere linke Ecke des zu markierenden Bereiches per [Klick] zur aktuellen Zelle machen (= Ankerzelle).
2. [Shift]+[Klick] in der unteren rechten Ecke des Bereiches.

Der gesamte Bereich zwischen Ankerzelle und Endzelle wird (bis auf die Ankerzelle selbst) invers dargestellt. Die Ankerzelle bleibt aktuelle Zelle. Darüber hinaus können Zeilen und Spalten sowie das Arbeitsblatt insgesamt markiert werden.

So markieren Sie Spalten, Zeilen und das ganze Arbeitsblatt:

- Zeile markieren:
  [Klick] auf der gewünschten Zeilennummer.
- Spalte markieren:
  [Klick] auf dem gewünschten Spaltenbuchstaben.

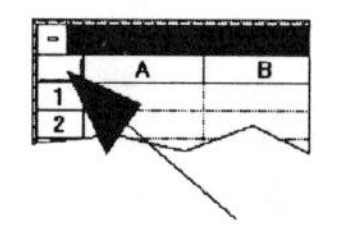

- Gesamtes Arbeitsblatt markieren:
  [Klick] auf dem leeren Schalter oberhalb der Zeilennummer 1 und links des Spaltenbuchstabens A.

Neben zusammenhängenden Bereichen des Arbeitsblattes können auch nicht-zusammenhängende Zellanordnungen markiert werden. Derartige Markierungen nennt man **selektive Markierung**.

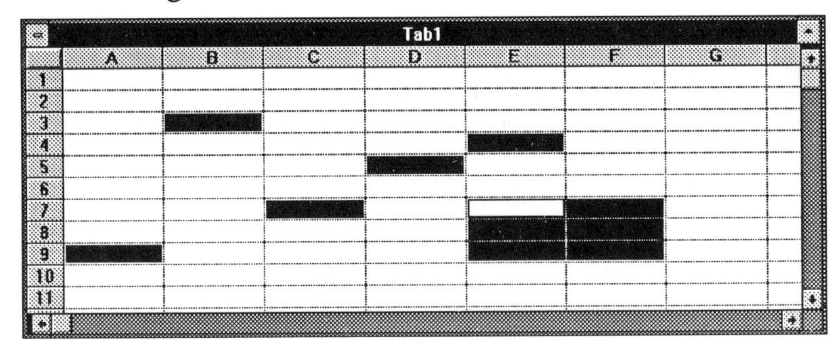

Abb. 5-7 Selektiv markierte Zellen, E7 ist aktuelle Zelle

Taste	Effekt
[Strg]+[Klick]	Eine einzelne Zelle wird zusätzlich zu bereits zuvor markierten Tabellenteilen markiert.
[Strg]+[Dauerklick]	Der überstrichene Bereich wird markiert, evtl. zusätzlich zu bereits zuvor markierten Zellen oder Zellbereichen im Arbeitsblatt.

5.3 Zusammenfassung

In diesem Kapitel haben Sie das elektronische Arbeitsblatt näher kennengelernt. Sie wissen jetzt, daß eine Vielzahl von Zellen zur Aufnahme von Daten bereit steht, und daß jede einzelne Zelle eine spezifische Adresse erhält, unter der man sie "anspricht".
Eine Zelle des Arbeitsblattes ist gegenüber ihren Schwestern hervorgehoben. Dies ist die aktive oder aktuelle Zelle, in der Daten eingegeben und bearbeitet werden können. Sie wissen auch, daß man mit Hilfe der Point-and-Click-Methode zunächst die Zelle, in der man etwas eingeben möchte, zur aktuellen Zelle machen muß.

Last but not least können Sie im Arbeitsblatt blättern und Bereiche des Arbeitsblattes sowohl zusammenhängend als auch selektiv markieren.

Nun verfügen Sie schon über umfangreiches Handwerkszeug im Umgang mit Excel, so daß Sie nun daran gehen können, Ihre erste Tabelle zu erstellen, zu verändern und auszudrucken.

6 Ihre erste Tabelle

Jetzt ist es soweit, Sie machen Ihre ersten Eingaben in Excel. Ziel dieser Eingaben ist es, eine kleine Tabelle mit Stückzahlen verkaufter Automobile zu erstellen. An dieser Tabelle werden folgende Fragen beantwortet, die sich jetzt vielleicht dem einen oder anderen Leser aufdrängen:

- Wie werden Eingaben in die Excel-Tabelle gemacht?
- Wie unterscheidet man numerische und alphanumerische Daten?
- Wie werden Zahlen und Text angezeigt?
- Wie kann ich Fehler korrigieren?
- Wie kann man im Arbeitsblatt rechnen?

Vielleicht werden Sie aber auch ganz andere, individuelle Fragen haben. Wir hoffen, diese im Verlauf dieses Kapitels ebenfalls beantworten zu können.

6.1 Sie geben Zahlenwerte ein

Es wird ernst. Die folgende kleine Tabellenstruktur wollen wir nun gemeinsam anlegen.

3.445	*3.554*	*2.912*
1.298	*1.251*	*1.232*
545	*345*	*412*

Geben Sie die Zahlenwerte nun in Excel in das Arbeitsblatt mit dem Namen **Tab1** in den ersten drei Spalten A, B und C ein.

So geben Sie die Zahlen ein

1. Per [Klick] machen Sie die Zelle A1 zur aktuellen Eingabezelle.

2. Von der Tastatur aus geben Sie die erste Zahl ein: *3445*
   Sie werden bemerken, daß der Tausenderpunkt nicht angezeigt wird. Das entspricht dem Standardzahlenformat von Excel. Wie man andere Formate wählt, erfahren Sie in Kapitel 10 ab Seite 125 dieses Buches.

   Die eingegebene Zahl erscheint an zwei Stellen:
   - In der aktuellen Zelle.
   - In der Eingabezeile (auch Editierzeile genannt).

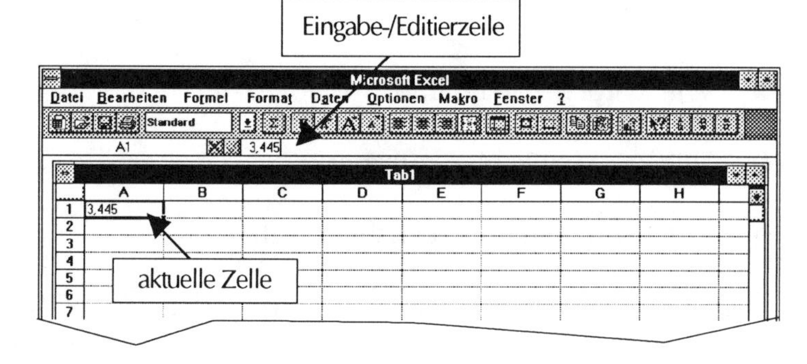

Abb. 6-1 Hier sehen Sie die eingegebene Zahl

3. Drücken Sie jetzt [↵].
   Der Zellzeiger springt in die Zelle A2, die damit zur aktuellen Zelle wird.

4. Geben Sie die Zahl für die zweite Zeile ein: *1298*

5. Drücken sie wieder [↵].
   Die Zelle A3 wird aktuelle Zelle.

6. Nächste Zahl eingeben: *545*
   Sie sind jetzt am Ende der ersten Spalte angekommen.

7. Betätigen Sie die Taste [Pos1] und dann [Pfeil rechts], um in die zweite Spalte zu gelangen, oder klicken Sie die Zelle an. Dort geben Sie auf analoge Weise die Zahlen ein.

Verfahren Sie mit den Werten der dritten Spalte genauso.

In Ihrem Tabellenfenster sehen Sie jetzt:

Tab1

	A	B	C	D	E	F	G
1	3445	3554	2912				
2	1298	1251	1323				
3	545	345	412				
4							
5							
6							
7							
8							
9							

Abb. 6-2 Die erste Tabelle nach der Zahleneingabe

Für die Eingabe von Zahlen (= numerischen Daten), können folgende Regeln formuliert werden:

Selection

↓

Action

- Zuerst müssen Sie die Zelle mit dem Mauszeiger (Kreuz-Symbol) anklicken, in die bzw. ab der Zahlen eingegeben werden sollen (Selection). Diese Zelle wird dadurch zur aktuellen Zelle.
- Geben Sie die erste Zahl ein (Action). Ist es die einzige, drücken Sie nach der Eingabe die [Return]-Taste, andernfalls die im folgenden Schema dargestellten Tasten:
- Benutzen Sie die Pfeiltasten, um zur nächsten Eingabezelle zu gelangen.

Bei der Eingabe der Zahlen wird Ihnen aufgefallen sein, daß die Zahlen nach Betätigen der Pfeil- oder [Return]-Taste automatisch an den rechten Zellrand gerückt wurden.

- Numerische Daten (= Zahlenwerte) werden standardmäßig rechtsbündig ausgerichtet.
- Über die Befehlsfolge *Format —> Ausrichtung* läßt sich diese Ausrichtung verändern.
  Mehr darüber erfahren Sie in Kapitel 8 dieses Buches.

6.2 Korrekturen im Arbeitsblatt

Nobody is perfect. Auch Ihnen werden bei der Eingabe der Daten in das Arbeitsblatt Fehler unterlaufen. Und so korrigieren Sie schnell Ihre Fehler:

- **Fehler bei einem kurzen Eintrag korrigieren**
  Machen Sie die Zelle mit dem fehlerhaften Eintrag zur aktuellen Zeile.
  Sie geben alles nochmals neu ein. Der alte, fehlerhafte Eintrag wird dabei einfach überschrieben.

- **Fehler in einer längeren Eintragung korrigieren**
  Klicken Sie die Zelle mit dem fehlerhaften Eintrag an. In der Editierzeile (= Eingabezeile) erscheint der Eintrag. Mit der Maus positionieren Sie die Schreibmarke an der Stelle, ab der Sie editieren möchten.
  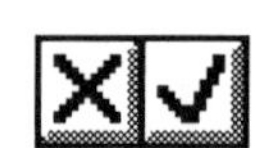
  In dem Moment, in dem Sie mit dem Mauszeiger die Schreibmarke in der Editierzeile positionieren, erscheinen links von der Editierzeile die beiden Symbole Kreuz und Haken.
  Durch Anklicken eines der Symbole kann das Editieren abgeschlossen werden
  - rotes Kreuz: Änderungen werden nicht übernommen (= [Esc]).
  - grüner Haken: Änderungen werden übernommen (= [Return]).

Die folgende Tabelle faßt mögliche Tastatur- und Mausfunktionen zusammen, die nur für die Editierzeile Gültigkeit haben:

Mausfunktion	Editierfunktion
[Klick]	Cursor wird positioniert.
[Doppelklick]	Wort, auf dem der [Doppelklick] ausgeführt wurde, wird komplett markiert.
[Dauerklick]	Von der Startposition bis zum Ende des Dauerklicks wird markiert.

Taste/Aktion	Editierfunktion
Einfg	Schaltet Überschreiben ein.
Entf	Markierte Zeichen löschen.
←	Markierte Zeichen bzw. das Zeichen links vom Cursor löschen Sie mit der Rücktaste.
Text eingeben	Der Text wird an der Cursorposition eingefügt bzw. überschreibt ab der Cursorposition je nach Stellung der Taste [Einfg]. Wurde zunächst Text markiert, so ersetzt der eingegebene Text den markierten.
← →	Cursor wird in der Editierzeile in Pfeilrichtung bewegt.
Pos1	Vor erstes Zeichen in der Editierzeile.
Ende	Hinter letztes Zeichen in der Editierzeile.
↵	Übernimmt geänderte Daten in die Zelle.
Esc	Bricht Editierung ohne Veränderung der Daten ab.

6.3 Tabelle sicherheitshalber speichern

Sie sollten jetzt die Tabelle speichern, damit Sie Ihnen nicht durch einen dummen Zufall verloren geht. Das muß übrigens nicht unbedingt ein höchst seltener Stromausfall sein.

Vergleichen Sie dazu die tabellarische Darstellung auf der folgenden Seite.

So speichern Sie Ihre Tabelle:

1. [Klick] auf dem Befehl *Datei —> Speichern unter.*

   In der sich öffnenden Dialogbox können Sie:

- das Verzeichnis auswählen, in dem Ihre Datei gespeichert werden soll, und
- den Dateinamen eingeben, unter dem Ihre Datei gespeichert werden soll.

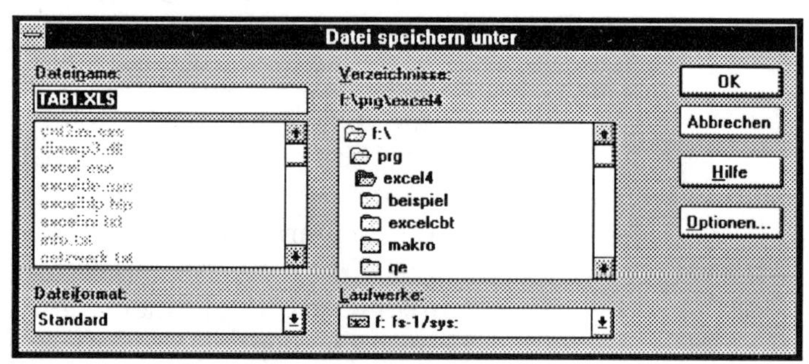

Abb. 6-3 Sie speichern Ihre Tabelle

2. Sie wählen aus der rechten Listbox das Verzeichnis, in dem Sie Ihre Datei speichern möchten.

3. Sie geben den Namen der zu speichernden Datei ein; z.B.: **Tabelle1**
   Bedenken Sie bitte, daß der Name aus maximal 8 Zeichen bestehen darf. Dies ist eine Beschränkung, die vom DOS vorgegeben wird (vgl. Regeln auf der nächsten Seite).
   Als Erweiterung schlägt Excel **XLS** vor. Diesen Vorschlag sollte man übernehmen. So kann man Excel-Dateien von anderen unterscheiden und später per [Doppelklick] auf dem Namen aufrufen. XLS steht für *Excel Spreadsheet.*
   Unter *Optionen* könnten Sie die Tabelle durch Vergabe eines Kennwortes schützen. Über die Listbox *Dateiformat* ist es möglich, verschiedene Formate zum Speichern der Datei zu bewirken. Ein Datenaustausch mit anderen Programmen wird dadurch leicht möglich. In der Listbox *Laufwerke* wählen Sie das Laufwerk aus, auf dem Sie die Tabelle speichern möchten. Es werden dort die Diskettenlaufwerke, die lokalen Festplatten und Speichermedien auf einem Server angezeigt.

Tabelle speichern (Fortsetzung):

---

4. Drücken Sie entweder [Return] oder klicken Sie auf die Schaltfläche **OK**.
   Ihre Tabelle wird nun unter dem angegebenen Dateinamen im gewünschten Verzeichnis gespeichert.

Nach dem Speichern ist Ihr Arbeitsblattfenster wieder aktiv, und Sie könnten weitere Eingaben in Ihre Tabelle machen.

- **Regeln**
  Beim ersten Speichern einer Tabelle als Datei wird über die Befehlsfolge *Datei—> Speichern unter* dieser ein individueller Name vergeben, der maximal 8 Zeichen lang sein darf. Folgende Zeichen dürfen **nicht** vorhanden sein:

  . , / \ [ ] + * ? : Leertaste < > |

  Darüber hinaus müssen Sie bei der Namensvergabe beachten, daß es im MS-DOS eine ganze Reihe reservierter Dateinamen gibt (LPT1:, PRN, CON, CLOCK$, COM1: usw.). Auf die Umlaute und das ß sollten Sie generell verzichten, weil einige Programme besonders im Netzwerk damit Schwierigkeiten haben könnten.

- Hat eine Datei bereits einen Namen, so kann über *Datei —> Speichern* der jeweils aktuelle Stand gespeichert werden. Mit Hilfe dieser Befehlsfolge sollte häufiger gespeichert werden, damit eine Tabelle nicht verloren gehen kann, etwa durch Absturz des Rechners.

6.4 Erste Erweiterung der Tabelle

Sie werden berechtigterweise fragen, für was die Zahlen in Ihrer Tabelle denn eigentlich stehen. Noch sind es ja nur Zahlen, die ohne Bezug "irgendwie im Raum stehen". Was fehlt, sind die Beschriftungen der Zeilen und Spalten, die einen Tabelleninhalt erläutern.

Spalten für die Beschriftungen einfügen

Die Zahlen Ihrer Tabelle stellen eigentlich Verkaufszahlen der berühmten Automobilmarke ***Brabant*** (Sie kennen ihn, den kleinen ***Brabbi***!?) dar. Üblicherweise stehen die Beschriftungen vor den eigentlichen Zahlen. Leider ist aber vor der ersten Spalte kein Platz mehr vorhanden, wo die Beschriftungen eingetragen werden könnten. Um dennoch Eintragungen vornehmen zu können, muß der gesamte Tabelleninhalt so nach rechts verschoben werden, daß die erste Spalte wieder frei wird. Diesen Vorgang nennt man **Einfügen einer Spalte**.

So fügen Sie eine Spalte ein:

---

1. Markieren Sie die komplette Spalte, **vor** der eine neue Spalte eingefügt werden soll, indem Sie auf den Spaltenkopf A klicken. Die ganze Spalte wird bis auf die aktuelle Zelle invers dargestellt.

TABELLE1.XLS

	A	B	C	D	E	F	G
1	3445	3554	2912				
2	1298	1251	1323				
3	545	345	412				
4							
5							
6							
7							
8							
9							

Abb. 6-4 Komplett markierte Spalte A

2. [Klick] auf der Option *Bearbeiten —> Leerzellen.*
   Der gesamte Tabelleninhalt wird nun nach rechts verschoben, was dem Einfügen einer Spalte entspricht.

   Ihre Tabelle hat nun folgendes Aussehen:

TABELLE1.XLS

	A	B	C	D	E	F	G
1		3445	3554	2912			
2		1298	1251	1323			
3		545	345	412			
4							
5							
6							
7							
8							
9							

Abb. 6-5 Ihre Tabelle nach dem Einfügen einer Spalte

In dieser neuen Spalte können Sie dann die Bezeichnungen der Zeilen eingeben.

Ziel ist die in Abbildung 6-6 auf S. 61 dargestellte Tabellenstruktur.

- **Tip**
  Um mehrere Spalten auf "einen Rutsch" einzufügen, markieren Sie soviele Spaltenköpfe, wie Leerspalten eingefügt werden sollen.
  Dann [Strg]+[+] drücken oder die Befehlssequenz *Bearbeiten —> Leerzellen* auswählen. Die leeren Spalten werden vor der ersten markierten Spalte eingefügt.Mit [+] ist dabei die Plus-Taste auf der Rechenmaschinentastatur gemeint.

- Wenn Sie neue Spalten vor der Spalte einfügen möchten, in der die aktuelle Eingabezelle liegt, wählen Sie *Bearbeiten —> Leerzellen —> Ganze Spalte.*

- Um selektiv das Verschieben nur auf die markierten Zellen zu beziehen, wählen Sie *Bearbeiten —> Leerzellen —> Zellen nach rechts verschieben* bzw. *Zellen nach unten verschieben.* Dieser Vorgang bezieht sich dann ausschließlich auf einen Teilbereich des Arbeitsblattes.

Leerzeilen einfügen
Das Einfügen von Leerzeilen wird auf analoge Art und Weise wie das Einfügen von Leerspalten über das **Bearbeiten**-Menü vorgenommen. Dabei können sämtliche beim Einfügen von Spalten beschriebenen Methoden genutzt werden.

Die Tabelle sollte nun zum einen noch mit einer vernünftigen Überschrift versehen, und zum zweiten sollten die Spalten auch genauer bezeichnet werden.

Folgende Eingaben sind jetzt vorzunehmen:

- Überschrift: *Verkaufszahlen Region Ost 1991*

- Spaltentitel: *Januar, Februar* und *März*

Es müssen also 2 Zeilen für die beiden Überschriften eingefügt werden.

So fügen Sie die Leerzeilen ein:

---

1. Per [Dauerklick] überstreichen Sie die Zeilenköpfe der Zeilen 1 und 2.

2. Auswahl der Option *Bearbeiten —> Zellen einfügen.* Durch die Markierung der Zeile weiß Excel, daß Sie Zeilen (und keine Spalten) einfügen möchten.

Vor der ersten Zeile werden zwei neue, leere Zeilen eingefügt.

- **Schnelles Einfügen und Löschen von Spalten und Zeilen** Leerzeilen und -spalten schnell **einfügen** mit [Strg]+[+]. Leerzeilen und -spalten schnell **löschen** mit [Strg]+[-].

Jetzt können die Überschriften für die gesamte Tabelle und die einzelnen Spalten eingetragen werden.

Text eingeben
Da jetzt Platz für die Eingabe vorhanden ist, können Sie die Zeilenbeschriftung eingeben.
Von oben nach unten soll in der ersten Spalte (jetzt frei) folgender Text eingegeben werden:

Verkaufszahlen Region Ost 1991 (= Überschrift)
Brabant 700 XLS
Brabant 601 GTI
Brabant 350 SL Break

Als Titel der drei mit Zahlen gefüllten Spalten sind folgende Überschriften vorgesehen:
Jan,
Feb und
März

Nach Abschluß sämtlicher Eingaben liegt folgende Tabellenstruktur vor, die in Abbildung 6-6 auf S. 61 dargestellt ist.

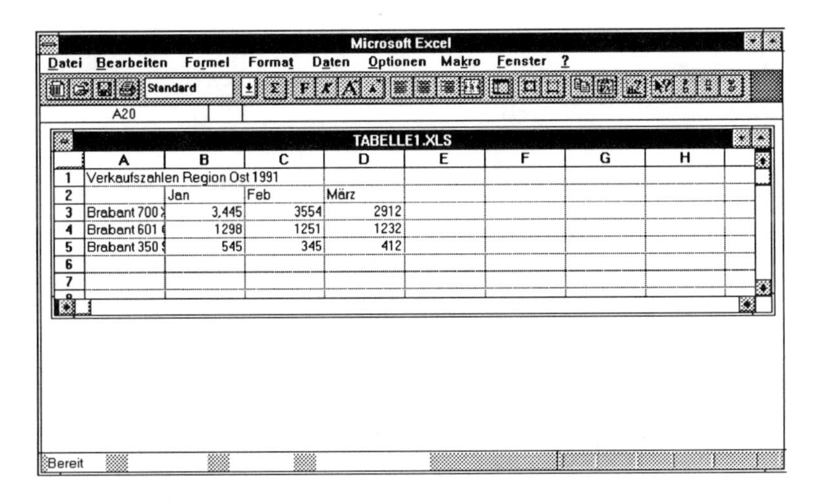

Abb. 6-6 Tabelle nach Abschluß aller Eingaben

Während der Eingaben ist Ihnen wahrscheinlich aufgefallen, daß

- die Überschrift länger als die Spaltenbreite ist. Sie reicht über den Rand weit in die rechten Nachbarzellen hinein,
- die meisten Eingaben einfach abgeschnitten werden,
- Text immer am linken Zellenrand ausgerichtet ist,
- Zahlenwerte immer am rechten Zellenrand ausgerichtet sind.

Soweit sieht die Tabelle ja schon recht gut aus. Allerdings werden Sie sich wahrscheinlich auch schon gefragt haben, warum Ihre Eingaben in den Zellen der ersten Spalte abgeschnitten werden.

✗ **Regel**
Ein Zellinhalt wird dann komplett angezeigt, wenn er entweder vollständig in eine Zelle paßt, oder die rechte Nachbarzelle leer ist. Andernfalls wird er abgeschnitten. Der eigentliche Zellinhalt bleibt dabei unverändert erhalten, es handelt sich nur um eine "abgeschnittene" Anzeige.

Als Konsequenz dieser Regel folgt, daß die Breite der Spalte entsprechend verändert werden muß, damit der komplette Zellinhalt in die einzelnen Zellen hineinpaßt.

Spaltenbreite verändern
Um die Breite einer Spalte zu verändern, gibt es drei verschiedene Vorgehensweisen:

---

1. Methode zur Veränderung der Spaltenbreite

---

1. Sie machen eine beliebige Zelle der Spalte, die Sie verändern möchten, zur aktuellen Zelle.

2. [Klick] auf *Format —> Spaltenbreite.*

3. Geben Sie die Spaltenbreite in Zeichenanzahl ein, hier **29**. Standard ist 10,71 Zeichen, was bedeutet, daß 10,71 Zeichen des Zellinhaltes angezeigt werden. Der tatsächliche Zellinhalt kann bis zu 255 Zeichen betragen.

4. [Return] drücken oder [Klick] auf dem **OK**-Feld.

Neben der absoluten Angabe der Spaltenbreite kann man aber auch MS-Excel die Arbeit machen lassen. Gerade bei langen Tabellen ist dies sicher sehr sinnvoll.

---

2. Methode zur Veränderung der Spaltenbreite

---

1. Sie machen die Zelle mit dem längsten Eintrag, der gerade noch komplett angezeigt werden soll, zur aktuellen Zelle.

2. [Klick] auf *Format —> Spaltenbreite.*

3. [Klick] auf dem Feld *Optimale Breite.*
   Die Spaltenbreite wird dann von Excel dem ausgewählten Eintrag angepaßt.

- Statt *Optimale Breite* zu wählen, können Sie auch per [Doppelklick] auf der rechten Begrenzungslinie des Spaltenkopfes die optimale Breite einstellen. Dann wird allerdings die Spaltenbreite dem längsten Eintrag der gesamten Spalte angepaßt.

Hat bei den beiden vorangegangenen Methoden Excel die Verschiebung der Begrenzungslinien übernommen, werden Sie in der 3. Methode dieses von Hand realisieren.

In der Kopfzeile werden die Spalten jeweils von Begrenzungslinien von der Nachbarspalte abgetrennt. Fährt man langsam mit dem Mauszeiger über die Spaltenköpfe, so stellt man fest, daß der Mauszeiger manchmal sein Aussehen verändert.

---

3. Methode zur Veränderung der Spaltenbreite

---

1. Sie bewegen den Mauszeiger langsam auf die rechte Begrenzung der Spalte A.

2. [Dauerklick] und dabei die Spaltenbegrenzung nach rechts ziehen, so daß die Überschrift **Verkaufszahlen ...** noch komplett angezeigt wird.
   Während des [Dauerklick] wird die eingestellte Spaltenbreite links in der Bearbeitungszeile angezeigt.
   Die Spalte wird endgültig breiter, wenn Sie die Maustaste loslassen.

Nach der Anwendung einer der drei vorgenannten Methoden auf die erste Spalte Ihrer Tabelle erhalten Sie eine Spaltenbreite, die sämtliche Eintragungen vollständig sichtbar macht.

Microsoft Excel
Datei Bearbeiten Formel Format Daten Optionen Makro Fenster ?
Standard
A20
TABELLE1.XLS

	A	B	C	D	E	F	G
1	Verkaufszahlen Region Ost 1991						
2		Jan	Feb	März			
3	Brabant 700 XLS	3.445	3554	2912			
4	Brabant 601 GTI	1298	1251	1232			
5	Brabant 350 SL Break	545	345	412			
6							
7							
8							
9							
10							
11							
12							
13							
14							

Bereit

Abb. 6-8 Ihre Tabelle ist fertig

Tabelle speichern
So leicht es ist, eine Tabelle in Excel zu erstellen, so schnell kann diese durch einen dummen Zufall, durch eigene Ungeschicklichkeit verloren gehen. Um Schaden zu verhindern, sollten Sie die Tabelle in regelmäßigen Abständen speichern. Da jetzt der Name von der ersten Speicherung her bekannt ist, kann die Speicherung nun schneller eingeleitet werden.

So speichern Sie zwischendurch

---

1. [Klick] auf der Option *Datei* der Menüleiste.
2. [Klick] auf *Speichern.* Die Datei wird auf der Festplatte unter dem Namen und in dem Verzeichnis abgespeichert, die beim ersten Speichern angegeben wurden.

6.5 Sie drucken Ihre Tabelle

Als krönender Höhepunkt bleibt jetzt noch der Ausdruck der Tabelle auf Ihrem Drucker.

- Voraussetzung für einen gelungenen Ausdruck ist die korrekte Installation Ihres Druckers unter MS-Windows. Vergleichen Sie dazu auch die Ausführungen im 11. Kapitel dieses Buches.

So drucken Sie Ihre Tabelle aus

---

1. [Klick] auf der Option *Datei.*
2. [Klick] auf *Drucken.*

- Alternativ zu *Datei --> Drucken* können Sie auch [Strg]+[Shift]+[F12] drücken. Später werden Sie lernen, wie man einen zusätzlichen Schalter in der Symbolleiste so integriert, daß man über ihn den Ausdruck bewirkt.

  Es öffnet sich nun das auf der folgenden Seite dargestellte Dialogfeld, in dem Sie weitere Optionen festlegen können.

Drucken
Drucker: Standarddrucker (HP LaserJet IIP an LPT1:)
OK
Abbrechen
Seite einrichten...
Druckbereich
Alles
Seiten
Von: Bis:
Hilfe
Druckqualität: 300 dpi
Kopien: 1
Drucken
Tabelle Notizen Beide
Seitenansicht
Ohne Grafik

Abb. 6-9 Druckoptionen eingeben

3. [Klick] auf dem Dialogfeld *OK* oder Betätigung der [↵]-Taste leitet den Ausdruck ein.

Dabei wird nicht unmittelbar auf dem Drucker ausgegeben, sondern zunächst erstellt Excel eine druckbare Datei, die dann im zweiten Schritt vom Druck-Manager in MS-Windows 3.x ausgegeben wird.

Das folgende Fenster zeigt an, daß eine Druckdatei erzeugt wird.

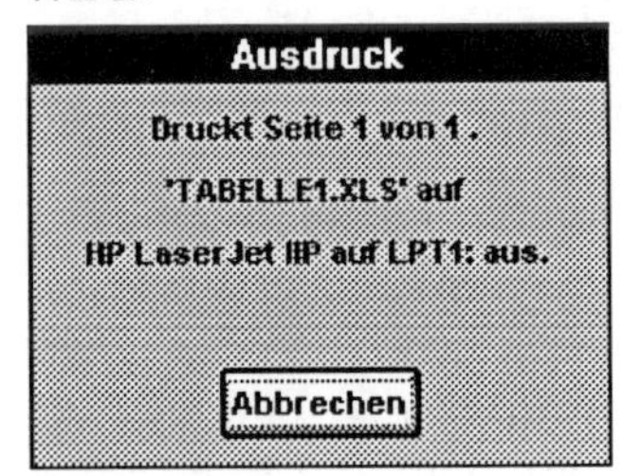

Abb. 6-10 Druckdatei wird erzeugt

Sobald Excel die Druckdatei erzeugt hat, steht Ihnen das Programm wieder zur Verfügung. Sie können also trotz des laufenden Ausdrucks in Excel weitere Eingaben machen. Man sagt auch, daß unter MS-Windows im Hintergrund ausgedruckt werden kann.

☞ **Hinweis**
Sollten Sie in rascher Reihenfolge mehrere Tabellenausdrucke herstellen, so wird jeder der Ausdrucke in eine Druckerwarteschlange eingereiht. Eine gegenseitige Störung der auszudruckenden Dateien findet nicht statt.

Ihr Ausdruck könnte - je nach genutztem Drucker - etwa so aussehen:

Verkaufszahlen Region Ost 1991			
	Jan	Feb	März
Brabant 700 XLS	3445	3554	2912
Brabant 601 GTI	1298	1251	1232
Brabant 350 SL Break	545	345	412

Abb. 6-11 Ausdruck der Datei

6.6 Zusammenfassung

Jetzt können Sie doch schon eine ganze Menge. Sie wissen, wie man eine Tabelle aufbaut, wie man Fehler korrigiert, wie man druckt und wie man eine Tabelle speichert.

Bei der Erstellung Ihrer Tabelle haben Sie folgende Regeln beachtet.

- **Regeln**
  Leerzeilen und Leerspalten werden über die Befehlsfolge *Bearbeiten —> Leerzellen* eingefügt.

- Voraussetzung für das Einfügen von Leerzeilen und -spalten ist das Markieren der gesamten Zeile bzw. Spalte, **vor** der eingefügt werden soll.
  Die Zeilen- und Spaltenbezeichnungen (= Zeilen- und Spaltenköpfe) sind auf Schaltknöpfen angeordnet.

- Zeilen bzw. Spalten werden insgesamt markiert, indem der Zeilen- oder Spaltenkopf angeklickt werden. Markierte Zeilen und Spalten werden - bis auf die aktuelle Zelle - invers dargestellt.

- Wenn Sie mehrere Leerzeilen auf einmal einfügen möchten, markieren Sie soviele Zeilenköpfe, wie Sie Leerzeilen einfügen möchten. Dann [Strg]+[+] drücken. Die leeren Zeilen werden vor der ersten markierten Zeile eingefügt.

- Die Breite der Spalten wird entweder über den Befehl *Format —> Spaltenbreite*, direkt durch Verschieben der Spaltenbegrenzungslinien oder durch [Doppelklick] auf den Spaltenrandlinien verändert.

Wir hoffen, daß Sie mit diesem Ergebnis zufrieden sind. Oder etwa nicht?
Zugegeben, das eine oder andere fehlt noch an der Tabelle, wie beispielsweise die weiteren Monate April bis Dezember 1991, die Gesamtumsätze für die jeweiligen Monate als Summen und eventuell auch noch die Durchschnittswerte für die einzelnen Fahrzeugmodelle.
Vielleicht wäre auch eine Grafik nicht schlecht. Sie könnte das trockene Zahlenwerk doch recht anschaulich darstellen.

Im nächsten Kapitel werden wir uns mit Verbesserungen der Tabelle befassen. Dort werden Sie lernen, wie man in der Tabelle rechnen kann, wie sich die Darstellungsart der Zahlen in der Tabelle verändern läßt und wie man schnell eine umfangreiche Tabelle aufbauen kann.

Die Fragen und Aufgaben, die im Anschluß an dieses (und einige andere) Kapitel folgen, sind Angebote. Wenn Sie keine Mühe haben, diese Aufgaben und Fragen zu beantworten, können sie sicher sein, den Inhalt des vorangegangenen Kapitels verstanden zu haben. Also, viel Spaß bei der Lösung.

6.7 Aufgaben, Übungen und Fragen

Aufgabe 1
Aus wieviel Zeilen und wieviel Spalten besteht ein Arbeitsblatt in MS-Excel 4.0?

- 256 Spalten, 65536 Zeilen, oder ...
- 16384 Spalten, 65536 Zeilen, oder ...
- 256 Spalten, 16384 Zeilen?

Aufgabe 2
Erstellen Sie eine Tabelle, in der Ihre persönlichen Ausgaben eines Jahres, getrennt nach Monaten eingetragen werden können. Dabei werden in den Spalten die einzelnen Monate und in den Zeilen die Ausgabearten eingetragen.

Private Ausgaben 1992												
	Jan	Feb	Mrz	Apr	Mai	Jun	Jul	Aug	Sep	Okt	Nov	Dez
Miete												
Telefon												
Haushalt												
Radio/TV												
Zeitung												
Auto												
Versich.												
Sparen												
Urlaub												
Hobby												
Summe												

Aufgabe 3
Speichern Sie Ihre Haushalts-Tabelle unter dem Namen **Haushalt** ab.

Aufgabe 4
Geben Sie in der Tabelle die DM-Beträge ein, die Sie monatlich für die entsprechende Ausgabeart vorgesehen haben.

Aufgabe 5
Wie heißt die standardmäßig von Excel zunächst automatisch erzeugte Tabelle?

- Tabelle1
- Table1
- Tab1

Aufgabe 6
Wie sicher bekannt ist, ist die Geschwindigkeit, mit der sich Schall ausbreitet, von dem Medium abhängig, in dem sich der Schall ausbreitet.
Erstellen Sie aus den folgenden Daten eine Excel-Tabelle. Dabei ist die Geschwindigkeit in m/sec angegeben.

Hier die Werte für die Ausbreitungsgeschwindigkeit:

Chlor	206
Kohlendioxid	258
Argon	308
Sauerstoff	315
Stickoxid	324
Kohlenmonoxid	337
Stickstoff	377
Leichtgas	441
Helium	971
Wasserstoff	1261

Diese Werte gelten übrigens nur im hörbaren Bereich des Schalls bei 0 °C (Quelle: Bergmann-Schäfer, Experimentalphysik Band I, Walter de Gruyter, 9. Auflage, 1975).

Denken Sie sich weitere Probleme aus, die sich in Tabellenform darstellen lassen.
Geben Sie die Tabellen in Excel ein, und probieren Sie Spalten- und Zeilen zu markieren, einzufügen und in der Breite zu verändern.

7 Ihre Tabelle wird komplett

Im vorigen Kapitel haben Sie eine ganze Menge über Ihre Tabelle gelernt. Jetzt soll dieses Wissen - quasi in einer zweiten Stufe - erweitert und gefestigt werden.

Am Ende dieses Kapitels werden Sie eine Tabelle unter Anwendung einiger Excel-Hilfsmittel selbständig erstellen können. In der Tabelle werden Sie auch schon einige Berechnungen mit Hilfe sog. *Funktionen* durchführen können.

Auf der Basis der Datei TABELLE1.XLS, die wir am Ende des letzten Kapitels fertiggestellt haben, wollen wir uns der Komplettierung dieser Tabelle zuwenden. Dabei bedeutet Komplettierung einerseits die Erweiterung der Tabelle um weitere Angaben. Andererseits wird durch die Einbindung von vorgefertigten Funktionen ein erstes kalkulatorisches Element in die Tabelle integriert. Um diese Ziele zu erreichen, werden wir uns Werkzeuge von Excel 3.0 bedienen, die in der Werkzeugleiste zu finden sind.

7.1 Die Werkzeugleiste von MS-Excel 4.0

Ähnlich wie in MS-Write oder Word für Windows sind wichtige Funktionen auch in Excel in einer eigenen Leiste zusammengefaßt. In Form von kleinen Schaltern, die sich unterhalb der Menüleiste befinden (vgl. Abb. 7-1), können einfache Formatierungsaufgaben schnell erledigt werden. Selbst das Erstellen von Standardgrafiken ist über einen solchen Schalter möglich.

Um einen gewünschten Effekt zu erzielen, wird der Schalter mit dem Mauszeiger kurz angeklickt. Er rastet dann ein, so daß sein Zustand jederzeit am Schattenwurf sichtbar ist.

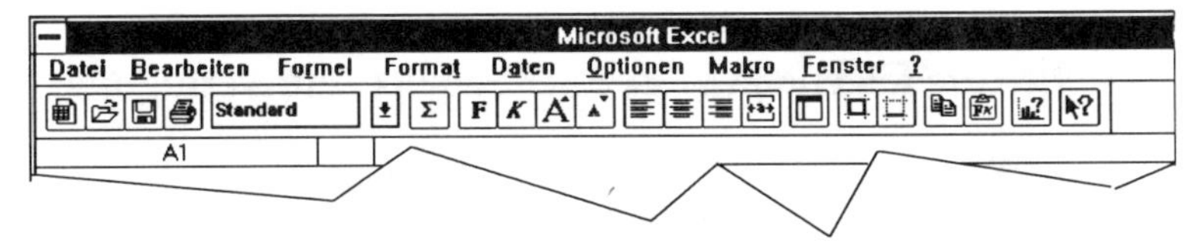

Abb. 7-1 Die Werkzeugleiste in MS-Excel 4.0

Die Symbolleiste von Excel 4.0 erlaubt es dem Anwender, ohne lange Umwege über komplexe Menüs direkt auf das Aussehen seiner Tabelle oder - wie Sie später sehen werden - einer Grafik umfassend Einfluß nehmen zu können. Dabei waren die Microsoft-Programmierer nicht so vermessen, bereits eine endgültige Symbolleiste in Excel zu intergrieren, gleichsam so, als wüßten Sie bereits alles, was für uns Anwender gut ist. Vielmehr haben sie uns Anwendern eine umfassende Einflußmöglichkeit bei der Zusammenstellung dieser Funktions- oder Werkzeugleiste zugebilligt. Gut so!

- Die Werkzeugleiste wird über *Optionen --> Symbolleisten* zusammengestellt und ein- oder ausgeblendet.

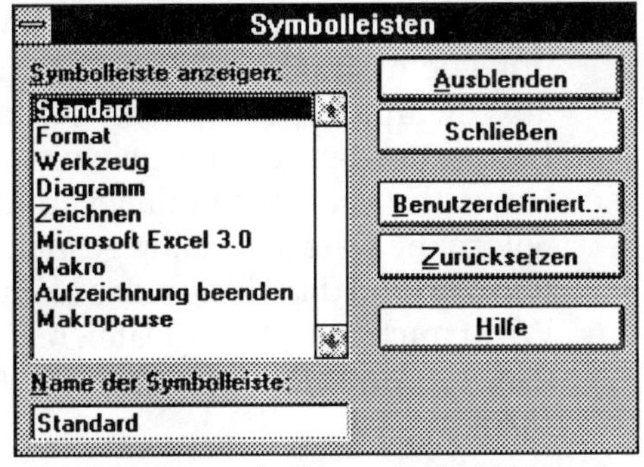

Abb. 7-2 Veränderungsmöglichkeiten der Symbolleiste

Man klappt gleichsam den großen Werkzeugkasten auf und hat dann die verschiedensten Spezialwerkzeuge vor Augen. In dieser Werkzeugleiste finden Sie die in der folgenden Übersicht dargestellten Spezialwerkzeuge. Es werden nicht sämtliche zur Verfügung stehenden Symbole dargestellt, da dies das Buch unnötig auffüllen würde. In jedem speziellen Werkzeug-Bereich stehen dabei verschiedene Symbole zur Auswahl. Diesen Symbolen werden meist Aktionen zugeordnet, die sonst nur über die verschiedenen Excel-Menüs durch mehrfaches Klicken mit der Maus zu erreichen sind.

Standard-Werkzeuge
Es stehen die folgenden Werkzeug-Symbole zur Verfügung:

Symbol	Funktion/Beschreibung
	Ein neues, leeres Arbeitsblatt wird erzeugt. Dem Namen der neuen Tabelle wird die nächste freie Nummer angehängt (z.B. *Tab2*). Gleiche Funktion wie *Datei* --> *Neu* --> *Tabelle*.
	Gleiche Funktion wie *Datei* --> *Öffnen*. Nach dem Betätigen dieses Schalters erscheint die Dialogbox zur Auswahl von Dateien, Laufwerken und Verzeichnissen.
	Die aktuelle Tabelle oder Grafik wird unter dem vergebenen Namen auf dem ausgewählten Datenträger (Diskette, Festplatte, Server) gespeichert. Der Name der Datei bleibt dabei erhalten. Sofern die Datei erstmalig gespeichert wird, erfolgt die Abfrage des Namens. Wirkt auch auf Makro-Dateien. Gleiche Funktion wie *Datei* --> *Speichern*.
	Druckt das Arbeitsblatt (Tabelle, Grafik oder Makro) im aktuellen Dokumenten-Fenster auf dem Standard-Drucker aus. Der Standard-Drucker kann in der Systemsteuerung von Windows bestimmt werden. Eine vorherige Druckerauswahl ist manuell, d.h. über die Befehlsfolge *Datei* --> *Seite einrichten* --> *Drucker einrichten* vorzunehmen. Gleiche Funktion wie *Datei* --> *Drucken*.

Symbol	Funktion/Beschreibung
Standard 	Über diese integrierte Listbox lassen sich Druckformate aufrufen und auf Tabellenteile anwenden. Es wird so der Weg über das Format-Menü gespart. Die Druckformate können vom Anwender selbst definiert werden.
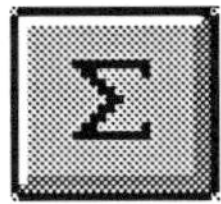	Das Summen-Symbol ist ein wesentliches Hilfsmittel zur schnellen Erstellung von Summenformeln. Mit Hilfe dieses Werkzeugs können recht flott und intelligent Summenformeln in Tabellen berechnet werden. Wir werden diesen Schalter auch später intensiv nutzen. Gleiche Funktion wie **=SUMME(*Bezug*)**.
	Text in der aktuellen Zelle oder den markierten Zellen wird **fett** geschrieben. Gleiche Funktion wie *Format --> Schriftart --> Fett.*
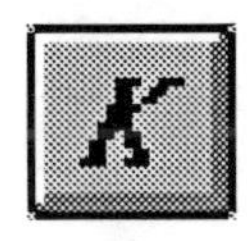	Wie der Schalter F. Format jedoch *kursiv.* Gleiche Funktion wie *Format --> Schriftart --> Kursiv.*
 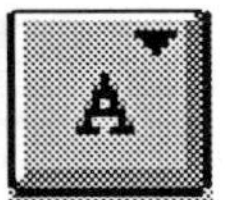	Mit diesen beiden Schaltern wird die Größe der Schriftart verändert. Dabei vergrößert der Schalter A die Schrift, während der Schalter A die Zeichen verkleinert. Dabei wird jeweils der nächst größere bzw. kleinere verfügbare Schriftgrad angenommen. Gleiche Funktion wie *Format --> Schriftart --> Schriftgröße.*

Symbol	Funktion/Beschreibung
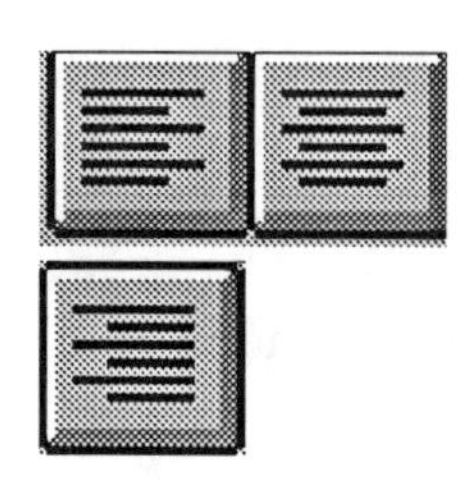	Mit Hilfe dieser Schalter kann der Text in einer Zelle ausgerichtet werden. Dabei wird folgende Zuordnung getroffen:  Linksbündig 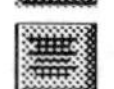 Zentriert  Rechtsbündig
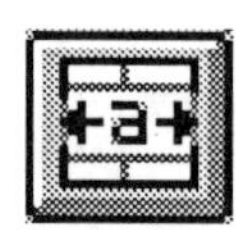	Zentriert einen Zellinhalt über mehrere Spalten. Ideal zum Herstellen von Tabellenüberschriften. Werden wir benutzen, um die Tabellenbeschriftung über der Tabelle zu zentrieren.
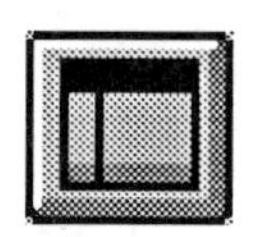	Werkzeug zum schnellen Formatieren einer Tabelle. Hierüber kann ein bereits definiertes Format dem markierten Tabellenbereich zugewiesen werden. Über [Shift]+[Klick] wird jeweils das nächste Format zugewiesen. Sämtliche Formate können über *Format --> Autoformat* betrachtet und auch zugewiesen werden.
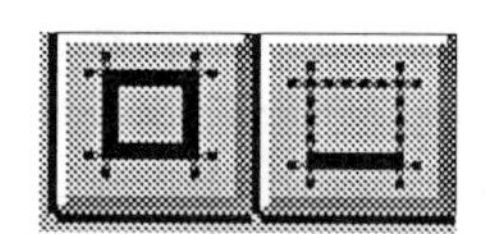	Umrahmt den markierten Zellbereich: 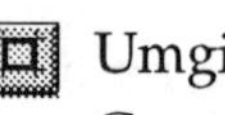 Umgibt Zellbereich mit Gesamtrahmen.  Unterstreicht Zellbereich. Gleiche Funktion wie *Format --> Rahmen --> Gesamt* ( ) bzw. *Format --> Rahmen --> Unten* ( ).

Symbol	Funktion/Beschreibung
	Kopiert den Inhalt des markierten Tabellenbereichs in die Zwischenablage. Wirkt auch bei Makro- und Grafikdateien. Gleiche Funktion wie *Bearbeiten --> Kopieren* oder die Tastenkombination [Strg]+[C].
	Hilfsmittel zum Kopieren von Zahlen- und anderen Formaten. Es werden im markierten Zielbereich eines Kopiervorgangs nur die Formate, nicht jedoch die Werte eingefügt. Gleiche Funktion wie *Bearbeiten --> Inhalte einfügen --> Format.*
	Werkzeug, um mit Hilfe des Grafik-Assistenten aus zuvor markierten Werten ein Diagramm zu erstellen. Vergleichen Sie dazu auch das Kapitel 13 dieses Buches.
	Aufruf der "Maus"-Hilfe. An den Mauszeiger wird zusätzlich ein Fragezeichen "geklebt". Nach Anklicken eines Befehls wird die Hilfe zu dieser Funktion bzw. Option angezeigt.

Neben der zuvor erläuterten Standard-Symbolleiste existieren noch weitere Leisten, die je nach editiertem Objekt entweder automatisch zugeschaltet werden oder manuell ergänzt werden können. Solche Symbolleisten stehen zu den Themenbereichen Formatierung von Tabellen, spezielle Werkzeuge (Rechtschreibprüfung, Vergrößern/Verkleinern, Sortierung usw.), Diagramm-Erstellung, Zeichenwerkzeuge, Standardleiste der Version 3.0 und Makro-Erstellung zur Verfügung. Weiterhin kann jede dieser Leisten um benutzerdefinierte Symbole ergänzt werden.

Die komplette Beschreibung aller Möglichkeiten ist nicht Sinn dieses Einsteiger-Buches, so daß darauf verzichtet werden kann.

Im Rahmen unserer Übungen bei der Erstellung und Formatierung von Tabellen und Diagrammen werden wir häufig von diesen Symbolen Gebrauch machen. Das ist auch der Grund für die Erwähnung der Symbolleiste, bevor "es so richtig los geht".

7.2 Bildung von Summen und Mittelwerten

Eine der typischen Anwendungen der Tabellenkalkulation ist das Erstellen sog. "Was-Wäre-Wenn"-Analysen. Dazu berechnet man mit Hilfe von Formeln und Funktionen ein Ergebnis, das von einer ganzen Reihe von Werten der Tabelle (Parameter) abhängt. Ändern sich die Parameter, so ändert sich in Abhängigkeit davon auch das Ergebnis. Man könnte auch sagen, daß man einen Endwert beobachtet, während man an den Parametern "dreht". Die diesem Vorgang zugrunde liegende Fragestellung ist "Was wäre, wenn ...". Aus diesem Grunde nennt man Tabellen, mit denen derartige Fragestellungen behandelt werden, auch "Was-wäre-Wenn-Tabellen". Sehr interessant wird das Ganze, wenn mit den Ergebnissen auch noch Grafiken und Diagramme verbunden werden, denn diese ändern sich dann auch unmittelbar bei der Veränderung der Ausgangsparameter. In Excel sind die Grafiken nämlich über ein internes "Rohrleitungssystem" zum Datenfluß mit den Tabellen verbunden. Wie dieser dynamische Datenaustausch in der Praxis aussieht, erfahren Sie dann im Kapitel 13, wenn es um die Erstellung von Grafiken geht.
So kompliziert sich das alles auch anhören mag, es ist doch eigentlich ganz einfach.
Um derartige Tabellenstrukturen zu erzeugen, muß man die eingegebenen absoluten Zahlenwerte miteinander verknüpfen. Diese Verknüpfungen geschehen in zahlenorientierten Systemen über mathematische Operatoren, die nichts anderes besagen, als daß Zahlenwerte über eine Rechenvorschrift verbunden werden. Damit werden Zahlen (Elemente eines mathematischen Raumes) einander zugeordnet.

Operatoren können ganz einfache Verknüpfungen darstellen, wie Plus oder Minus. Sie können auch wesentlich komplexere Operationen bedeuten, wie etwa die differentielle Ableitung eines Vektors mit Hilfe des Laplace-Operators in der Vektor-Analysis und Feldtheorie. Aber glücklicherweise müssen wir uns in diesem Buch nicht den Kopf über feldtheoretische Probleme zerbrechen.

- In Excel stehen folgende Operatoren zur Auswahl:
  + —> Addition
  - —> Subtraktion
  * —> Multiplikation
  / —> Division
  ^ —> Potenzierung

Am Beispiel der Summenbildung werden Sie verschiedene Möglichkeiten im Umgang mit dem Operator **+**, der Funktionen SUMME() und MITTELWERT() sowie deren Verwendung in Formeln kennenlernen. Im ersten Fall sollen in der Tabelle TABELLE1.XLS die Januarwerte aufaddiert werden.

Sie erstellen eine Formel mit dem Operator +

---

1. [Klick] auf der Zelle B6, dort soll das Ergebnis der Summe der Januarwerte stehen.

2. Sie geben das Gleichheitszeichen ein.
   Das Gleichheitszeichen weist Excel an, die folgenden Eingaben als Rechenanweisung und nicht als normalen Text zu verstehen.

3. [Klick] auf dem Feld B3.
   Die Zelladresse erscheint hinter dem Gleichheitszeichen. Außerdem läuft ein gestrichelter Rahmen um die Zelle B3 als Hinweis darauf, daß der Inhalt dieser Zelle in eine Formel eingebunden wurde.

   Auf der nächsten Seite ist dies dargestellt.

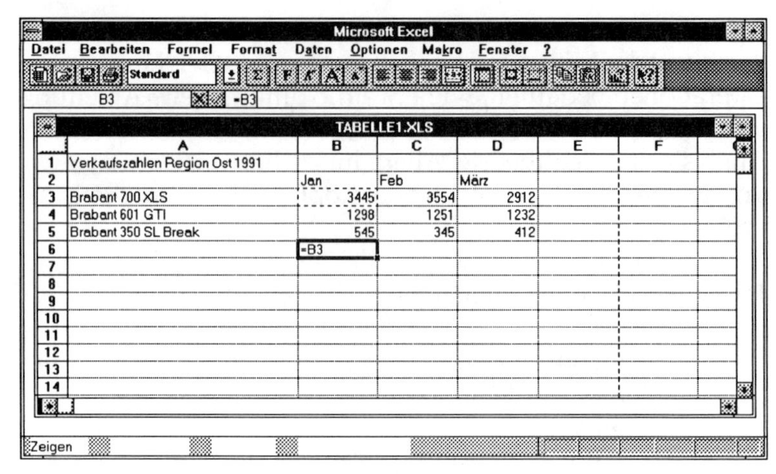

Abb. 7-2 Tabelle während der Erstellung der Summenformel

Ihre weitere Vorgehensweise:

---

4. Geben Sie das Plus-Zeichen ein, da Sie Werte addieren möchten. Der gestrichelte Rahmen verschwindet.
5. [Klick] auf der Zelle B4.
   Hier befindet sich der zweite Summand.
6. Geben Sie erneut das Plus-Zeichen ein.
7. [Klick] auf der Zelle B5.
   Hier steht der letzte der zu addierenden Werte.
8. [Return], um die Zusammenstellung der Formel abzuschließen. In ihrer Zelle B6 befindet sich jetzt die Formel: **=B3+B4+B5**. Diese Formel erzeugt den Wert **5288**, der in der aktuellen Zelle angezeigt wird.

Sie können jetzt deutlich unterscheiden zwischen zwei Arten von Zellinhalten:
- Werte und Texte
- Formeln

Damit Sie wissen, was die Zahl in B6 bedeutet, schreiben Sie noch das Wort **Summe** in die Zelle **A6**.

Stellen sie sich vor, Ihre Tabelle bestünde nicht aus nur drei Zeilen, sondern aus 100 oder mehr Zeilen. Das Berechnen einer Summe über die zuvor geschilderte Zeige-Methode wäre eine zeitraubende Angelegenheit. Darüber hinaus könnten Sie schnell an die Grenzen von Excel stoßen, da nur 255 Zeichen in eine Zelle hineinpassen.
Für Berechnungen stellt MS-Excel 4.0 eine große Anzahl sog. **Funktionen** zur Verfügung. Die Anwendung von Funktionen macht Berechnungen einfacher und übersichtlicher. Bedenkt man die Beschränkungen in einer Eingabezelle, macht Excel über Funktionen die komplexesten und interessantesten Berechnungen damit eigentlich erst möglich.
Für den Bereich der Kalkulation bietet Excel standardmäßig 151 vorgefertigte Funktionen, darunter auch die Funktion **SUMME()**.

- **Regeln zum Aufbau von Funktionen**
  Jede Funktion hat folgenden allgemeinen Aufbau:

  =Funktionsname(Argument1;Argument2;Argument3;...)

- Das **Gleichheitszeichen** leitet jede Eingabe von zu berechnenden Daten ein. Nur durch die Eingabe des Gleichheitszeichens kann Excel wissen, daß beispielsweise mit der Eingabe **B5** der Inhalt der Zelle **B5** und nicht etwa der Text **B5** gemeint ist.

- Der **Funktionsname** bezeichnet die Funktion mit einem Wort, das in Excel als Bezeichnung für die Funktion reserviert ist. Im allgemeinen werden solche Namen verwendet, die einen Hinweis auf die Rechenoperation, die mit der Funktion durchgeführt wird, zuläßt. Häufig werden dabei die aus der Mathematik bekannten Funktionsnamen benutzt.
  Beispiele sind die Funktion **MITTELWERT()**, die den arithmetischen Mittelwert einer Zahlenmenge berechnet, und die Funktion **LN()**, welche den natürlichen Logarithmus einer Zahl berechnet.
  Funktionsnamen können in Kleinbuchstaben eingegeben werden. Excel setzt diese immer in Großbuchstaben um.

- Zwischen den Klammern, die zwingend eingegeben werden müssen, stehen die Argumente **Argument1, Argument2** usw. Diese Argumente bezeichnen Angaben, auf die sich die Funktion bezieht, d.h. worauf die Rechenoperation der Funktion angewendet werden soll. Argumente können Texte, Zahlen, Wahrheitswerte, Fehlerzustände oder Zellbezüge sein. Es sind im Durchschnitt bis maximal 14 Argumente möglich.

Wird als Argument einer Funktion auf Zellen Bezug genommen, so müssen folgende Regeln beachtet werden:

- **Regeln für die Verwendung von Zellbezügen:**

  Einzelne Zelle
  Der Zellbezug besteht in der Adresse der Zelle, z.B. **E7**.

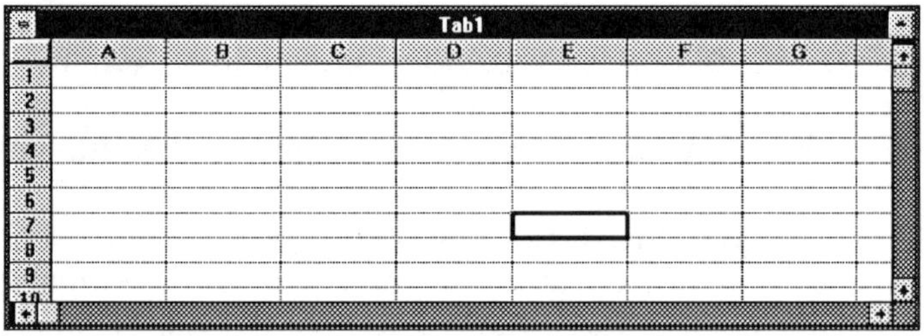

Abb. 7-3 Zellbezug ist die einzelne Zelle E7

- **Zell-Bereich (zusammenhängend)**
  Der Zellbezug besteht in der Angabe der oberen linken Ecke des Bereichs, gefolgt von einem Doppelpunkt und der Adresse der unteren rechten Zelle. Der Doppelpunkt wird dabei als "bis" verstanden. Die Ankerzelle ist C3. Beispiel: **C3:E7**, gesprochen: *C3 bis E7*.

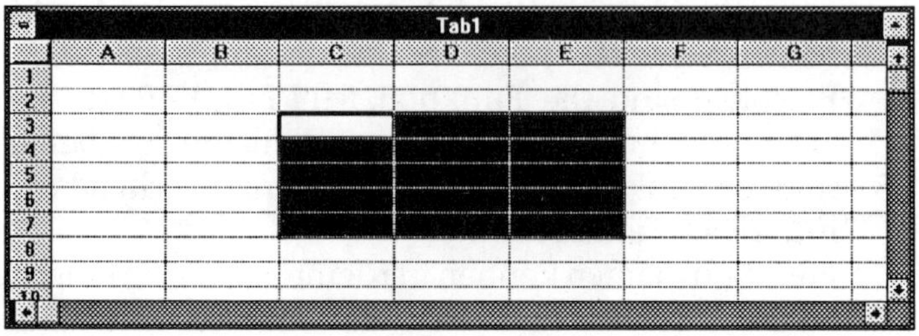

Abb. 7-4 Zellbezug ist ein Bereich

- **Zell-Bereich (nicht zusammenhängend)**
  Die Einzel-Zellen bzw. Einzel-Zellbereiche werden hintereinander aufgelistet, wobei die Zell-Adressen und Bereichsadressen durch Semikolon getrennt werden. Die Ankerzelle ist **G2**. Beachten Sie sehr genau, wo ein Semikolon und wo ein Doppelpunkt steht.
  Beispiel: **A1;B3:C5;D7:E7;F2;G2:G7**

Abb. 7-5 Selektive Zellen und Bereiche

Jetzt kennen Sie eines der wichtigsten Merkmale von MS-Excel, die Funktionen. Natürlich kann man sich nicht alle Funktionen merken. Aus diesem Grunde verfügt Excel über eine Liste mit sämtlichen Funktionen. Aus dieser Liste kann die Funktion dann im Arbeitsblatt eingefügt werden.

Einfügen von Funktionen
Über *Formel —> Funktion einfügen* erscheint die Funktionsliste. In dieser Liste sind die Excel-Funktionen alphabetisch sortiert.

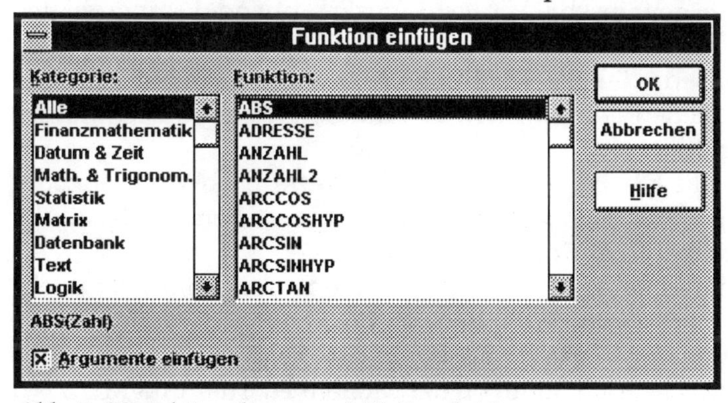

Abb. 7-6 Funktionsliste von MS-Excel 4.0

✗ Mit [Shift]+[F3] läßt sich dieser Menüpunkt direkt über die Tastatur aufrufen.

Um auf die vielfältigen Funktionen von Excel zuzugreifen, kann man zunächst ein Fachgebiet wählen, dem die gewünschte Funktion entstammt. Wenn Sie nicht ganz sicher sind, nehmen Sie das wahrscheinlichste Gebiet.
Mit Hilfe der Bildlaufleisten kann dann in der Funktionsliste geblättert werden, die zu diesem Fachgebiet von Excel bereitgehalten werden. Weiterhin kann man bei bekanntem Anfangsbuchstaben diesen eingeben, um direkt zu den Funktionen zu springen, die mit diesem Buchstaben beginnen.
Per [Doppelklick] auf dem gewünschten Funktionsnamen wird dieser in der aktuellen Zelle eingefügt.

- Ist eine Tabelle im aktiven Fenster, so werden in der Liste sämtliche auf das Arbeitsblatt bezogenen Funktionen aufgelistet. Ist hingegen ein Makro-Blatt aktiv, so zeigt Excel hier nur die Makro-Funktionen an.

Argumente einfügen fügt Platzhalter-Argumente in der Funktion ein. Diese Platzhalter-Argumente können dann von Ihnen durch die "richtigen" Argumente ersetzt werden. Wird eine Funktion angeklickt, so erscheint unter der List-Box die generelle Verwendungsregel. Dies ist als Hilfe ganz sinnvoll, da man nicht immer die Verwendung sämtlicher Funktionen mit allen Argumenten auswendig weiß.
Sofern mehr als eine Möglichkeit zur Verwendung der Argumente besteht, wird eine Auswahlbox angezeigt. Dort können Sie die gewünschte Verwendungsart anhand der angezeigten Argumente auswählen.
In unserer Tabelle TABELLE1.XLS wollen wir mit Hilfe der Summen- und der Mittelwert-Funktion weitere Berechnungen durchführen.
Im Feld E3 soll die Summe der Werte B3 bis D3, also der Monatswerte für den Brabant 700 XLS stehen. In F3 soll der Mittelwert der Monatswerte stehen.
Die unterste Zeile soll weiterhin die Summen über sämtliche verkaufte Autos enthalten. In B6 findet sich demnach die Summe der Werte B3 bis B5, in den Feldern C6 und D6 die entsprechenden Summen der Monate Februar und März.
Die Formel für die Januarsumme haben Sie bereits zuvor eingegeben.

Die Überschriften sollten - soweit noch nicht geschehen - ebenfalls angepaßt werden, so daß sich schließlich folgende Tabellenstruktur ergibt, in der allerdings noch nicht die Formeln eingetragen sind.

Microsoft Excel

Datei Bearbeiten Formel Format Daten Optionen Makro Fenster ?

Standard

F20

TABELLE1.XLS

	A	B	C	D	E	F	G
1	Verkaufszahlen Region Ost 1991						
2		Jan	Feb	März	Summe	Durchschnitt	
3	Brabant 700 XLS	3445	3554	2912			
4	Brabant 601 GTI	1298	1251	1232			
5	Brabant 350 SL Break	545	345	412			
6	Summe	5288					
7							
8							
9							
10							

Bereit

Abb. 7-7 Erweiterung der Tabelle

Am Beispiel der Summe in der Zelle E3 wird dargestellt, wie Sie vorgehen.

Einfügen der Funktion in Zelle E3

---

1. [Klick] auf Zelle E3. Sie wird damit zur aktuellen Zelle.

2. *Formel —> Funktion einfügen* oder [Shift]+[F3], um die Funktionsliste aufzurufen.

3. In der Auswahlbox *Kategorie* das Fachgebiet *Math. & Trigonom.* auswählen, da es sich bei der Summenfunktion um eine Funktion aus dem mathematischen Umfeld handelt.

4. Auf eine beliebige Funktion in der Dialog-Box *Funktion* klicken.

5. **S** eingeben. Im List-Fenster erscheint **SIN**.

6. Mit Hilfe der Rollbalken weiterblättern oder mehrfach S eingeben, bis die Funktion **SUMME** erscheint.

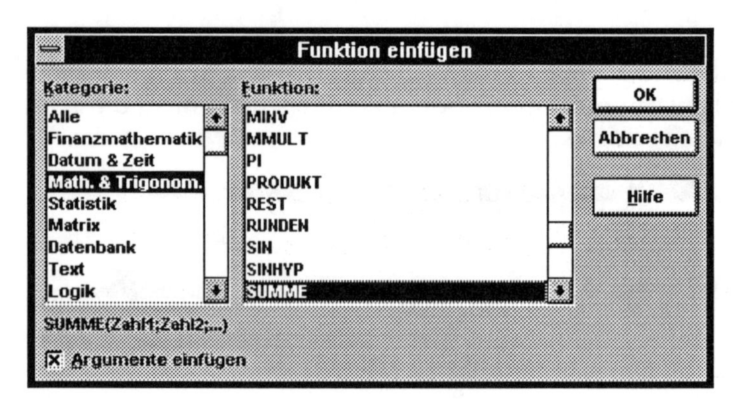

Abb. 7-8 Auswahl der Funktion ***SUMME()***

5. Entweder [Doppelklick] auf dem Funktionsnamen oder [Klick] auf dem **OK**-Schalter fügt die Funktion in der aktuellen Zelle E3 ein. In der Editierzeile erscheint: **=SUMME(Zahl1;Zahl2;...)**
   Das erste Argument (**Zahl1**) ist dabei invers dargestellt.

6. [Dauerklick] von B3 bis D3.
   Der überstrichene Bereich wird statt **Zahl1** eingetragen. In der Editierzeile erscheint: **=SUMME(B3:D3;Zahl2;...)**

7. Positionieren Sie den Cursor mit der Maus in der Editierzeile hinter D3, aber noch **vor** dem Semikolon. Die Scheibmarke befindet sich dann dort. Die Umrahmung von B3:D3 verschwindet.

8 Mit [Shift]+[Pfeil rechts] markieren Sie alle Zeichen bis **vor** der Klammer. Sämtliche überstrichenen Zeichen werden invers dargestellt.

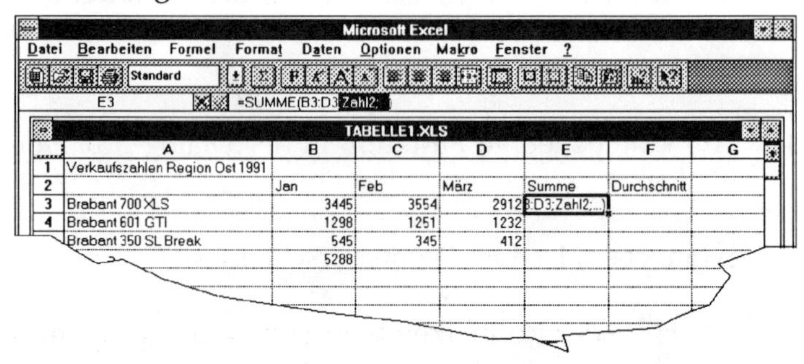

Abb. 7-9 Markierte Zeichen in der Editierzeile vor dem Löschen

Ihre weitere Vorgehensweise:

9. [Entf] drücken, um die Zeichen zu entfernen, denn Sie benötigen als einziges Argument den Zellbereich, der die zu addierenden Zahlen enthält.

10. [↵] trägt die Funktion in der Zelle E3 ein. Dort erscheint unmittelbar das Ergebnis der Berechnung (9911).

Die restlichen Summenformeln der Spalte *E* können auf analoge Weise berechnet werden.
Es besteht aber auch die Möglichkeit, Excel die Arbeit der Formelerstellung zu übergeben.
Dabei gehen Sie wie folgt vor:

1. Klicken Sie auf die Zelle E3, da sich dort die bereits erstellte Formel befindet.

2. Bei genauer Betrachtung des Rahmens um die aktive Zelle fällt Ihnen der "Anfasser" in der unteren rechten Ecke der Zelle auf. Wenn Sie mit dem Mauszeiger auf diesen Anfasser zeigen, wandelt er sich zu einem Plus-Zeichen.

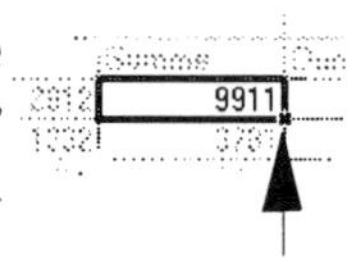

3. Per [Dauerklick] ziehen Sie diesen Anfasser bis zum Feld E5. Sie haben dann genau den Bereich eingerahmt, in dem die Summen stehen sollen.

4. Lassen Sie die Maus los.
Excel trägt automatisch die Summenformeln in den gewünschten Feldern ein.

Microsoft Excel

Datei Bearbeiten Formel Format Daten Optionen Makro Fenster ?

Standard

G20

TABELLE1.XLS

	A	B	C	D	E	F	G
1	Verkaufszahlen Region Ost 1991						
2		Jan	Feb	März	Summe	Durchschnitt	
3	Brabant 700 XLS	3445	3554	2912	9911		
4	Brabant 601 GTI	1298	1251	1232	3781		
5	Brabant 350 SL Break	545	345	412	1302		
6	Summe	5288					
7							
8							
9							
10							

Bereit

Abb. 7-10 Tabelle mit eingetragenen Summen-Funktionen

✗ Wenn die Funktion bekannt ist, so kann diese auch ohne den Umweg über das Menü direkt mit allen Argumenten eingetragen werden. Bei der manuellen Eintragung von Funktionen muß zunächst auch das Gleichheitszeichen eingegeben werden, was beim Einfügen der Funktion über das Menü automatisch eingefügt wird.

Die Summen der verbleibenden Monate sollen jetzt mit einer weiteren alternativen Methode berechnet werden: mit Hilfe des Summenwerkzeugs in der Werkzeugleiste.
Da in der Zelle B6 bereits die ganz zu Beginn eingegebene Formel **=B3+B4+B5** steht, wird in der Zelle C6 die Summenformel mit Hilfe des Summenwerkzeugs eingetragen.

Summenberechnung mit dem Summen-Werkzeug

---

1. [Klick] auf der Zelle, in der die nächste Summe stehen soll. In unserem Fall ist dies die Zelle **C6**.

2. Sie betätigen den Summenknopf in der Werkzeugleiste. Excel macht Ihnen durch einen gestrichelten Rahmen um die Zellen C3 bis C5 einen Vorschlag für die Zellen, deren Werte addiert werden sollen. Außerdem wird die Excel-Funktion zur Summenbildung **=SUMME(C3:C5)** samt Adressen für den Zellbereich eingetragen.

3. Wenn sie mit dem Excel-Vorschlag einverstanden sind, drücken Sie [↵].
   Der Vorschlag wird übernommen. In der aktuellen Zelle erscheint das Ergebnis der Berechnung.

Nachdem die Summe auch in der Zelle D6 eingetragen wurde, steht noch die Berechnung des Durchschnittes aus.

Einzelwerte addieren und durch die Anzahl der Werte teilen.
Beispiel: (B3+C3+D3)/3
Wichtig bei dieser Methode ist, daß Sie die Klammern entsprechend setzen, denn in Excel gilt die bekannte Regel "Punktrechnung vor Strichrechnung", wonach Multiplikationen und Divisionen Vorrang vor Additionen und

Subtraktionen haben. Durch Setzung der Klammern wird Excel mitgeteilt, daß die Werte in den Klammern zuerst berechnet werden, und das Ergebnis dieser Berechnung durch 3 geteilt wird.
Verzichteten Sie auf die Klammern, so würden zunächst die beiden Werte der Zellen B3 und C3 addiert. Zu dem Ergebnis würde außerdem D3/3 hinzugezählt. In unserer Tabelle wäre im ersten Fall das Ergebnis **3160** richtig, im zweiten Fall **7538,667** aber falsch.

- Achten Sie bei der Zusammensetzung von umfangreichen Formeln unbedingt auf die richtige Klammersetzung. Jede "Klammer auf" muß ihr Pendant in einer "Klammer zu" haben. Ist dies nicht der Fall, so quittiert Excel dies mit einer Fehlermeldung.

Anstatt die einzelnen Adressen der an der Berechnung des Mittelwertes beteiligten Zellen einzeln anzugeben, ist es auch möglich, die Berechnung der Summe wieder der Funktion **SUMME()** zu übertragen (**SUMME(B3:D3)**). Das Ergebnis der Summenberechnung muß noch durch die Anzahl der beteiligten Werte geteilt werden. In der Zelle wird demnach **=SUMME(B3:D3)/3** eingetragen. Hierbei muß um die Summenformel keine zusätzliche Klammer gesetzt werden, da Excel **SUMME(B3:D3)** als einen einzigen Wert versteht.

Um die Summenformel einzutragen, können Sie natürlich wieder das Summenwerkzeug aus der Werkzeugleiste benutzen. Beachten Sie dabei aber unbedingt, daß wirklich nur die Zellen in die Berechnung der Summe einfließen, die zur Mittelwertberechnung benötigt werden. In diesem Fall schlägt Ihnen Excel nämlich B3 bis E3 als zu summierenden Bereich vor. In E3 jedoch steht die Summe der Felder B3 bis D3, die jedoch auf keinen Fall in die Berechnung des Durchschnitts einfließen soll.

Mit [Dauerklick] wird einfach der zu berücksichtigende Bereich überstrichen. Vor dem Drücken der [↵]-Taste wird der Cursor mit Hilfe der Maus hinter die Klammer gesetzt, um noch die Division durch 3 einzugeben. Als Formel ergibt sich dann der gewünschte Ausdruck **=SUMME(B3:D3)/3**.

Daneben ist in Excel eine spezielle Funktion zur Berechnung des Durchschnitts bzw. Mittelwertes integriert: **MITTELWERT()**. In unserem Fall müßte beispielsweise im Feld F5 die Funktion **=MITTELWERT(B5:D5)** eingetragen werden.
Bei der Anwendung der Mittelwert-Funktion müssen Sie unbedingt darauf achten, daß Zellen, die nicht mit ins Kalkül gezogen werden sollen, auch nicht markiert werden. Durch selektive Markierung der relevanten Zellen können Sie dieses Problem lösen.
Nach Abschluß Ihrer Eingaben und Anpassung der Spaltenbreite ergibt sich folgende Tabelle.

TABELLE1.XLS

	A	B	C	D	E	F	G
1	Verkaufszahlen Region Ost 1991						
2		Jan	Feb	März	Summe	Durchschnitt	
3	Brabant 700 XLS	3445	3554	2912	9911	3303,66667	
4	Brabant 601 GTI	1298	1251	1232	3781	1260,33333	
5	Brabant 350 SL Break	545	345	412	1302	434	
6	Summe	5288	5150	4556			
7							
8							
9							
10							

Abb. 7-11 Tabelle mit Summen und Mittelwerten

In den Zellen stehen nach der Eintragung sämtlicher Funktionen die folgenden Formeln.

TABELLE1.XLS

	A	B	C	D	E	F
1	Verkaufszahler					
2		Jan	Feb	März	Summe	Durchschnitt
3	Brabant 700 XL	3445	3554	2912	=SUMME(B3:D3)	=(B3+C3+D3)/3
4	Brabant 601 GT	1298	1251	1232	=SUMME(B4:D4)	=SUMME(B4:D4)/3
5	Brabant 350 SL	545	345	412	=SUMME(B5:D5)	=MITTELWERT(B5:D5)
6	Summe	=B3+B4+B5	=SUMME(C3:C5)	=SUMME(D3:D5)		
7						
8						
9						
10						

Abb. 7-12 Formeln im Arbeitsblatt

Aus Platzgründen wurde in Abbildung 7-12 die Spaltenbreite verändert. Dies hat aber ausschließlich optische Gründe, damit Sie die eingetragenen Formeln sehen können.

- **Tip**
  Sie selbst können diese Formelsicht auch in Ihrer Tabelle einstellen, indem Sie *Optionen —> Bildschirmanzeige* wählen. Kreuzen Sie in der Dialogbox dann die Auswahl **Formeln** an (vgl. Kapitel 8.2).

- Den Mittelwert hätte man auch dadurch berechnen können, daß man den Summenwert (z.B.: in E3) durch 3 teilt. So hätte in F3 die Formel **E3/3** zum selben Ergebnis geführt wie **=(B3+C3+D3)/3**. Das gleiche gilt auch analog für die Mittelwerte in F4 und F5.

Bevor wir uns der schnellen Erstellung einer Grafik widmen, sollte die Tabelle jetzt gespeichert werden. Falls Sie den aktuellen Stand in jeweils einer Tabelle speichern möchten, wählen Sie die Option *Datei—> Speichern unter.* Vergeben Sie dort einen neuen Namen, beispielsweise **AUTOOST**.

7.3 Schnelle Erstellung einer Grafik

Die Tabelle ist zwar noch recht klein und daher übersichtlich. Dennoch ist die Visualisierung der trockenen Zahlen eine wichtige Sache, wenn diese vor mehreren Kollegen oder Kunden präsentiert werden sollen. Die Macher von Excel wissen das und haben den Zugang zur Grafik sehr vereinfacht, vergleicht man die Version 4.0 mit der Vorgängerversion oder mit anderen Tabellenkalkulationsprogrammen.
Und so einfach wird eine Grafik erstellt:

Ihre Vorgehensweise bei der Erstellung einer Grafik

---

1. Tabellenbereich markieren, der als Grafik dargestellt werden soll, beispielsweise die Zeile A3 bis D3 mit den Werten des Brabant 700 XLS.

2. Das Symbol für den Grafik-Assistenten in der Werkzeugleiste drücken.
   Der markierte Tabellenbereich wird von einer gestrichelten Linie umgeben. Das ist der Bereich, der bei der Berechnung der Grafik berücksichtigt wird.

3. Mit [Dauerklick] zeichnen Sie ein Rechteck auf die Tabellenoberfläche. Dieses Rechteck gibt Größe und Position der neu zu erstellenden Grafik an.

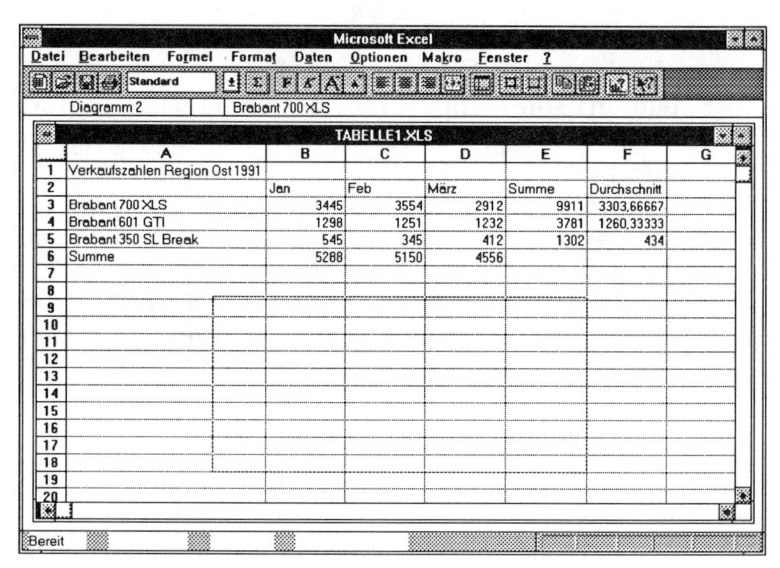

Abb. 7-13 Sie geben an, wo die Grafik stehen soll

Ihre weitere Vorgehensweise:

---

4. Mausknopf loslassen.
   Der Grafik-Assistent wird geladen.

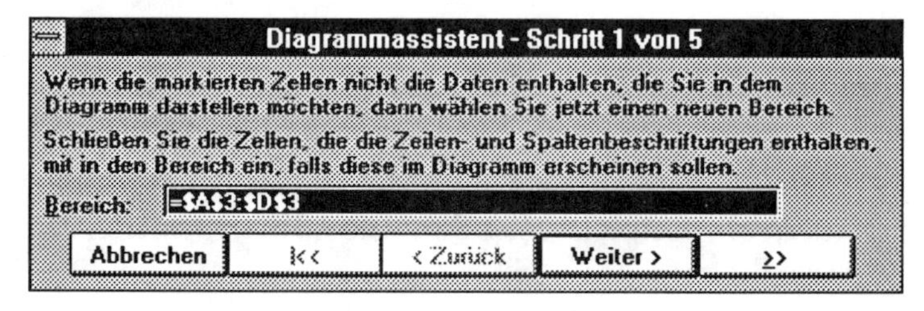

Mit seiner Hilfe kann der fortgeschrittene Excel-Benutzer bereits große Eingriffe in die neu zu erstellende Grafik vornehmen.
Wir wollen als Einsteiger jedoch sämtliche Vorgaben des Assistenten akzeptieren.

5. [Klick] auf dem Schalter [>>]
   Excel berechnet die Grafik und stellt sie auf der Tabelle dar.

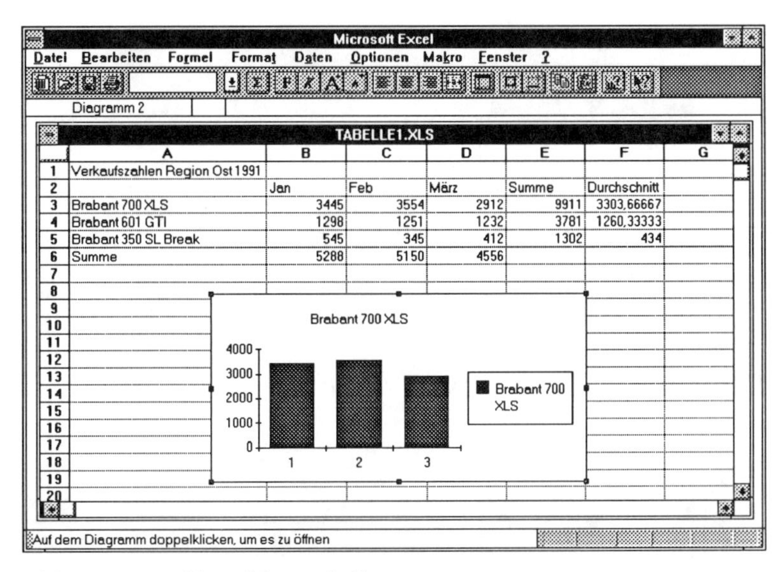

Abb. 7-14 Grafik auf der Tabelle

Standardmäßig wird die Grafik immer als Säulendiagramm dargestellt. Sie haben jedoch umfangreiche Einflußmöglichkeiten auf Größe, Position und Darstellungsart der Grafik.

Die folgende Aufstellung von ersten Regeln verstehen Sie bitte als Hilfen bei der Erstellung einer Grafik mit Hilfe des Grafikwerkzeuges. Die ganze Tiefe der Einflußmöglichkeiten erfahren Sie in Kapitel 13.

- Die Grafik befindet sich in einem rechteckigen Bereich auf der Tabellenoberfläche. Sie wird als Grafikobjekt verstanden.

- Die Grafik wird per [Klick] zum aktuellen Objekt.

- Das aktuelle Objekt ist durch sog. *Anfasser* gekennzeichnet, die der Größenveränderung des Objektes dienen.

  Sie sind auf der folgenden Seite dargestellt.

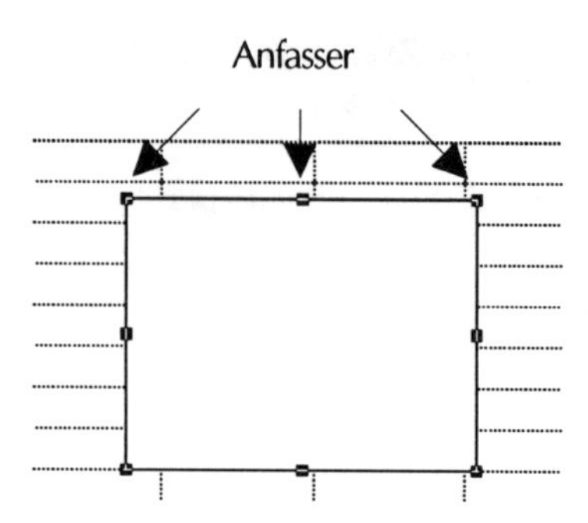

Abb. 7-15 Die Anfasser eines Grafikobjektes

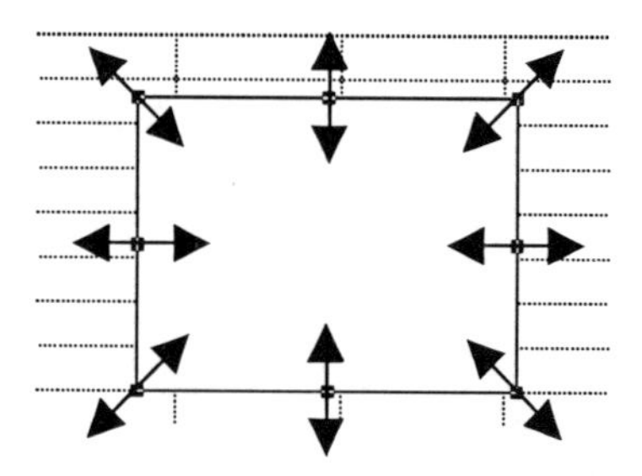

Abb. 7-16 Veränderung der Größe einer Grafik

- Per [Dauerklick] auf einem der Anfasser können Sie durch Bewegen des Anfassers die Größe des Grafikobjektes ändern.

- Die Position des Diagramms auf der Tabelle können Sie verändern, indem Sie in die Grafik klicken, den Mausknopf festhalten (= [Dauerklick]) und die ganze Grafik an die gewünschte Stelle verschieben. Wenn Sie den Mausknopf loslassen, hat die Grafik die neue Position.

Die Grafik ist intern mit der Tabelle verbunden, so daß eine Veränderung von Werten in der Tabelle unmittelbar eine Anpassung der Grafik zur Folge hat. Diese Verbindung ist eine Folge des sog. dynamischen Datenaustausches (DDA), bei dem im Hintergrund Daten zwischen verbundenen Objekten (Zellinhalten, Grafiken, Tabellen) ausgetauscht werden.

Die Tabelle sollte jetzt noch gespeichert werden, damit Sie auch in der nächsten Lektion darauf zurückgreifen können. Dort werden Sie das elegante Arbeiten in der Tabelle erlernen. Während bisher mehr das Handwerkszeug im Umgang mit Excel im Vordergrund der Betrachtungen stand, werden Sie am Ende des nächsten Kapitels ein schneller und effektiver "Tabellendesigner" sein.

Nach der folgenden Zusammenfassung bieten wir Ihnen wieder einige Aufgaben und Fragen an, die Sie bitte als Motivation für Ihre weitere Arbeit mit Excel verstehen möchten.

7.4 Zusammenfassung

Das 7. Kapitel hat Ihnen gezeigt, wie man Berechnungen in der Tabelle mit Hilfe von Excel-Funktionen durchführt. Im besonderen haben sie die Funktionen **SUMME()** und **MITTELWERT()** kennengelernt. Mit beiden Funktionen wurde der Informationsgehalt Ihrer Tabelle wesentlich gesteigert. Der Vorteil der Anwendung von Funktionen liegt zum einen in der hohen Effektivität beim Aufbau von Formeln, und zum anderen auch in der Übersichtlichkeit Ihrer Tabelle.
Werden statt absoluten Zahlen (Konstanten) die Zelladressen (Variablen) zum Zusammenbau von Formeln benutzt, so ändert sich der berechnete Wert automatisch, wenn einer der beteiligten Zellinhalte verändert wird. Einfache "Was-wäre-Wenn"-Strukturen sind möglich. Denken sie an Fragestellungen wie "Was wäre, wenn die Stückzahlen vom **Brabant 601 GTI** im Februar statt 1251 10% höher gelegen hätten?" oder "Wie würde sich der Durchschnitt der Stückzahlen des Brabant 350 SL Break ändern, wenn im Januar 600 Stück verkauft worden wären?"
Diese Fragestellungen können Sie jetzt einfach beantworten, indem Sie den veränderlichen Wert mit dem neuen Wert überschreiben. Die von diesem Wert abhängigen Formeln ändern unmittelbar nach Eingabe ihr Ergebnis.
Sie haben am Ende des 7. Kapitels auch schon eine erste Möglichkeit der Visualisierung von Inhalten einer Tabelle kennengelernt. Sicher war der Umgang mit der Grafik noch

recht oberflächlich, aber immerhin können Sie jetzt schon "mal schnell" - quasi nebenbei - ein Diagramm erzeugen. Und sei es nur, um sich selbst ein Bild zu machen.
Das Zusammensetzen komplexer Tabellen aus vielen verschiedenen Funktionen und Formeln wird jetzt möglich sein. Allerdings werden solche großen Tabellen, mit denen sich teilweise umfangreiche Systeme simulieren lassen, recht unübersichtlich. Man bedient sich daher Vereinfachungen, indem man verschiedenen Tabellenbereichen einfache Namen gibt, unter denen man sie ansprechen kann. Wie man das macht, lernen Sie im nächsten Kapitel.

7.5 Aufgaben, Übungen und Fragen

Aufgabe 1

Versehen Sie Ihre Haushaltstabelle aus dem vorangegangenen Kapitel mit den für Sie interessanten Summen. Führen Sie an dieser Tabelle "Was-wäre-Wenn"-Betrachtungen durch wie beispielsweise "Was wäre, wenn ich 12.000 DM jeden Monat netto verdienen würde?", "Welche Summe könnte jeden Monat gespart werden, wenn mein/e Lebensgefährt/e/in ein Nettogehalt von 3450 DM zusätzlich verdienen würde?".
Denken sie sich weitere Fragestellungen aus, die mit Ihrer Haushaltstabelle zu beantworten sind.

Aufgabe 2

Nachdem im Oktober 1990 fünf Länder der ehemaligen DDR der Bundesrepublik beigetreten sind, wurden immer wieder Wirtschaftsdaten veröffentlicht. Einige der veröffentlichten Daten finden Sie in der folgenden Tabelle, die den Verbrauch an sog. Primärenergie darstellt.

	Alte Länder	Neue Länder
Öl	40,9%	17,1%
Steinkohle	18,9%	3,1%
Erdgas	17,5%	8,6%
Kernenergie	12,2%	2,1%
Braunkohle	8,2%	68,6%
Wasserkraft u.a.	2,3%	0,5%

Sämtliche Werte der Tabelle sind relative Prozentangaben. 100% sind in den alten Ländern 389 Mio t (Steinkohleeinheiten). In den neuen Ländern sind 100% 105 Mio t (Steinkohleeinheiten). Diese Zahlen stellen den Verbrauch im Jahr 1990 dar.
Geben sie die Werte in Excel ein.
Berechnen Sie aus den relativen Prozentangaben den absoluten Verbrauch in Steinkohleeinheiten.
Rechnen Sie den Verbrauch von Gesamtdeutschland in Steinkohleeinheiten aus.
Stellen Sie die Werte der alten und neuen Bundesländer als Grafik mit Hilfe des Grafik-Werkzeuges dar.

Aufgabe 3
Was muß vor jeder Formel und Funktion eingegeben werden, damit Excel die Eingaben als Formel oder Funktion interpretieren kann?

- Fragezeichen
- Gleichheitszeichen
- Anführungszeichen

Aufgabe 4
Wie wird ein Zellbereich in Excel angegeben?

- Angabe der oberen linken Ecke, Doppelpunkt und untere rechte Ecke
- Angabe sämtlicher Zellen, die zum Bereich gehören. Jede Zelladresse wird von vorhergehenden durch ein Semikolon getrennt.
- Es werden nur die im Bereich liegenden Spalten bezeichnet. Die Spalten werden jeweils durch Doppelpunkt getrennt.

8 Effektives Anlegen von Tabellen

Ihre Quartalsübersicht der Verkaufszahlen soll nun um die restlichen Monate des Jahres 1991 erweitert werden. Anhand der erweiterten Tabelle und darauf aufbauender Tabellen werden folgende Probleme gelöst und Fragen beantwortet:

- Wie kann man Daten bzw. Formeln noch effektiver eingeben?
- Was versteht man unter relativen und absoluten Adressen und wie verhalten sich diese Adressen beim Kopieren?
- Welche Möglichkeiten bestehen, Tabellen optisch aufzuwerten? Wie kann man Zahlen aussagekräftiger gestalten?
- Wie kann ich Daten verschiedener Arbeitsblätter in einer Übersichtstabelle zusammenfassen (konsolidieren) und dabei verknüpfen?

8.1. Daten effektiver eingeben

Um die Tabelle um zwölf Monate erweitern zu können, müssen Sie vor der Spalte E (Summe) neun Leerspalten einfügen.

☞ **Hinweis**
Falls Sie sich nicht mehr genau an die Vorgehensweise beim Einfügen mehrerer Spalten erinnern, schlagen Sie bitte in Kapitel 6.4 nach.

Bei der Eingabe von Daten in einen ausgewählten Zellbereich kann man unterscheiden zwischen der Eingabe unterschiedlicher und der Eingabe gleicher Daten. Zunächst wollen wir uns mit dem Fall der Eingabe unterschiedlicher Daten befassen.

Unterschiedliche Daten in einen Zellbereich eingeben
Im nächsten Schritt sollen nun folgende Daten für das restliche Jahr eingegeben werden:

April	Mai	Juni	Juli	Aug	Sept	Okt	Nov	Dez
2945	2934	2890	2582	2543	2458	2659	2543	2634
1198	1201	1154	1143	1111	1009	1076	1101	1132
445	450	432	435	410	429	430	440	439

Immer, wenn Sie eine Reihe von Daten in einen bestimmten Zellbereich einzugeben haben, sollten Sie vor der Eingabe diesen Bereich markieren. Während Ihrer Eingaben brauchen Sie nicht mehr darauf zu achten, daß Sie auch die richtige Eingabezelle ansteuern, das macht Excel automatisch, wenn Sie Ihre Eingaben mit den folgenden Tasten abschließen.

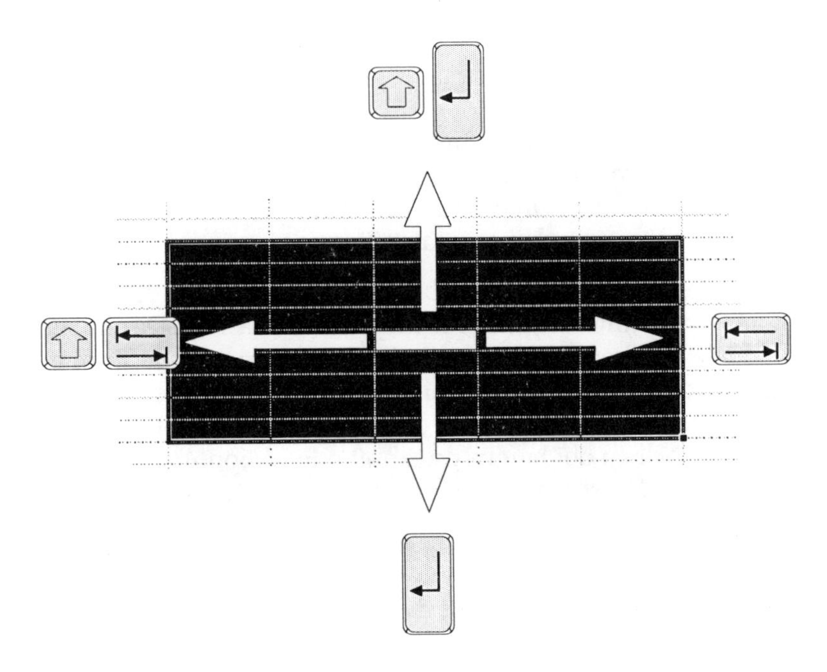

Abb. 8-1 Bewegen in ausgewählten Zellbereichen

Außer der Eingabe in einen zusammenhängend markierten Eingabebereich, ist dies auch in einem nicht zusammenhängenden Eingabebereich möglich. Dann springen Sie mit den Tastenkombinationen [Strg]+[Tab] bzw. [Strg]+[Shift]+[Tab] in die erste Zelle einer anderen Zone des Zellbereiches.

Noch ein Wort zu den Monatsbeschriftungen:

In Kapitel 6 haben Sie bereits die Funktion *Autoausfüllen* kennengelernt, als Sie mit Dauerklick und Ziehen des Ausfüllkästchens in der rechten unteren Ecke der Zelle die Formel dieser Zelle in den angrenzenden Zellbereich kopiert haben (siehe Seite 85).
Mit der Funktion *Autoausfüllen* können Sie aber auch eine Reihe inkrementeller oder sich wiederholender Werte erstellen. Wenn Sie z.B. in eine Zelle den Text *Januar* eingeben, können Sie durch Ziehen des Ausfüllkästchens dieser Zelle eine Reihe von Monatsbeschriftungen (Februar, März, ...) erstellen, wie sie z.B. in unserer Tabelle vorliegt. Steht als Ausgangswert z.B. Quartal 1 in der Zelle, entsteht über diese Funktion die Reihe Quartal 2, Quartal 3, ...

Daten kopieren
Um einen Tabellenbereich mit gleichen Daten zu füllen, erfolgt dies normalerweise in zwei Schritten:
1. Schritt: Daten in einer Zelle eingeben.
2. Schritt: Daten in den gesamten Bereich kopieren.

Nach der Erweiterung der Tabelle um die Monatswerte fehlen noch die Summenformeln für die Monate März bis Dezember in Zeile 6. Aber keine Angst! Sie müssen nicht jede Formel separat eingeben. Wenn Formeln - wie in diesem Beispiel - den prinzipiell gleichen Aufbau aufweisen, können sie kopiert werden. Neben der bereits erwähnten Funktion *Autoausfüllen* stellt Ihnen Excel zusätzlich folgende Kopieroption zur Verfügung:

So füllen Sie die Zeile 6 mit der Summenformel auf:

---

1. Sie markieren per [Dauerklick] die Formel, die Sie kopieren möchten, einschließlich der daneben liegenden Zellen, in die diese Formel kopiert werden soll. In unserem Beispiel ist es der Zellbereich D6:M6.

2. Sie wählen die Befehlsfolge *Bearbeiten —> Rechts ausfüllen*.

Excel hat den Inhalt der Formelzelle in den übrigen markierten Zellbereich kopiert. Über die Befehle *Rechts ausfüllen* bzw. *Unten ausfüllen* des Menüs *Bearbeiten* kann aber - ähnlich wie

mit der Funktion *Autoausfüllen* - nur in Zellbereiche kopiert werden, die direkt an die Formelzelle angrenzen!
Möchten Sie in einen angrenzenden Bereich nach oben oder links kopieren, müssen Sie bei Auswahl des Menüs *Bearbeiten* die [Shift]-Taste gedrückt halten. So etwas bezeichnet man auch als [Shift]+[Klick]. Excel schaltet dann die Befehle im Menü um auf *Links ausfüllen* bzw. *Oben ausfüllen*. Die Formelzelle ist im markierten Zellbereich die unterste Zelle bzw. die Zelle ganz links.
Beim Kopieren einer Formel paßt Excel die in der Formel benutzten Zellbezüge automatisch an die Zieladresse der Formelkopie an.
Nachdem Sie die Tabelle komplettiert haben, fällt Ihnen sicherlich auf, daß die Summenergebnisse sowie die Mittelwerte fehlerhaft sind. In den folgenden Schritten wollen wir dies korrigieren.
Klicken Sie die Zelle N3 an, um die Summenformel des Modells Brabant 700 XLS in der Bearbeitungszeile einsehen zu können. Sie erkennen, daß die Formel auch nach dem Einfügen der Leerspalten noch immer die Summe des Zellbereichs B3:D3 berechnet. Dies rührt daher, daß die neun Leerspalten außerhalb des in der Summenformel angegebenen Bereichs eingefügt wurden. Wären sie vor der letzten Zelle dieses Bereichs eingefügt worden, hätte Excel die Bereichsangabe in der Summenformel automatisch den neuen Gegebenheiten angepaßt.

- Falls eine Tabelle erweitert werden muß, empfiehlt es sich, bei der Summenberechnung eine leere Zelle am Ende oder Anfang der Zahlenkolonne mit in den in der Summenfunktion angegebenen Bereich einzubeziehen. Dann können jederzeit leere Spalten (oder Zeilen) am Ende (oder Anfang) eingefügt oder gelöscht werden, und Excel paßt die Bereichsangabe jeweils dem aktuellen Stand an.

Daten eingeben und gleichzeitig kopieren
Die zuvor beschriebene Möglichkeit, Daten erst einzugeben und dann zu kopieren, können Sie beschleunigen, indem Sie durch einen einfachen Trick die Daten direkt nach der Eingabe von Excel in einen ganzen Tabellenbereich eintragen lassen. Eigentlich müßten Sie jetzt sämtliche fehlerhafte Formeln Ihrer

Tabelle manuell verändern. Das wären die Summen- und Mittelwertberechnungen, die die Werte der neu eingefügten Monate April bis Dezember 1990 gar nicht berücksichtigen. Natürlich korrigieren Sie nur eine Summen- bzw. Mittelwertformel und kopieren diese dann nach unten. Diese beiden Schritte können - wie eingangs angedeutet - in einem Schritt zusammengefaßt werden.

So verändern Sie Ihre Summenformel:

---

1. [Dauerklick] N3:N5.
   Sie wählen den Zellbereich aus, der die zu verändernden Summenformeln enthält. Die Zelle N3 ist die aktive Zelle (= Ankerzelle) innerhalb des markierten Bereichs, deren Formel in der Bearbeitungszeile angezeigt wird.

2. Sie klicken den Schaltknopf mit dem Summenzeichen in der Werkzeugleiste an. Excel setzt - wie Sie wissen - selbständig die korrekte Summenformel ein: **=SUMME(B3:M3)**.

3. [Strg]+[Return]
   Diese Tastenkombination bewirkt nicht nur das Eintragen der Formel in die aktive Zelle, sondern gleichzeitig auch das Auffüllen der übrigen Zellen des ausgewählten Zellbereichs mit dem gleichen Inhalt.

✗ **Regel**
Das Beenden einer Eingabe mit [Strg]+[Return] stellt die effektivste Möglichkeit dar, gleiche Daten auf einmal in einen vorher ausgewählten Bereich einzutragen.

Auf analoge Weise müssen noch die Mittelwert-Berechnungen in Spalte O durchgeführt werden. Dort sollte die Funktion MITTELWERT() generell verwendet werden. In Zelle O3 steht beispielsweise **=MITTELWERT(B3:M3)**.
Speichern Sie jetzt vorsichtshalber die Datei ab. Wenn Sie den aktuellen Stand jeweils aus Gründen der Übung speichern möchten, so können Sie jetzt wieder einen neuen Namen über *Datei —> Speichern unter* vergeben, beispielsweise OST.XLS.

Nach der Korrektur der Formeln und dem Speichern sollte Ihre Tabelle folgenden Aufbau haben.
Aus Platzgründen sehen Sie auf dem Bildschirm nur die letzten Spalten der Tabelle, da diese die interessanten und zuvor veränderten Formeln enthalten.

OST.XLS

	I	J	K	L	M	N	O
1							
2	Aug	Sept	Okt	Nov	Dez	Summe	Durchschnitt
3	2543	2458	2659	2543	2634	34099	2841,583333
4	1111	1009	1076	1101	1132	13997	1166,416667
5	410	429	430	440	439	5212	434,3333333
6	4064	3896	4165	4084	4205		
7							
8							
9							

Abb. 8-2 Erweiterte Datei OST.XLS

Bisher haben wir immer mit Stückzahlen operiert. Häufig sind jedoch DM-Beträge als Umsatz-Zahlen von Interesse. Die Tabelle muß daher um einige Angaben erweitert werden. Diese Angaben sind die Stückpreise der drei Automodelle.

Brabant 700 XLS	9999
Brabant 601 GTI	8500
Brabant 350 SL Break	12870

Diese Stückpreise werden eingetragen in dem Bereich A8 bis B12. Die folgende Abbildung zeigt die Tabelle, nachdem die neuen Daten eingetragen wurden.

OST.XLS

	A	B	C	D	E	F	
1	Verkaufszahlen Region Ost 1990						
2		Jan	Feb	März	April	Mai	Juni
3	Brabant 700 XLS	3445	3554	2912	2945	2934	
4	Brabant 601 GTI	1298	1251	1323	1198	1201	
5	Brabant 350 SL Break	545	345	412	445	450	
6	Summe	5288	5150	4647	4588	4585	
7							
8	Listenpreise						
9							
10	Brabant 700 XLS	9999					
11	Brabant 601 GTI	8500					
12	Brabant 350 SL Break	12870					
13							

Abb. 8-3 Listenpreise der Automodelle

Im nächsten Arbeitsschritt soll nämlich im gleichen Arbeitsblatt eine neue Tabelle erstellt werden, die auf der Basis der Stückzahlen und der Listenpreise die jeweils erzielten Umsätze berechnet.

Datenblöcke kopieren (von ... nach)

Bei den zuvor behandelten Kopiervorgängen wurden entweder Daten erst eingegeben und dann durch die Funktion Autoausfüllen bzw. durch Befehlsauswahl in einen Zellbereich kopiert oder durch Abschluß der Eingabe mit [Strg]+[Return] in den gesamten markierten Bereich eingegeben. Jetzt werden Sie einen Kopiervorgang kennenlernen, bei dem bereits vorhandene Daten (= Datenquelle, kurz **Quelle**) in einen weiteren nicht angrenzenden Tabellenbereich kopiert, also dupliziert werden sollen. Diesen Tabellenbereich nennt man entsprechend **Ziel**.

Da die Umsatztabelle die gleiche Struktur wie die Stückzahltabelle aufweisen soll, empfiehlt es sich, die vorliegende Tabelle zu kopieren und die Stückzahlen anschließend durch Formeln zu ersetzen, die den Umsatz berechnen.

So kopieren Sie einen ganzen Tabellenbereich:

---

1. [Dauerklick] A1:O6.
   Sie markieren den Zellbereich, der kopiert werden soll (= Quelle).

✗ **Tip**
Über die Tastenkombination [Strg]+[Shift]+[*] kann ein rechteckiger Datenblock wie unsere Tabelle in einem Arbeitsschritt markiert werden. Dazu muß lediglich vor Betätigen dieser Tastenkombination eine Zelle im gewünschten Block ausgewählt sein.

2. Sie wählen die Befehlsfolge *Bearbeiten —> Kopieren*. Der gesamte Kopierbereich ist durch einen sog. "Laufrahmen" wie beim Zusammenbau der Formeln in Kapitel 7 gekennzeichnet.

Ihre weitere Vorgehensweise:

3. [Klick] auf A14.
   Sie wählen das Ziel aus, wo der Kopierbereich abgelegt werden soll. Dabei genügt es, wenn Sie die linke obere Eckzelle des Zielbereiches auswählen. Falls Sie als Zielbereich mehrere Zellen auswählen möchten, muß dieser die gleiche Größe wie der Quellbereich aufweisen, da sonst Excel das Kopieren verweigert.

4. Sie schließen den Kopiervorgang mit [↵] ab.

Wenn Sie wie in diesem Beispiel eine ganze Tabelle kopieren möchten, bietet Excel zum Markieren dieser Tabelle die interessante Funktion *Automarkieren* an.
Wählen Sie dazu eine Eckzelle des zu markierenden Bereiches aus. Mit [Shift] und [Doppelklick] z.B. auf dem unteren Zellrand wird dann der Zellbereich bis zum unteren Tabellenrand markiert. Ist der Zellbereich u.U. nicht komplett mit Inhalten gefüllt, muß diese Aktion mehrfach ausgeführt werden. Je nachdem, auf welchen Zellrand man doppelklickt, wird nach unten, links, oben oder rechts markiert.

Auch für das Kopieren von Zellen oder Zellbereichen steht eine interessante Maus-Funktion zur Verfügung: Drag and Drop.
Um unsere Tabelle nach dem Markieren an eine andere Position zu kopieren, gehen sie folgendermaßen vor:

So nutzen Sie Drag & Drop

1. Setzen Sie den Mauszeiger auf einen beliebigen Rand des markierten Bereiches.

2. Drücken Sie dann die [Strg]-Taste. Neben dem Mauszeiger erscheint ein +-Zeichen, das die Kopierfunktion anzeigt.

3. Bei gedrückter [Strg]-Taste ziehen Sie nun mit Dauerklick den markierten Zellbereich an die gewünschte Position, wo bei Loslassen der Maustaste eine Kopie des markierten Zellbereiches abgelegt wird (Drag & Drop = Ziehen und Ablegen). Während des Ziehens wird der zu kopierende Zellbereich als Rahmen angezeigt.

Zurück zu unserer Tabelle:
Damit Sie die Wirkung der nun einzusetzenden Umsatzformeln besser verfolgen können, entfernen Sie in der Kopie die nicht benötigten Stückzahlen.

- Am schnellsten löschen Sie Zellinhalte, indem Sie nach der Markierung der zu löschenden Zellen B16:M18 die Tastenkombination [Strg]+[Entf] drücken. Die Dialogbox **Löschen**, die beim Drücken der Taste [Entf] erscheint, wird dann nicht eingeblendet und der Befehl sofort ausgeführt.

Nach der Löschung werden die Summen- und Mittelwertformeln angepaßt. Die Summen zeigen überall den Wert 0 an, bei den Mittelwerten ist die Anzeige **#DIV/0!**. Dies ist ein Hinweis darauf, daß versucht wurde, durch Null zu dividieren. Da kein Wert in den der Mittelwertberechnung zugrunde liegenden Zellen eingetragen ist, ist die Anzahl an Zahlen, die an der Mittelwertbildung beteiligt sind, Null. Der Mittelwert wird jedoch ermittelt, indem die Summe durch die Anzahl an Zahlen, die an dieser Summenbildung beteiligt sind, dividiert wird. Da das Ergebnis unendlich wäre, muß von Excel eine Fehlermeldung angezeigt werden.

Um die Umsatzzahlen zu berechnen, müssen lediglich die Stückzahlen mit den Preisen der einzelnen Fahrzeugtypen multipliziert werden.

Sie berechnen den Umsatz:

---

1. Sie markieren mit [Dauerklick] den Zellbereich B16:M18, der die Umsatzzahlen enthalten soll. Die Zelle B16 ist die aktive Zelle, für die die Umsatzformel zusammengesetzt werden muß.

2. Sie geben das Gleichheitszeichen ein.

3. [Klick] Zelle B3. Excel trägt die Adresse der ausgewählten Zelle ein (Januarwert des Modells Brabant 700 XLS).

Ihre weitere Vorgehensweise:

---

4. Sie geben mit dem Sternchen * den mathematischen Operator für die Multiplikation ein.

5. Durch [Klick] auf der Zelle B10 wird die Formel um die Adresse der Zelle ergänzt, die den Verkaufspreis für das Modell Brabant 700 XLS enthält.

6. Sie beenden die Formeleingabe mit [Strg]+[↵], wodurch die Formel nicht nur in der aktiven Zelle, sondern auch in dem übrigen Zellbereich eingetragen wird.

Danach müßte Ihre Tabelle das folgende Aussehen haben:

OST.XLS

	A	B	C	D	E	F	
1	Verkaufszahlen Region Ost 1990						
2		Jan	Feb	März	April	Mai	Juni
3	Brabant 700 XLS	3445	3554	2912	2945	2934	
4	Brabant 601 GTI	1298	1251	1323	1198	1201	
5	Brabant 350 SL Break	545	345	412	445	450	
6	Summe	5288	5150	4647	4588	4585	
7							
8	Listenpreise						
9							
10	Brabant 700 XLS	9999					
11	Brabant 601 GTI	8500					
12	Brabant 350 SL Break	12870					
13							
14	Umsatzzahlen Region Ost 1990						
15		Jan	Feb	März	April	Mai	Juni
16	Brabant 700 XLS	34446555	0	0	0	0	
17	Brabant 601 GTI	11033000	0	0	0	0	
18	Brabant 350 SL Break	7014150	0	0	0	0	
19	Summe	52493705	0	0	0	0	

Abb. 8-4 Fehlerhafte Umsatzzahlen nach dem Kopieren

Schon beim ersten Blick erkennen Sie, daß mit Ausnahme der Zahlen für den Monat Januar die angezeigten Ergebnisse fehlerhaft sind. Die den Berechnungen zugrunde liegenden Formeln müssen im nächsten Schritt einer genauen Analyse unterzogen werden, um dem Geheimnis der fehlerhaften Berechnungen auf die Spur zu kommen.

8.2 Die Bildschirmanzeige verändern

Die Überprüfung einer Vielzahl von Formeln auf Fehler erweist sich als eine wahrlich mühselige Angelegenheit, da jede Formelzelle einzeln ausgewählt werden muß, um den tatsächlichen Zellinhalt in der Bearbeitungszeile einsehen zu können. Als Arbeitserleichterung bietet Excel die Möglichkeit, durch Veränderung der Bildschirmanzeige auf die sog. Formelsicht umzuschalten, die statt der Ergebnisse, die die Formeln ausgeben, die Formeln selbst anzeigt.

So lassen Sie sich Formeln anzeigen:

1. Sie wählen die Befehlsfolge *Optionen —> Bildschirmanzeige*. Es öffnet sich die folgende Dialogbox.

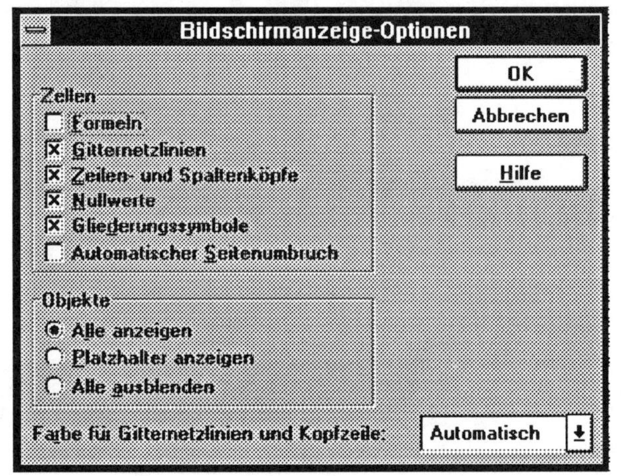

Abb. 8-5 Dialogbox ***Bildschirmanzeige***

2. Sie klicken das Schaltfeld *Formeln* an.
   Aktivierte Optionen werden durch ein ☒ gekennzeichnet.

3. Durch [Klick] auf *OK* schließen Sie die Dialogbox.

In obiger Dialogbox stehen außer *Formeln* weitere Möglichkeiten zur Verfügung, die Bildschirmanzeige zu verändern.

Gitternetzlinien
Schaltet Gitternetzlinien ein (Vorgabe) oder aus.

Zeilen- und Spaltenköpfe
Zeigt die Beschriftungen für Zeilen und Spalten an (Vorgabe) oder blendet sie aus.

Nullwerte
Zeigt alle Nullwerte an (Vorgabe) oder stellt Zellen als leer dar.

Gliederungssymbole
Zeigt Gliederungssymbole an (Vorgabe) oder nicht.

Automatischer Seitenumbruch
Zeigt Seitenumbrüche durch eine gestrichelte Linie an oder nicht (Vorgabe).

Alle anzeigen
Zeigt alle graphischen Objekte wie Schaltknöpfe, Bilder, gezeichnete Objekte oder Textboxen an.

Platzhalter anzeigen
Zeigt Grafiken und Bilder lediglich als graue Rechtecke an, während alle anderen graphischen Elemente normal dargestellt werden.

Alle ausblenden
Blendet alle graphischen Objekte aus.

Farbe für Gitternetzlinien und Kopfzeile
Verändert die Farbe für die Gitternetzlinien sowie die Spalten- und Zeilenköpfe, wobei aus einer Palette von 16 Farben ausgewählt werden kann. Dies hängt jedoch von Ihrer Hardware-Grafikausstattung ab. Vorgabe ist *Automatisch*. Wird die Option *Automatisch* gewählt, so bestimmen sich die Farben durch die Festlegung der Textfarbe mit Hilfe der Windows-Systemsteuerung.

✗ **Tip**
Möchten Sie lediglich die Bildschirmanzeige bezüglich der Formelsicht verändern, so erreichen Sie dies über die Tastenkombination [Strg]+[#] (Nummernzeichen).

In der Formelsicht sind die Spaltenbreiten verdoppelt. Außerdem werden alle Zellinhalte linksbündig ausgerichtet.

8.3 Eine Tabelle in mehreren Fenstern

Möchten Sie bei der Überprüfung Ihrer Formeln parallel zu den Formeln auch die aus Ihnen hervorgehenden Ergebnisse einsehen können? Bereits in Kapitel 7 haben wir kurz, ohne dies dort allerdings näher zu erklären, von dieser Möglichkeit Gebrauch gemacht. Das Einrichten eines neuen Fensters bietet Ihnen diese Möglichkeit.

So richten Sie ein neues Fenster ein:

1. Sie wählen die Befehlsfolge *Fenster —> Neues Fenster.* Es wird ein neues Fenster der gleichen Datei aufgebaut, das das ursprüngliche Fenster überlagert.

Die Anzahl der zusätzlichen Fenster einer Datei ist lediglich durch den Arbeitsspeicher beschränkt.

Zur Unterscheidung werden die Namen der neuen Fenster um einen Doppelpunkt, gefolgt von einer fortlaufenden Nummer erweitert. In unserem Beispiel wird dem neuen Fenster der Name **OST.XLS:2** zugeordnet, während der Name des Originalfensters jetzt **OST.XLS:1** lautet.

In den einzelnen Fenstern kann unabhängig voneinander geblättert werden. Alle inhaltlichen Arbeiten, die in einem der neuen Fenster ausgeführt werden, wirken auf die gleiche Datei und sind auch in den anderen Fenstern sichtbar, falls sie den gleichen Tabellenausschnitt zeigen.

Zusätzliche Fenster werden über den Befehl *Schließen* des Systemmenüs im Dokumentenfenster (oder über die Tastenkombination [Strg]+[F4]) wieder geschlossen.

☞ **Hinweis**
Verwechseln Sie nicht den Befehl *Neu* im Menü *Datei* mit dem Befehl *Neues Fenster* im Menü *Fenster.* Während der Befehl *Neu* ein neues Dokumentenfenster für eine neue Tabelle (oder ein Diagramm bzw. Makrovorlage) erstellt, öffnet der Befehl *Neues Fenster* lediglich eine neue Luke, durch die z.B. ein anderer Teil der bereits vorhandenen Tabelle eingesehen werden kann.

Fenster nebeneinander anordnen
Auch nach dem "Ausschalten" der Formelsicht im neuen Fenster können Sie immer noch nicht die Ergebnisse mit den Formeln im Ursprungsfenster vergleichen, da das neue Fenster dieses überlagert. Zwar können Sie unter Windows Fenster manuell in jede beliebige Größe und Position auf dem Bildschirm bringen, doch bietet auch Excel hier den Komfort, der bereits von Windows 3.* bekannt und gewohnt ist.

So ordnen Sie die Fenster an:

---

1. Sie wählen die Befehlsfolge *Fenster —> Alles anordnen.* Excel bietet daraufhin in einer Dialogbox verschiedene Möglichkeiten zum Anordnen von Fenstern sowie zu deren Synchronisation:

   Unterteilt:
   Die Fenster werden größenmäßig so verteilt, daß sie alle auf den Bildschirm passen.

   Horizontal:
   Die Fenster werden gleichmäßig horizontal von oben nach unten angeordnet.

   Vertikal:
   Die Fenster werden gleichmäßig vertikal von oben nach unten angeordnet.

   Kein:
   Diese Option erlaubt ein Ändern der Synchronisation, ohne daß die Fenster angeordnet werden müssen.

Weitere Möglichkeiten

Fenster der aktiven Datei:
Bei Auswahl dieser Option werden nur die Fenster der gerade aktiven Datei angeordnet. Ist die Option ausgewählt, stehen die beiden folgenden Auswahlmöglichkeiten ebenfalls zur Verfügung.

Horizontal synchronisiert:
Synchronisiert den horizontalen Bildlauf in allen Fenstern der aktiven Datei.

Vertikal synchronisiert:
Synchronisiert den vertikalen Bildlauf in allen Fenstern der aktiven Datei.

2. Sie wählen die Option *Vertikal* im Feld *Anordnen*.

3. Falls Sie noch weitere Dateien geladen haben sollten, wählen Sie auch die Option *Fenster der aktiven Datei*, bevor Sie Ihre Auswahl wie üblich mit Klicken auf dem *OK*-Schalter bestätigen.

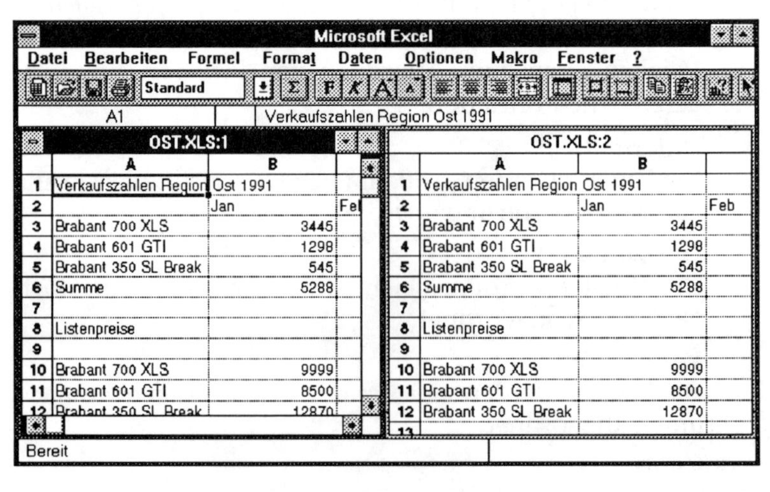

Abb. 8-6 2 Fenster der gleichen Datei nebeneinander

8.4 Relative und absolute Adressierung

Nachdem nun optimale Voraussetzungen für die Fehlersuche geschaffen wurden, ist der Fehler bei der Berechnung der Umsatzzahlen relativ leicht zu lokalisieren. Die Ursprungsformel in Zelle B16 ist noch korrekt, denn Sie multipliziert die Stückzahl des Modells Brabant 700 XLS für den Januar (Zelle B3) mit dem Listenpreis des Modells in Zelle B10. Beim Kopieren dieser Ausgangsformel hat Excel die Adressen in den Formeln an deren neue Standorte angepaßt. So wurde aus der Formel =B3*B10 beim Kopieren in die rechte Nachbarzelle =C3*C10. Für den ersten Teil der Formel ist dies ja auch korrekt, da dort die Stückzahl des Monats Februar für die Berechnung benötigt wird. Analog dazu hat Excel ebenfalls die Adresse B10, die den Verkaufspreis enthält, verändert. Damit wird aber auf eine Zelle verwiesen, die keine Daten enthält. Die in Excel integrierten Automatismen funktionieren hier offenbar nicht mehr zufriedenstellend. Wir müssen manuell in die Gestaltung der in den Formeln eingebundenen Adressen eingreifen. Wenn in einer Formel oder als Argument einer Funktion auf eine Zelladresse Bezug genommen wird, spricht man auch von einem Zellbezug. In Excel und vielen anderen Tabellenkalkulationsprogrammen unterscheidet man zwischen relativen und absoluten Zellbezügen. In der folgenden Grafik sind die drei prinzipiell unterschiedlichen Bezugsarten dargestellt.

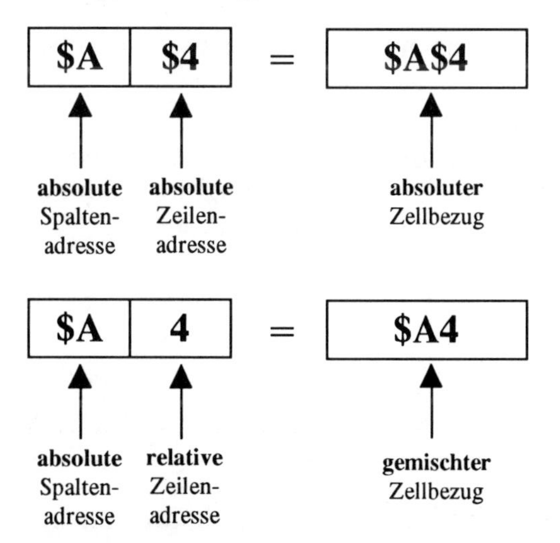

Abb. 8-7 Absoluter und gemischter Bezug in Excel

In Abbildung 8-7 ist nur der gemischte Bezug **$A4** dargestellt. Ebenso ist auch die Angabe **A$4** ein gemischter Bezug.

Der rein relative Bezug wird in der folgenden Skizze dargestellt.

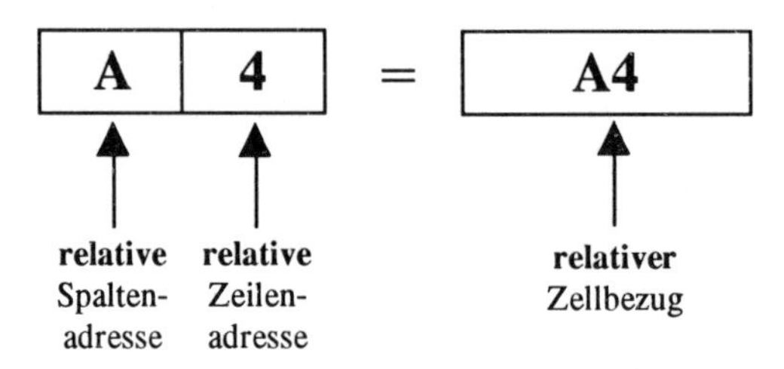

Abb. 8-8 Relativer Bezug in Excel

Standardmäßig arbeitet Excel mit **relativen Zellbezügen**. Wird eine Formel kopiert, nimmt die in einer anderen Zelle abgelegte Kopie nicht mehr auf die gleichen Zellen Bezug wie die Ursprungsformel. Excel ändert die Formelbezüge in Relation zur Position der eingefügten Zelle. Das ist in vielen Fällen auch sinnvoll, aber eben nicht immer, wie z.B. in unserer Tabelle.

Folgende Möglichkeiten gibt es, einen Zellbezug zu verändern:

- Sie geben das Dollarzeichen vor dem Zeilen- bzw. Spaltenbezug ein.

- Sie wählen die Befehlsfolge *Formel —> Bezugsart ändern*, wenn der Cursor in der Editierzeile unmittelbar vor, hinter oder in der Mitte der Adresse steht, die verändert werden soll.

- Sie drücken die Taste [F4] (= *Formel —> Bezugsart ändern*). Jedes Drücken der Funktionstaste schaltet zu einer anderen Variante der vier möglichen Kombinationen von absoluten und relativen Bezügen.

In Abbildung 8-9 ist dieser Kreislauf der Zelladressierung dargestellt.

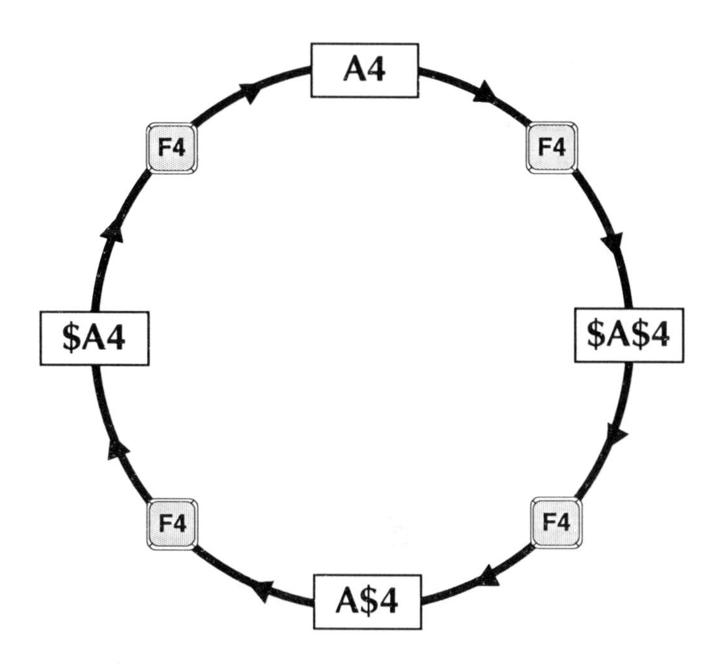

Abb. 8-9 Kreislauf der Adressen

Das Verhalten von relativen Zellbezügen beim Kopieren von Formeln zeigt die folgende Darstellung.

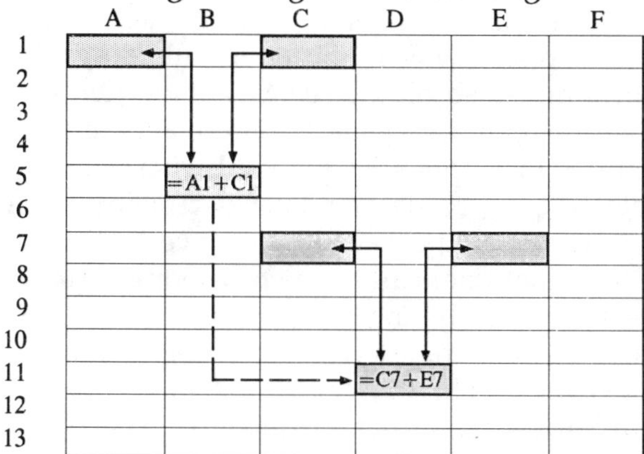

Abb. 8-10 Relative Bezüge verändern sich beim Kopieren

Die relativen Bezüge in der Formelzelle B5 werden beim Kopieren der Formel in die Zelle E11 angepaßt. Aus **=A1+C1** wird **=C7+E7**.

Will man verhindern, daß beim Kopieren Zellbezüge verändert werden, muß man sog. **absolute** Bezüge bzw. Adressen benutzen. Kennzeichen von absoluten Adressen ist das Dollarzeichen $ vor den Bezeichnungen von Zeilen bzw. Spalten.

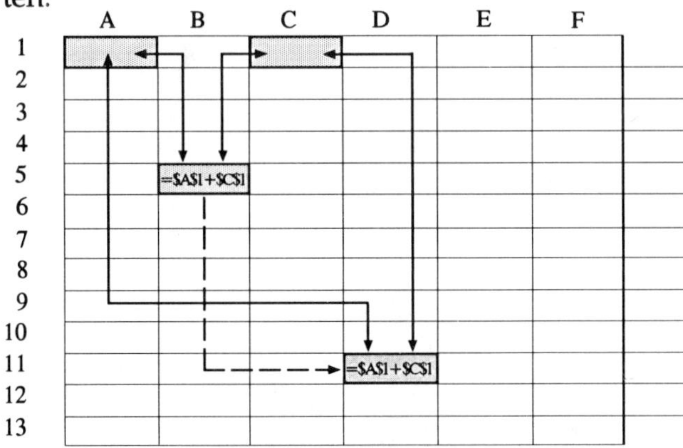

Abb. 8-11 Absolute Bezüge bleiben beim Kopieren unverändert

Um in der Tabelle OST.XLS zu korrekten Umsatzzahlen zu gelangen, muß in der zu kopierenden Formel der Bezug auf die Zelle, die den Listenpreis enthält, verändert werden. Wenn Sie beispielsweise die Formel für den Januarumsatz des Modells Brabant 700 XLS kopieren wollen, dürfen Sie allerdings den Bezug B10 nicht komplett absolut setzen. Damit würden auch die kopierten Formeln, die den Umsatz für die anderen Modelle berechnen, den Listenpreis des 700 XLS berücksichtigen. Sie benötigen einen Bezug, bei dem ein Teil fixiert bleibt (Spalte B), während sich der andere Teil beim Kopieren verändert (die jeweilige Zeilenadresse), damit die anderen Listenpreise in der fixierten Spalte in die Berechnung einfließen.
Formeln können je nach Anforderung auch sog. **gemischte** Bezüge enthalten (vgl. Abb. 8-7). So ist z.B. in der Formel =B7*$C8 nur ein Teil des Zellbezugs $C8 relativ (die Zeile) und wird beim Kopieren dem Standort der Formelzelle angepaßt, während der andere Teil, die Spalte, absolut gesetzt ist und sich nicht verändert.

Nach dem Schließen des zweiten Fensters und dem Einsetzen der korrekten Formeln hat die Tabelle folgendes Aussehen.

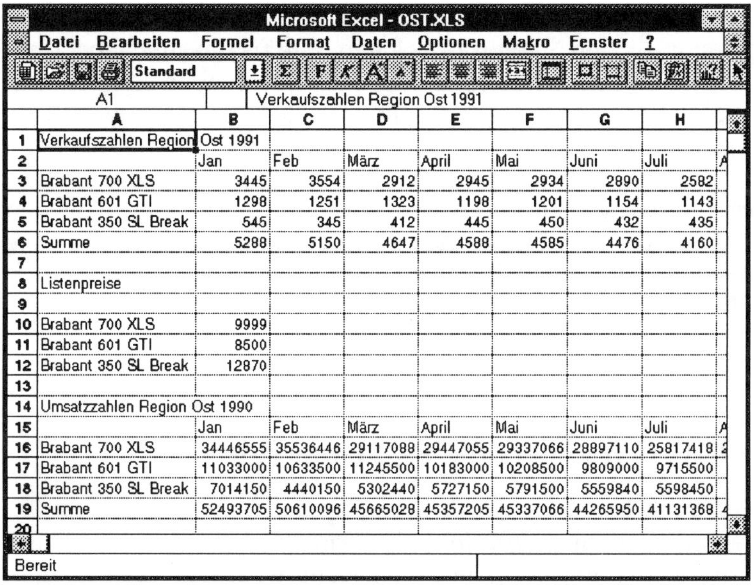

Microsoft Excel - OST.XLS

Datei Bearbeiten Formel Format Daten Optionen Makro Fenster ?

Standard

A1 Verkaufszahlen Region Ost 1991

	A	B	C	D	E	F	G	H
1	Verkaufszahlen Region	Ost 1991						
2		Jan	Feb	März	April	Mai	Juni	Juli
3	Brabant 700 XLS	3445	3554	2912	2945	2934	2890	2582
4	Brabant 601 GTI	1298	1251	1323	1198	1201	1154	1143
5	Brabant 350 SL Break	545	345	412	445	450	432	435
6	Summe	5288	5150	4647	4588	4585	4476	4160
7								
8	Listenpreise							
9								
10	Brabant 700 XLS	9999						
11	Brabant 601 GTI	8500						
12	Brabant 350 SL Break	12870						
13								
14	Umsatzzahlen Region	Ost 1990						
15		Jan	Feb	März	April	Mai	Juni	Juli
16	Brabant 700 XLS	34446555	35536446	29117088	29447055	29337066	28897110	25817418
17	Brabant 601 GTI	11033000	10633500	11245500	10183000	10208500	9809000	9715500
18	Brabant 350 SL Break	7014150	4440150	5302440	5727150	5791500	5559840	5598450
19	Summe	52493705	50610096	45665028	45357205	45337066	44265950	41131368
20								

Bereit

Abb. 8-12 Korrigierte Umsatztabelle

8.5 Zusammenfassung

Ihre Kenntnisse über den Bereich *Tabellenkalkulation* werden immer fundierter. Sie können Tabellen durch Nutzung der vielfältigen Kopiermöglichkeiten von Excel nunmehr recht schnell aufbauen. Das Sparen von Eingabearbeit stand eigentlich im Mittelpunkt des 8. Kapitels. Und nicht nur im Mittelpunkt dieses Kapitels wird in Zukunft das Einsparen von Eingabearbeit bei Ihnen stehen. Gerade für denjenigen, der jeden Tag professionell in Excel Tabellen aufbauen muß, ist die Anwendung der zeitsparenden Kopierprozeduren eine ganz wichtige Sache. Wie man weiß, ist gerade dort der Einsatz eines Computers lohnend, wo gleichartige Prozeduren häufig wiederholt werden. Beim Aufbau gleichartiger Tabellen ist dies der Fall. Somit sparen Sie gerade dort viel Zeit und Nerven.
Die Tabelle OST.XLS ist, was den prinzipiellen Aufbau betrifft jetzt abgeschlossen. Allerdings kann man sich die Tabellenstruktur noch einfacher vor Augen führen, wenn man nicht ständig mit komplizierten Adreßangaben, relativen und absoluten Bezügen hantieren muß. Zur weiteren Steigerung der Tabellentransparenz verfügt Excel über die fantastische Mög-

lichkeit, einzelne Zellen oder sogar ganze Tabellenbereiche mit verständlichen Namen zu belegen. Wie Sie das machen, erfahren Sie im Anschluß an die folgenden Aufgaben, Fragen und Probleme. Die Aufgaben sollen sie wieder motivieren, das Erlernte zu überprüfen und auf andere Problemwelten zu übertragen. Sofern sich Fragen aus den Aufgaben ergeben, so empfehlen wir Ihnen, dieses 8. Kapitel noch einmal an den entscheidenden Stellen durchzuarbeiten. Und bedenken Sie immer bei Ihrer Arbeit als Einsteiger: *Es ist noch kein Meister vom Himmel gefallen!* gilt genauso wie *Übung macht den Meister!*

8.6 Aufgaben, Fragen und Übungen

Aufgabe 1

Nehmen wir an, in A4 steht die Formel SUMME(A2:A3). Diese Formel möchten sie in die Zellen B4 bis E4 kopieren. Wie gehen Sie vor?

Erstellen Sie eine kleine Übungstabelle, an der Sie die Problemstellung dieser Aufgabe ausprobieren können. Zerstören Sie bei Versuchen nicht Ihre mühsam erstellten Tabellen AUTOOST.XLS und OST.XLS! Seien Sie vorsichtig!

Aufgabe 2

Wir wollen davon ausgehen, daß Sie eine Tabelle erstellt haben, bei der in den Zellen B2 bis H8 die verschiedensten Zahlenwerte stehen. Sie möchten während der Erstellung Ihrer Tabelle die Summenformeln in den Zellen B9 bis H9 so geschickt eingeben, daß Sie die Formeln "auf einen Rutsch" in die entsprechenden Zellen hineinbekommen.

Was müssen Sie machen? Welche der drei im folgenden vorgegebenen Vorgehensweisen ist Ihrer Meinung nach die richtige?

- 1. Zunächst die Formel =SUMME(B2:B8) an einer beliebigen Zelle eingeben, dann markieren und mit [Strg]+[Tab] in die Zellen B9 bis H9 kopieren.
- 2. Sie markieren per [Dauerklick] die Zellen B9 bis H9, drücken dann den Summenknopf in der Werkzeugleiste und schließen Ihre Eingabe mit [Strg]+[Return] ab.

- 3. Sie markieren den gesamten Tabellenbereich, in dem die Werte stehen (B2 bis H8), betätigen dann den Summenknopf in der Werkzeugleiste und schließen Ihre Eingabe mit [Shift]+[Return] ab.

Aufgabe 3
Sie möchten Ihre in Aufgabe 2 eingegebenen Summenformeln auf die Richtigkeit der Zellbezüge hin kontrollieren. Wie gehen Sie am besten vor? Wählen Sie eine der vorgeschlagenen Vorgehensweisen.

- Sie machen per [Klick] die Zelle zur aktuellen Zelle, in der die zu überprüfende Formel steht. Der Zellinhalt wird dann in der Editierzeile angezeigt und kann somit auch bequem kontrolliert werden.

- Sie erzeugen über die Befehlsfolge *Fenster —> Neues Fenster* ein zweites Fenster der zu überprüfenden Datei. Dort wählen Sie über *Optionen —> Bildschirmanzeige aus*, daß *Formeln* angezeigt werden sollen. Dann haben Sie alle Formeln sichtbar und können bequem editieren.

Aufgabe 4
Wie Sie sicher wissen, ist es möglich, über die Befehlsfolge *Bearbeiten —> Rechts ausfüllen* einen in der Ankerzelle eingegebenen Inhalt in die nach rechts folgenden markierten Zellen zu kopieren. Wie aber gelingt es, auch nach **links** auszufüllen?

- Man wählt das *Bearbeiten*-Menü. Dort befindet sich neben dem Befehl *Rechts ausfüllen* auch eine Option *Links ausfüllen.*

- Man wählt das *Bearbeiten*-Menü mit [Shift]+[Klick] an. Dort findet man dann die Option *Links ausfüllen.*

Aufgabe 5
Nehmen wir an, in Zelle B7 ist die Formel **$A$3+C7** eingetragen. Kopieren Sie die Formel nach H10. Wie sieht die Formel dort aus?

Denken Sie sich weitere Probleme aus, und lösen Sie diese dann in Excel. Viel Spaß dabei!

9 Namen in Tabellen nutzen

9.1 Namen vergeben

Wissen Sie noch, was der Inhalt des Bereiches N16:N18 in unserer Tabelle OST.XLS ist? Wahrscheinlich nicht. Gerade wenn Ihre Tabelle ein gewisses Ausmaß annimmt, das es nicht mehr gestattet, sich an die Inhalte einzelner Zellen oder Zellbereiche noch zu erinnern, dann ist man dankbar für die Möglichkeit, in Excel solche Bereiche mit klar verständlichen Namen belegen zu können. Diese Namen können dann stellvertretend für die entsprechenden Zellbezüge in Formeln benutzt werden, womit deren Transparenz wesentlich erhöht wird. So ist eine Formel wie z.B. **=Betrag*Mwst** mit Sicherheit leichter zu lesen als **=B12*A14**.
In Ihrer Tabelle bietet es sich an, beispielsweise die Zellen mit den Listenpreisen der einzelnen Modelle zu benennen und deren Adressen in den Formeln durch die Namen ersetzen zu lassen.

So vergeben Sie Namen:

1. Sie markieren die Zelle (oder den Zellbereich), die (der) benannt werden soll. Für den Listenpreis des Modells Brabant 700 XLS wäre dies die Zelle B10.

2. Sie wählen die Befehlsfolge *Formel —> Namen festlegen*. Es erscheint darauf folgende Dialogbox

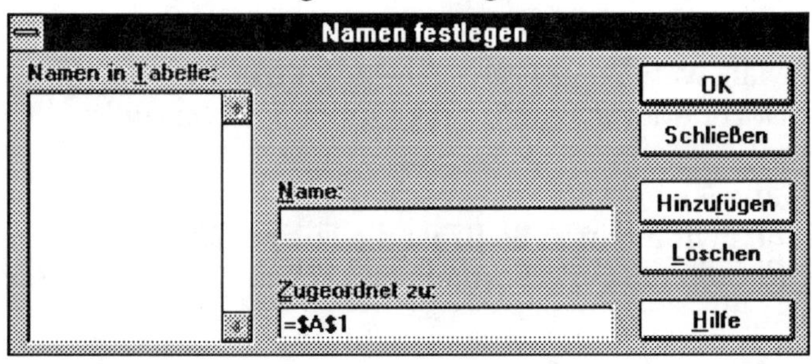

Abb. 9-1 Dialogbox zum Festlegen von Namen

Ihre weitere Vorgehensweise:

3. Sie geben im Feld *Name* einen Namen ein.
   Wenn in der zu benennenden Zelle selbst, oberhalb oder - wie in diesem Fall - links daneben ein Texteintrag steht, schlägt Excel automatisch diesen Namen vor, den Sie akzeptieren oder überschreiben bzw. verändern können.

- Das Feld *Zugeordnet zu* enthält die Zelladresse der ausgewählten Zelle in absoluter Bezugsform, da in der Regel absolute Bezüge bevorzugt werden.

4. Sie bestätigen mit [Return] oder [Klick] auf dem **OK**-Schalter. Der Name wird in das Feld *Namen* in der Tabelle übertragen und die Dialogbox geschlossen.

✗ **Über die Tastatur:**
Formel —> Namen festlegen: [Strg]+[F3]

Falls Sie mehrere Namen hintereinander definieren möchten, können Sie den gerade festgelegten Namen über die Schaltfläche *Hinzufügen* der Namensliste hinzufügen. Zur Definition des nächsten Namens überschreiben Sie im Feld *Name* den alten Namen und aktivieren das Feld *Zugeordnet zu*. Wenn Sie den Zellbezug nicht selbst eingeben wollen, können Sie außerhalb der Dialogbox in der Tabelle die entsprechende(n) Zelle(n) markieren. Excel trägt dann den Zellbezug ein. Verdeckt die Dialogbox die zu benennende(n) Zelle(n), läßt sich diese durch [Dauerklick] in der Titelleiste verschieben.

- **Regeln für die Namensvergabe:**
  Namen können bis zu 255 Zeichen lang sein.

- Namen <u>**müssen**</u> mit einem Buchstaben, einem Unterstreichungszeichen oder einem umgekehrten Schrägstrich \ (Backslash) beginnen. Sonst sind Buchstaben, Ziffern, Unterstreichungszeichen, der Punkt und das Fragezeichen erlaubt. Falls Excel als potentiellen Namen eine Bezeichnung erkennt, die Leerzeichen enthält, werden im Namensvorschlag die Leerstellen durch Unterstreichungszeichen ersetzt (siehe oben: **Brabant_700_XLS**).

- Namen dürfen nicht Zellbezügen wie beispielsweise C3 ähneln.

✗ **Tip**
Statt Zellbezügen können Namen auch Formeln oder Konstanten zugeordnet sein. Angenommen, Sie haben in einer Tabelle mehrfach die Mehrwertsteuer zu berechnen und möchten statt des Mehrwertsteuersatzes von 14% lieber den Namen **Mwst** in den Formeln benutzen. Dazu definieren Sie den gewünschten Namen und ordnen ihm im Feld *Zugeordnet zu* die Konstante 14% zu. Wann immer Sie diesen Namen **Mwst** nutzen, rechnen Sie mit einer Konstanten, die in keiner Zelle des Arbeitsblattes abgelegt ist.

9.2 Namen für Zellen übernehmen

Für jede Zelle, der Sie einen Namen geben möchten, müssen Sie den oben beschriebenen Vorgang wiederholen. Sie können allerdings schnell mehrere Zellen oder zusammenhängende Zellbereiche auf einmal benennen, falls Sie in der Tabelle stehende Spalten- und/oder Zeilenüberschriften als Namen verwenden wollen. Um z.B. die Modellbezeichnungen in Ihrer Tabelle für die Zellen mit den jeweiligen Listenpreisen in einem Arbeitsschritt zu übernehmen, gehen Sie wie folgt vor:

So übernehmen Sie Namen:

---

1. Sie markieren mit [Dauerklick] die zu benennenden Zellen einschließlich der zu übernehmenden Beschriftungen, das ist der Bereich A10:B12.

2. Sie wählen die Befehle *Formel —> Namen übernehmen.*

Abb. 9-2 Wo stehen die zu übernehmenden Namen?

Ihre weitere Vorgehensweise:

3. Excel hat automatisch die Option *Linker Spalte* ausgewählt, da die Namen in der Spalte links von den zu benennenden Zellen stehen.
   Daher können Sie sofort mit [↵] oder [Klick] auf ***OK*** bestätigen.

Falls bereits ein Name für einen anderen Zellbereich vergeben war, fragt Excel nach, ob die Definition des bestehenden Namens ersetzt werden soll.

 **Tastatur**
Formel —> Namen übernehmen: [Shift]+[Strg]+[F3]

9.3 Bezüge durch Namen ersetzen

Nachdem Sie für die Listenpreise der einzelnen Modelle die Namen vergeben haben, können Sie diese in die Formeln übertragen.
Bei Neueingabe von Formeln können Namen über die Befehlsfolge *Formel —> Namen einfügen* in die Formel eingesetzt werden, wodurch sich unnötige Tippfehler vermeiden lassen.

Bei Auswahl dieser Befehlsfolge wird nachfolgende Dialogbox eingeblendet, in der man aus den angezeigten Namen den gewünschten auswählt.

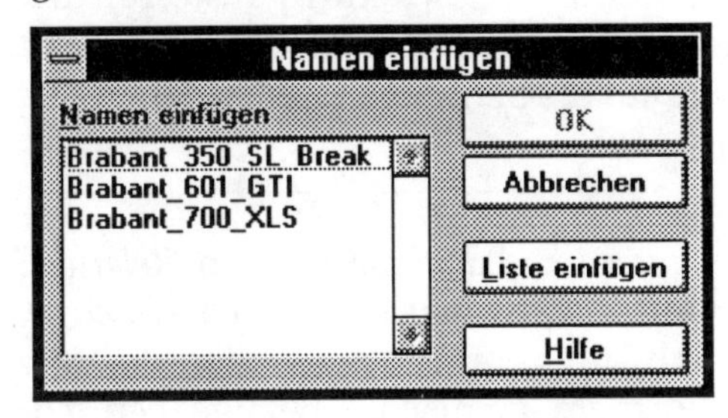

*Abb. 9-3 Dialogbox **Namen einfügen** mit Liste aller Namen*

 **Tastatur**
Formel —> Namen einfügen: [F3]

Da in Ihrer Tabelle die Formeln bereits vorhanden sind, müssen lediglich die Zelladressen der einzelnen Listenpreise durch die entsprechenden Namen ersetzt werden.

So wenden Sie Namen an:

---

1. Sie klicken eine beliebige Zelle des Arbeitsblattes an und wählen die Befehlsfolge *Formel —> Namen anwenden.*

2. In der Dialogbox zeigt Excel alle in der Tabelle definierten Namen an.
   Mit [Klick] können einzelne Namen ausgewählt bzw. wieder deaktiviert werden; wird zusätzlich die [STRG]-Taste gedrückt, ist selektives Auswählen möglich, während bei gedrückter [Shift]-Taste mehrere hintereinander stehende Namen gleichzeitig (von...bis) markiert werden.

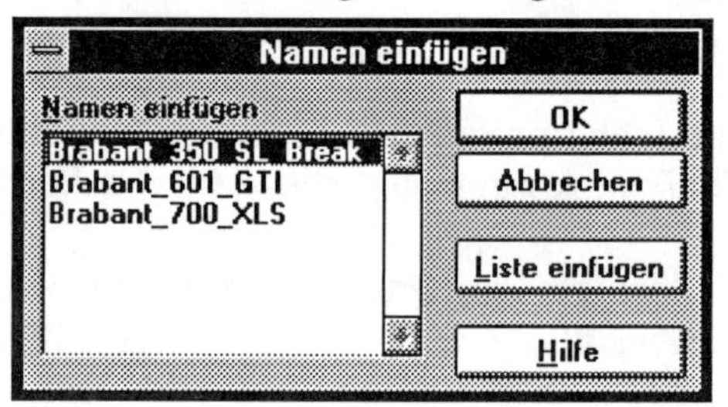

Abb. 9-4 Ausgewählte Namen anwenden

3. Da im Feld *Namen anwenden* bereits alle Namen ausgewählt sind, drücken Sie einfach die [Return]-Taste, um die ausgewählten Namen zu übernehmen. Excel ersetzt daraufhin alle Bezüge auf die benannten Zellen durch die definierten Namen.

Da in der Dialogbox *Namen anwenden* die Option *Relative/absolute Bezüge ignorieren* ausgewählt war, hat Excel die Bezüge auf die Listenpreise durch die vergebenen Namen ersetzt, obwohl in den Umsatzformeln gemischte Bezüge benutzt wurden und die Namen absoluten Bezügen zugeordnet waren. Diese standardmäßig eingeschaltete Option veranlaßt Excel, Bezüge durch Namen zu ersetzen ohne Berücksichtigung des Bezugstyps.

Ist nur eine Zelle markiert, durchsucht Excel die Formeln des gesamten Arbeitsblattes. Haben Sie vor Auswahl des Befehls *Namen anwenden* im Menü *Formel* einen Zellbereich selektiert, werden nur die Zellen dieses Bereiches berücksichtigt.

9.4 Zusammenfassung

Sie haben in diesem Kapitel eine sehr interessante Excel-Eigenschaft kennengelernt: die Namen. Namen können Sie statt der etwas abstrakten Adreßbezeichnungen in Formeln und Funktionen benutzen. Dies macht Ihre Tabellenwerke ganz erheblich übersichtlicher und transparenter. Die Nutzung der Namen verläuft in bis zu drei Ebenen:

- 1. Ebene: Namen vergeben über folgende Befehle: *Formel —> Namen festlegen* und/oder *Formel —> Namen übernehmen.*
- 2. Ebene: Namen in Formeln und Funktionen verwenden, entweder manuell oder mit Hilfe des Befehls *Formel --> Namen einfügen.*
-3. Ebene: Adressen in Formeln durch Namen ersetzen, falls bereits Formeln mit Zellbezügen vorliegen: *Formel --> Namen anwenden.*

9.5 Aufgaben, Fragen und Übungen

Aufgabe 1

Vergeben Sie in Ihrer Haushaltstabelle sinnvolle Namen, und binden Sie diese in den Summenformeln ein.

Aufgabe 2

Was bedeutet das Feld *Zugeordnet zu* in der Dialogbox des Befehls *Formel —> Namen festlegen*?

- Dort wird festgelegt, zu welcher Zelle bzw. welchem Zellbereich der dort festgelegte Name zugeordnet wird.
- Dort wird der Name eingegeben, der im Dialogfeld *Hinzufügen* ergänzt wurde.
- Dort wird der Name festgelegt, der dem markierten Zellbereich zugeordnet wird.

Aufgabe 3
Vergeben Sie in der Tabelle, in der der Verbrauch der Primärenergie der alten und neuen Bundesländer eingetragen ist, (Aufgabe 2 zum Kapitel 7) sinnvolle Namen und wenden Sie diese an.

Die Lösungen finden Sie wie immer im Anhang.

10 Optische Aufbereitung der Tabelle

Sie haben nun das grundlegende Rüstzeug erworben, Tabellen effektiv und schnell aufzubauen. Auch sind Ihre Formeln durch die Nutzung von Namen übersichtlicher geworden. Was Ihrer Tabelle jetzt noch fehlt ist der optische Schliff. Würden Ihre Umsatzzahlen nicht durch das Währungssymbol DM mehr Aussagekraft gewinnen? Sollten nicht die Überschriften etwas hervorgehoben werden?

Tabellen müssen nicht nur inhaltlich gut strukturiert sein; auch der äußeren Form sollte große Beachtung geschenkt werden, da sie die Übersichtlichkeit wesentlich beeinflußt.

Die gesamte optische Veränderung von Tabellen bezeichnet man als **Formatieren**, da dadurch das standardmäßige Format verändert wird. Durch die Veränderung des Erscheinungsbildes Ihrer Tabelle wird der Inhalt **nicht** verändert.

- **Regel**
  Immer, wenn Sie Tabellen optisch aufwerten wollen, geschieht dies über Befehle des *Format*-Menüs oder über spezielle Schalter verschiedener Werkzeug- bzw. Symbolleisten.

In Excel können Sie im einzelnen
- die Darstellung von Zahlen beeinflussen,
- die standardmäßige Ausrichtung von Zellinhalten verändern,
- Zellinhalte in unterschiedlichen Schriftarten, -größen und -schnitten darstellen,
- einzelne Zellen und Zellbereiche mit Schraffuren versehen,
- einzelne Zellen und Zellbereiche umrahmen und schraffieren.
- Objekte anordnen und deren Eigenschaften bestimmen

Selection
↓
Action

- **Wichtige Grundregel**
  Erst müssen die zu formatierenden Zellen ausgewählt werden (Selection), bevor Formatierungsbefehle ausgeführt werden (Action).

10.1 Zahlenformate

Wie Sie sehen, werden in Ihrer Übungstabelle die Zahlen z.T. unterschiedlich dargestellt. So erscheinen die Mittelwerte mit Dezimalstellen, während in der Summenspalte die Werte im Exponentenformat dargestellt werden, weil die Zahlen zu groß sind, um mit allen Zeichen in der Zelle dargestellt werden zu können.
Zunächst sollen die Verkaufszahlen mit Tausendertrennpunkt und die Umsatzzahlen mit Tausendertrennpunkt und Währungssymbol DM dargestellt werden.

- **Regel**
  Die Anzeige numerischer Werte wird über die Befehlsfolge *Format —> Zahlenformat* gesteuert.

In der eingeblendeten Dialogbox können Sie aus 27 vorgefertigten Zahlen-, Datums- und Zeitformaten auswählen oder sich eigene Formate erzeugen.

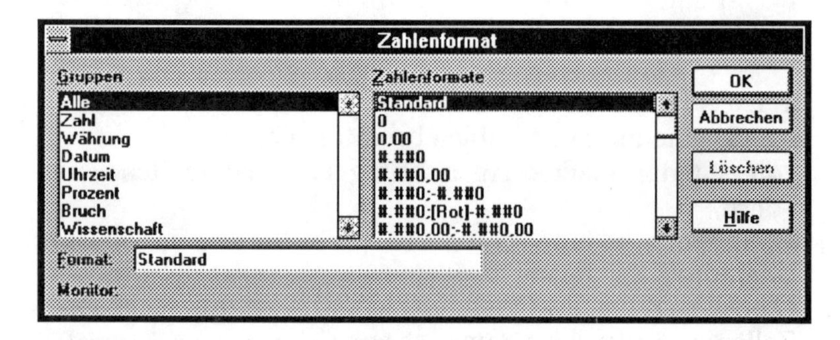

Abb. 10-1 Auswahl der Zahlenformate

Wird im Feld *Gruppen* eine Kategorie gewählt, werden im Feld *Zahlenformat* alle eingebauten und benutzerdefinierten Formate dieser Kategorie angezeigt.
Gehen wir für die Erklärung der einzelnen Formate davon aus, daß in den zwei Zellen, die formatiert werden soll, die Zahlen **1234,5678** bzw. **-1234,4321** eingetragen sind.

Unter dieser Voraussetzung bietet Excel 4.0 folgende Zahlenformate standardmäßig an:

Format	**Darstellung des Zellinhalts**	
	1234,5678	**-1234,4321**
Standard	1234,5678	-1234,4321
0	1235	-1234
0,00	1234,57	-1234,43
#.##0	1.235	-1.234
#.##0,00	1.234,57	-1.234,43
#.##0;-#.##0	1.235	-1.234
#.##0;[rot]-#.##0	1.235	-1.234*
#.##0,00;-#.##0,00	1.234,57	-1.234,43
#.##0,00;[rot]-#.##0,00	1.234,57	-1.234,43*
#.##0 DM;-#.##0 DM	1.235 DM	-1.234 DM
#.##0 DM;[Rot]-#.##0 DM	1.235 DM	-1.234 DM*
#.##0,00 DM;-#.##0,00 DM	1.234,57 DM	-1.234,43 DM
#.##0,00 DM;-[rot]#.##0,00 DM	1.234,57 DM	-1.234,43 DM*
%	123457%	-123443%
0,00%	123456,78%	-123443,21%
0,00E+00	1,23E+03	-1,23E+03
# ?/?	1234 4/7	-1234 3/7
# ??/??	1234 46/81	-1234 35/81

Die mit dem Sternchen * gekennzeichneten Zahlen erscheinen in roter Farbe.

Einige Anmerkungen zu ausgewählten Formaten:
Das Format *Standard* stellt Zahlen so dar, wie Sie sie in die Zellen eingeben. Ausnahme: Ist eine Zahl zu lang, um vollständig dargestellt zu werden, benutzt Excel automatisch die Exponentenschreibweise (siehe unten).

Die Währungsformate bestehen immer aus zwei Teilen, getrennt durch ein Semikolon. Der erste Teil kommt bei positiven Zahlen zum tragen, der zweite bei negativen.
Das Format **#.##0 DM;-#.##0 DM** z.B. hat die Funktion Ganzzahl mit Tausendertrennpunkt und anschließendem Währungssymbol, während das Format **#.##0,00 DM;-[rot]#.##0 DM** Zahlen zusätzlich mit zwei Nachkommastellen darstellt, wobei negative Zahlen in rot erscheinen.
Prozentformate multiplizieren den Zellinhalt mit Hundert und fügen ein Prozentzeichen hinzu. So bringt das Format **0%** die Zahl 0,1433 als 14% zur Anzeige, während das Format **0,00%** zusätzlich zwei Nachkommastellen darstellt: 14,33%.

Das Format **0,00E+00** stellt Zahlen im Exponentenformat mit zwei Nachkommastellen dar. E steht für **Exponent** und bedeutet 10^n. Die Beispielzahl liest sich wie $1,23x10^3$.

Einige der Standardformate können bei Bedarf über Tastenschlüssel abgerufen werden:

Tastenschlüssel	Format:
Strg + ⇧ + 6 (&)	Standard
Strg + ⇧ + 1 (!)	0,00
Strg + ⇧ + ^ (°)	h.mm AM/PM
Strg + ⇧ + 3 (§)	T.MMM JJ
Strg + ⇧ + 4 ($)	#.##0,00 DM,-#.##0,00 DM
Strg + ⇧ + 5 (%)	0%
Strg + ⇧ + 2 (")	0,00E+00

Bei der Betrachtung der Zahlenformate fällt auf, daß in den Standardformaten bestimmte Zeichen Verwendung finden, die stellvertretend für Zahlen stehen und anzeigen, wie Zahlen nach der Formatierung angezeigt werden.

Da das Wissen über Ihre Funktion gerade auch beim Erstellen eigener Formate (siehe nächste Seite) wichtig ist, sei Ihre Wirkungsweise nachfolgend zusammengefaßt:

- **Der Platzhalter 0**
  Die Position, an der dieser Platzhalter im Format steht, wird mit einer Null aufgefüllt, falls die formatierte Zahl weniger Zeichen aufweist als im Format festgelegt sind. So wird die mit dem Format **00,00** formatierte Zahl 1,2 als 01,20 angezeigt. Hat die Zahl rechts vom Komma mehr Zahlen als im Format definiert, wird gerundet. Eine mit dem Format **0,00** formatierte Zelle zeigt die Zahl 17,236 als 17,24 an. Die Anzahl der Stellen ist demnach immer gleich.

- **Der Platzhalter #**
  Das Zeichen # hat eine ähnliche Funktion wie das Stellvertreterzeichen **0**, nur daß zusätzliche Nullen nicht gesetzt werden, wenn die Zahl weniger Zeichen hat, als im Format #-Platzhalter eingetragen sind. Das Format **###,##** bringt die Zahl 1,234 als 1,23 zur Anzeige. Die Stellenanzahl ist variabel und paßt sich der eigentlichen Zahl an.

Nach der Formatierung der Verkaufszahlen mit Tausendertrennpunkt und der Umsatzzahlen mit Tausendertrennpunkt und Währungssymbol DM stellt sich Ihre Tabelle wie folgt dar.

OST.XLS

	A	B	C	D	E	F	G	H	
1	Verkaufszahlen Region Ost 1991								
2		Jan	Feb	März	April	Mai	Juni	Juli	Aug
3	Brabant 700 XLS	3445	3554	2912	2945	2934	2890	2582	
4	Brabant 601 GTI	1298	1251	1323	1198	1201	1154	1143	
5	Brabant 350 SL Break	545	345	412	445	450	432	435	
6	Summe	5288	5150	4647	4588	4585	4476	4160	
7									
8	Listenpreise								
9									
10	Brabant 700 XLS	9999							
11	Brabant 601 GTI	8500							
12	Brabant 350 SL Break	12870							
13									
14	Umsatzzahlen Region Ost 1990								
15		Jan	Feb	März	April	Mai	Juni	Juli	Aug
16	Brabant 700 XLS	##########	##########	##########	##########	##########	##########	##########	####
17	Brabant 601 GTI	##########	##########	##########	##########	##########	##########	##########	####
18	Brabant 350 SL Break	##########	##########	##########	##########	##########	##########	##########	####
19	Summe	##########	##########	##########	##########	##########	##########	##########	####
20									

Abb. 10-2 Formatierte Tabelle

Wie Sie sehen, zeigen die Zellen mit den Umsatzzahlen lediglich Nummernzeichen an.

- **Regel**
  Erscheinen Zellen komplett mit Nummernzeichen gefüllt, reicht die Spaltenbreite nicht aus, um die numerischen Zellinhalte samt angewendeter Formate darzustellen. Die Anzeige erfolgt erst nach Verbreiterung der Spalten.

Nach der Vergrößerung der Spaltenbreite (siehe Kapitel 6) werden in den Zellen der Umsatztabelle die Werte mit Tausendertrennpunkt und Währungssymbol angezeigt.
Grundsätzlich werden in Zellen, auf die in Formeln Bezug genommen wird, nur "nackte" Zahlen oder Formeln eingegeben, da mit alphanumerischen Zellinhalten nicht gerechnet werden kann. Alle anderen Zeichen, die zusätzlich zu den Zahlen zur Anzeige kommen wie z.B. "kg" oder "Stck.", sind eine Angelegenheit der Formatierung. Ausnahmen bilden die im Menü *Format —> Zahlenformat* aufgelisteten Formatzeichen wie das Währungs- oder Prozentsymbol. Diese können mit einem numerischen Wert in eine Zelle eingegeben werden, da Excel sie automatisch als Formate erkennt und auch entsprechend darstellt.

10.2 Datumsangaben in Excel

Grundlage von Datumsangaben in Tabellenkalkulationen bildet der Tag. Jedem Tag ab dem 1.1.1900 wird eine serielle Ganzzahl zugeordnet, wobei der Endwert die Zahl 65380 darstellt, den 31.12.2078. Wenn Sie z.B. das Datum 13.1.1991 in eine Zelle eingeben, übernimmt Excel automatisch dieses Datumsformat. Intern steht aber dahinter die Zahl 33251, da zwischen dem 1.1.1900 und dem 13.1.1991 genau 33251 Tage liegen. Auch die Uhrzeit wird als Dezimalwert mit verwaltet. So sagt die Dezimalzahl 0,5 hinter der seriellen Zahl des Tages, daß es zwölf Uhr mittags ist, High Noon. Ein halber Tag ist dann verstrichen.
In der folgenden Übersicht wird davon ausgegangen, daß in der Zelle die gleiche Zahl wie bei den normalen Zahlenformaten eingetragen ist (12345,6789). Zur Formatierung von Zellen mit Datumswerten können sie aus folgenden Formaten auswählen:

Format	Darstellung
Datum:	
TT.MM.JJJJ	18.10.1933
TT. MMM JJ	18. Okt 33
TT. MMM	18. Okt
MMM JJ	Okt 33
Uhrzeit:	
h:mm AM/PM	4:17 PM
h:mm:ss AM/PM	4:17:37 PM
h:mm	16:17
h:mm:ss	16:17:37
Datum und Uhrzeit:	
T.M.JJ h:mm	18.10.33 16:17

10.3 Formatierungen in der Übungstabelle

Nehmen wir einmal an, Sie möchten statt der Texte Jan, Feb, März usw. als Spaltenüberschriften lieber mit tatsächlichen Datumsangaben arbeiten. So soll z.B. der Text **Jan** durch die serielle Zahl für den 1. Januar 1991 ersetzt werden.
Nichts einfacher als das. Sie überschreiben den Text Jan mit dem Datum 1.1.91. Excel zeigt das Datum in der Form 01.01.1991 an, dem ersten Datumsformat in der Liste. Wenn Sie das Zahlenformat dieser Zelle allerdings auf **Standard** zurücksetzen, werden Sie feststellen, daß der tatsächliche Inhalt der Zelle die serielle Zahl 33239 ist.
Als Spaltenüberschrift wäre allerdings eine Anzeige wie **Jan 1991** der momentanen Anzeige 01.01.1991 vorzuziehen. Auch hier erweist sich Excel als äußerst flexibel. Sie geben einfach das Datum in der Form **Jan 1991** in die Zelle ein. Excel zeigt das Datum daraufhin im neuen Format an.

Um auch die anderen Spaltenüberschriften durch Monatsangaben zu ersetzen, müßten Sie jedes Datum einzeln eingeben. Aber auch bei der Erstellung von Datumsreihen bietet Excel eine wesentliche Arbeitserleichterung.

✗ **Tip**
Wenn Sie eine konstante Reihe aus Zahlen oder Datumswerten benötigen, können Sie diese einfach über den Befehl *Formel —> Reihe berechnen* erstellen. Sie spezifizieren lediglich einen Anfangswert, das Intervall und den Endwert, den Rest übernimmt Excel.

So erstellen Sie eine Datumsreihe:

---

1. Sie markieren den Zellbereich B3:M3.
   Die Zelle B3, die den Anfangswert für Ihre Zahlenreihe enthält, ist die aktive Zelle des Zellbereichs.
2. Sie wählen die Befehlsfolge *Daten —> Reihe berechnen.*

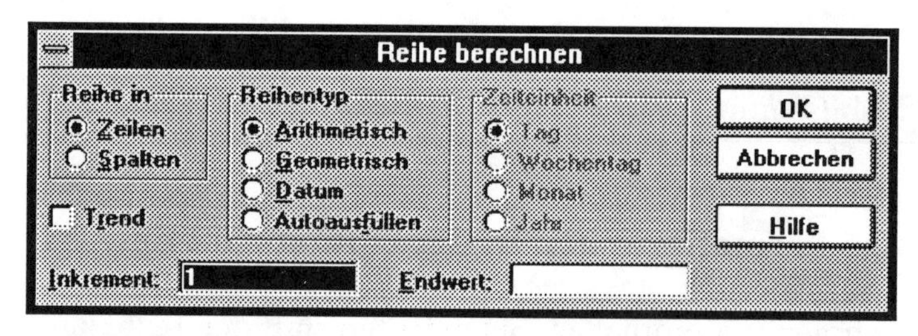

Abb. 10-3 Dialogbox ***Daten —> Reihe berechnen***

3. In der Dialogbox machen Sie folgende Angaben:

- **Reihe in:**
  Hier geben Sie an, ob die Datenreihe in Zeilen oder Spalten erstellt werden soll. Da Sie eine Zeile markiert haben, hat Excel automatisch die Option *Zeilen* aktiviert.
- **Inkrement:**
  In diesem Feld geben Sie die Schrittweite für die Datenreihe ein. Dieses Eingabefeld ist standardmäßig mit dem Wert 1 vorbesetzt, den Sie für Ihre Datumsreihe auch beibehalten.
- **Reihentyp:**
  Die Optionen dieses Feldes erstellen die Datenreihe auf der Basis des Anfangswertes und des angegebenen Inkrements. *Arithmetisch* addiert den im Feld *Inkrement* angegebenen Wert zum Anfangswert. *Geometrisch* hingegen multipliziert den Anfangswert mit dem Inkrement.

So erstellen Sie eine Datumsreihe (Fortsetzung)

4. Da Sie eine Datumsreihe erstellen wollen, klicken Sie die Option *Datum* an. Nun stehen auch die Optionen im Feld *Zeiteinheit* zur Verfügung.

5. Aktivieren Sie dort die Option *Monat*.

- **Endwert**:
  Hier geben Sie den Wert ein, der das Ende der Zahlenreihe bestimmt. Da Sie aber mit der Markierung festgelegt haben, in welcher Zelle die Zahlenreihe enden soll, bleibt das Feld *Endwert* leer.

6. [↵] oder [Klick] auf *OK* erstellt die Datenreihe **Jan 91** bis **Dez 91**.

✗ **Tip:**
Eine noch einfachere Methode, Zahlenreihen zu erstellen, bietet die Funktion *Autoausfüllen*, die Sie bereits beim Kopieren kennengelernt haben (siehe Kapitel 6 und 8).
Hierzu geben Sie lediglich den Anfangswert (z.B. 100) in eine Zelle ein und den darauffolgenden Wert der Zahlenreihe (z.B. 150) in eine der Nachbarzellen.
Nachdem Sie beide Zellen markiert haben, können Sie durch [Dauerklick] und Ziehen des Ausfüllkästchens eine Zahlenreihe erstellen, die sich bis zum Endpunkt der Markierung erstreckt und als Inkrement die Schrittweite zwischen erster und zweiter Zelle aufweist (hier: 50).

10.4 Eigene Zahlenformate erstellen

Nun haben Sie zwar eine schöne Datenreihe, die Spaltenüberschriften liefert, aber die Jahresangabe 1990 in jeder Zelle ist eigentlich völlig überflüssig, da die Überschrift bereits die Information liefert, um welches Jahr es sich handelt.
Allerdings gibt es kein Standard-Datumsformat, das Ihren Anforderungen gerecht wird. Sie müssen sich Ihr eigenes, anwenderspezifisches Format erstellen.

Excel bietet gerade im Bereich der Erstellung anwenderspezifischer Formate einen ungewöhnlichen Spielraum, da fast jedes beliebige Format möglich ist.
Beim Erstellen eigener Formate können neben den bereits in den Standardformaten genutzten Zeichen weitere Symbole zur Anwendung kommen, deren Funktion im folgenden beschrieben wird:

- **Das Abgrenzungszeichen Backslash **
  Alle zusätzlichen Zeichen in Formaten außer **$, -,+, ()** und **Leerzeichen** müssen durch einen **Backslash ** getrennt werden, der selbst nicht angezeigt wird. Allerdings setzt Excel dieses Trennzeichen automatisch, falls Sie es beim Erstellen eines Formates vergessen.

- **Die Abgrenzungszeichen Anführungsstriche**
  Immer, wenn Sie mehr als ein "normales" Zeichen im Format nutzen wollen (z.B. **Stck.**), empfiehlt es sich, die gesamte Zeichenfolge in Anführungszeichen zu setzen. Durch das Format **#.##0 "Stck."** wird die Zahl 1343 dargestellt als *1.343 Stck.*

- **Das Wiederholungszeichen ***
  Das Sternchen wiederholt das unmittelbar folgende Zeichen so oft, bis die Zelle ausgefüllt ist. Es kann nur einmal im Format genutzt werden. So füllt das Format ***.0** in der Zelle den Freiraum links von der Zahl mit Punkten auf.

- **Der Textplatzhalter Klammeraffe @**
  Der Klammeraffe stellt einen Textplatzhalter dar. Enthält die formatierte Zelle Text, so wird dieser an der Stelle, an der der Klammeraffe im Format steht, angezeigt. Angenommen, Sie möchten z.B. in Ihrer Tabelle nur die Modellbezeichnungen wie **700 XLS** eingeben, aber zusätzlich davor die Markenbezeichnung **Brabant** angezeigt bekommen. Das Format **"Brabant" @** zeigt den vor dem Klammeraffen stehenden Text **Brabant** vor dem Textinhalt der formatierten Zelle an. Der eigentliche Zellinhalt wird statt des Zeichens @ eingesetzt.

- **Farbangaben**
  Auch die Farbe von Zellinhalten kann gezielt verändert werden. Dazu muß lediglich vor den entsprechenden Formatteil die gewünschte Farbe in eckigen Klammern eingegeben werden (vgl. Standard-Währungsformate, die negative Zahlen rot darstellen). Es sind die Angaben **Rot, Blau, Hellgrün, Schwarz, Weiß, Magenta** (= violett), **Cyan** (= blaugrün) und **Gelb** möglich.

Sollen Zellen mit eigenen Datumsformaten belegt werden, können folgende Symbole genutzt werden:

Symbol	Funktion
T oder **M**	Tag oder Monat als Zahl, ohne führende Null
TT oder **MM**	Tag oder Monat als Zahl, mit führender Null
TTT oder **MMM**	Tag oder Monat als Abkürzung (z.B. **Sam** für Samstag)
TTTT oder **MMMM**	Tag oder Monat voll ausgeschrieben
JJ	Jahr als zweistellige Zahl
JJJJ	Jahr als vierstellige Zahl
h oder **m** oder **s**	Stunde oder Minute oder Sekunde, ohne führende Nullen
hh oder **mm** oder **ss**	Stunde oder Minute oder Sekunde, mit führenden Nullen

- **Beispiel**
  Das Format **TTTT",den"T.MMMM JJJJ** stellt das Datum 17.1.91 als **Donnerstag, den 17. Januar 1991** dar.

Wie wird nun ein anwenderspezifisches Format erstellt? Das geschieht ebenfalls über die Befehlsfolge *Format* —> *Zahlenformat*. In der aufgerufenen Dialogbox wird im Feld *Format* das gewünschte Format eingegeben. In den meisten Fällen kann das neue Format allerdings von einem der Standard-Formate abgeleitet werden, was sich besonders für den Einsteiger empfiehlt. Um das momentan gültige Datumsformat so zu ändern, daß nur noch der Monat in abgekürzter Form ohne Jahresangabe angezeigt wird, gehen Sie folgendermaßen vor:

So verändern Sie das Datumsformat:

1. [Dauerklick] B3:M3

2. Sie wählen die Befehlsfolge *Format —> Zahlenformat*. Excel zeigt automatisch in der Dialogbox das für die ausgewählten Zellen gültige Format an: *MMM JJ*.

3. Sie markieren im Feld *Format* mit [Dauerklick] die Stellvertreter für die Jahresangabe *JJ* und entfernen sie durch Drücken der [Entf]-Taste.

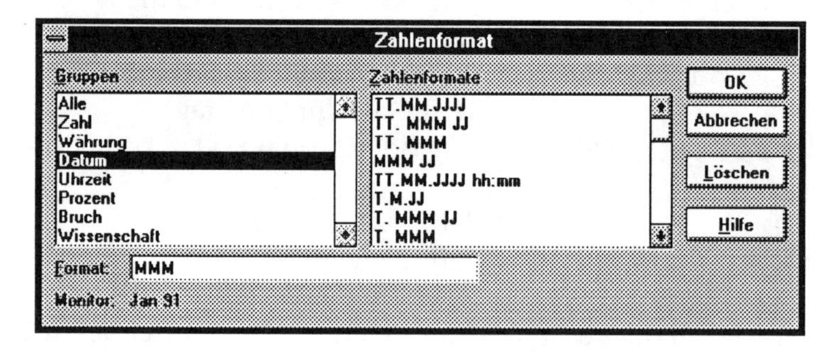

Abb. 10-4 Individuelles Format auf der Basis eines Standardformats

4. [↵] oder [Klick] auf dem Schaltfeld *OK* fügt das neue Format der Liste der bereits vorhandenen Formate dieser Gruppe am Ende hinzu.
   Es wird auch unmittelbar auf die aktuelle Zelle angewendet.

Damit sehen die Spaltenüberschriften genau so aus wie zuvor, nur daß nun statt Texten Datumswerte die Zellinhalte bilden.

☞ **Hinweis**
Wie Sie oben gesehen haben, weisen die Währungsformate unterschiedliche Formate für positive und negative Zahlen auf. Insgesamt kann ein Format aber aus vier Teilen bestehen, die durch Semikola voneinander getrennt werden müssen:
Positive Werte;Negative Werte;Nullwerte;Text

✗ **Beispiel**
Das Format **[blau]0,00;[rot]0,00;——;[hellgrün]** wirkt sich folgendermaßen aus: positive Zahlen werden blau, negative Zahlen rot und Texte hellgrün dargestellt, und statt einer Null erscheinen Bindestriche.

Besteht ein Format nur aus einem Teil, wirkt dies auf positive und negative Werte sowie Nullwerte. Weist es zwei Teile auf, gilt der erste für positive Zahlen und Nullen; der zweite greift bei negativen Werten.

● **Tip**
Wenn Sie Werte einer Tabelle "unsichtbar" machen wollen, brauchen Sie nur die Formatierungssymbole für den entsprechenden Teil des Formates wegzulassen und lediglich das Semikolon als Trennzeichen zu setzen. Um z.B. **alle** Zellinhalte zu "verstecken", formatieren Sie die entsprechenden Zellen mit dem Format ;;;.

10.5 Zellinhalte ausrichten

Wie Sie bereits wissen, richtet Excel in der Zelle Texte rechtsbündig und numerische Eingaben linksbündig aus. Diese Standardausrichtung können Sie jederzeit verändern. So sollen die Spaltenüberschriften Ihrer Tabelle zentriert werden.

● **Regel**
Unabhängig von der standardmäßigen Darstellung können Zellinhalte über
- die Schaltknöpfe der Werkzeugleiste oder
- die Befehlsfolge *Format —> Ausrichtung* oder
- das Kontextmenü mittels rechtem Mausklick in den markierten Zellen, dann Option *Ausrichtung*

in Ihrer Ausrichtung verändert werden: linksbündig, rechtsbündig oder zentriert.

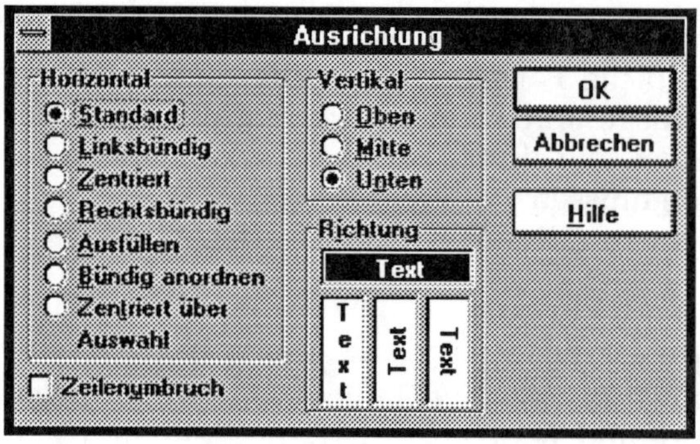

Ausrichtung

Horizontal
Standard
Linksbündig
Zentriert
Rechtsbündig
Ausfüllen
Bündig anordnen
Zentriert über Auswahl

Zeilenumbruch

Vertikal
Oben
Mitte
Unten

Richtung
Text

OK
Abbrechen
Hilfe

Abb. 10-5 Dialogbox ***Format —> Ausrichtung***

Die Option *Zeilenumbruch* erlaubt einen Textumbruch innerhalb einer Zelle. Ist ein Zellinhalt zu lang, um in eine Zelle zu passen, wird bei Auswahl dieser Option der Text umbrochen und die Zeilenhöhe automatisch vergrößert, um den gesamten Text in einer Zelle darstellen zu können.

Um die Tabelle etwas besser zu gliedern, fügen Sie vor der Zeile mit den Gesamtwerten und der Zeile mit der Überschrift eine leere Zeile ein. Die leere Zeile vor den Gesamtwerten soll dann mit Gleichheitszeichen aufgefüllt werden, um auch optisch die Basiswerte von den berechneten Daten abzuheben (siehe Abbildung).

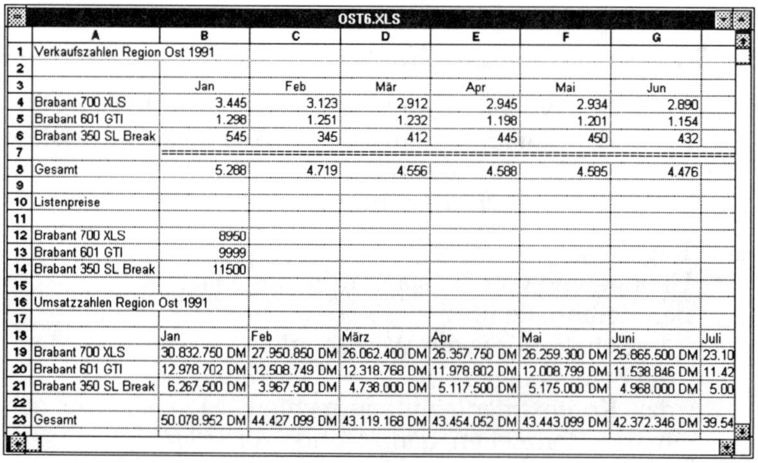

OST6.XLS

	A	B	C	D	E	F	G	
1	Verkaufszahlen Region Ost 1991							
2								
3		Jan	Feb	Mär	Apr	Mai	Jun	
4	Brabant 700 XLS	3.445	3.123	2.912	2.945	2.934	2.890	
5	Brabant 601 GTI	1.298	1.251	1.232	1.198	1.201	1.154	
6	Brabant 350 SL Break	545	345	412	445	450	432	
7		============	============	============	============	============	============	======
8	Gesamt	5.288	4.719	4.556	4.588	4.585	4.476	
9								
10	Listenpreise							
11								
12	Brabant 700 XLS	8950						
13	Brabant 601 GTI	9999						
14	Brabant 350 SL Break	11500						
15								
16	Umsatzzahlen Region Ost 1991							
17								
18		Jan	Feb	März	Apr	Mai	Juni	Juli
19	Brabant 700 XLS	30.832.750 DM	27.950.850 DM	26.062.400 DM	26.357.750 DM	26.259.300 DM	25.865.500 DM	23.10
20	Brabant 601 GTI	12.978.702 DM	12.508.749 DM	12.318.768 DM	11.978.802 DM	12.008.799 DM	11.538.846 DM	11.42
21	Brabant 350 SL Break	6.267.500 DM	3.967.500 DM	4.738.000 DM	5.117.500 DM	5.175.000 DM	4.968.000 DM	5.00
22								
23	Gesamt	50.078.952 DM	44.427.099 DM	43.119.168 DM	43.454.052 DM	43.443.099 DM	42.372.346 DM	39.54

Abb. 10-6 Trennlinie zwischen konstanten Werten und den Formelergebnissen

Allerdings müssen Sie dazu nicht alle Zeillen dieser Zeile mit Gleichheitszeichen füllen. Es genügt ein einziges Zeichen, und den Rest übernimmtdas Format *Auffüllen*.

Und so füllen Sie die Zeile 7 mit Gleichheitszeichen:

---

1. Sie markieren mit [Dauerklick] den zu füllenden Bereich B7:Q7.

2. Sie geben in der aktiven Zelle B7 ein Gleichheitszeichen ein und schließen die Eingabe mit [Return] ab.

3. Sie formatieren den gesamten markierten Zellbereich mit der Option Ausfüllen der Befehlsfolge *Format --> Ausrichtung*. Excel wiederholt darauf den Zelleintrag nicht nur in der Zelle, die das Gleichheitszeichen enthält, sondern auch in den daran angrenzenden Zellen, die mit *Ausfüllen* formatiert wurden.

Obwohl alle Zellen des markierten Bereiches Gleichheitszeichen zu enthalten scheinen, sind sie leer; lediglich die erste Zelle der Zeile enthält ein Gleichheitszeichen.

- **Regeln**
  Die Option *Ausfüllen* des Befehls *Format --> Ausrichtung* füllt mehrere Zellen einer Zeile mit dem Zeichen, das in die erste Zelle des markierten Zeilenbereichs eingegeben wurde. Statt einem können auch mehrere Zeichen eingegeben werden, die dann in der eingegebenen Reihenfolge über den markierten Zellbereich wiederholt werden.
  Mit der Option Zentriert über Auswahl kann ein Text in der Mitte mehrerer Zellen zentriert werden, wobei die Trennlinien zwischen diesen Zellen entfernt werden. Möchten Sie z.B. die Überschrift Ihrer Tabelle über der Mitte der gesamten Tabelle stehen haben, markieren Sie den Zellbereich A1:O1 und formatieren ihn mit diesem Format.

- **Weitere Regeln**
  Die Option Zeilenumbruch erlaubt einen Textumbruch innerhalb einer Zelle. Ist ein Zellinhalt zu lang, um in eine Zelle zu passen, wird bei Auswahl dieser Option der Text umbrochen und die Zeilenhöhe automatisch vergrößert, um den gesamten Text in einer Zelle darstellen zu können. Im Zusammenhang mit dem Zeilenumbruch ist die Option Bündig anordnen zu sehen. Sie ermöglicht es, aus mehreren Wörtern bestehenden Text im Blocksatz darzustellen.

Letztendlich stellt Excel auch noch die Möglichkeit zu Verfügung, in Kombination mit den Optionen Standard, Linksbündig, Zentriert und Rechtsbündig Text Vertikal auszurichten. Je nach Zeilenhöhe kann der Text in einer Zelle Oben, in der Mitte oder Unten angeordnet werden.

10.6 Das Schriftbild verändern

Was wären alle bisher besprochenen Formate wert, wenn nicht auch die Möglichkeit bestünde, das Schriftbild zu beeinflußen? So stände es der Tabellenüberschrift gut zu Gesicht, wenn sie in der Schriftart Helvetica in 12 Punkt und dem Schriftschnitt fett dargestellt werden würde (1 Punkt = 1/72 Zoll = 0,353 mm).

- **Regel**
  Die Schriftmerkmale werden über die Befehlsfolge *Format —> Schriftart* bestimmt.

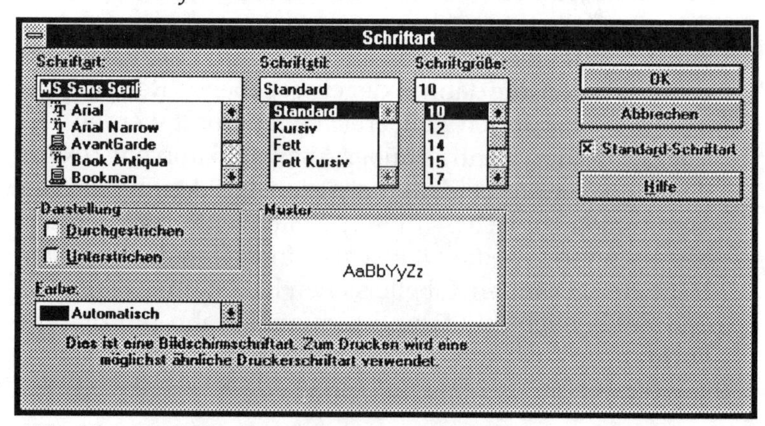

Abb. 10-7 Dialogbox ***Format —> Schriftart***

Schriftart
In diesem Listenfeld werden alle Schriftarten angezeigt, die Ihnen zur Verfügung stehen.

Schriftgröße
Dieses Listenfeld bietet Ihnen eine Auswahl verfügbarer Schriftgrößen an.

Schriftstil
Sie können aus den Auszeichnungen Standard, **Fett**, *Kursiv* und ***Fett Kursiv*** wählen. Zusätzlich kann mit den Kontrollkästchen ~~Durchgestrichen~~ und Unterstrichen eine Linie durch oder unter den Text gelegt werden.

Farben
Sie können Zellinhalte in insgesamt 16 unterschiedlichen Farben formatieren.Die Option *Automatisch* stellt den formatierten Zellinhalt in der Farbe dar, die in der Systemsteuerung für den Fenstertext festgelegt wurde (Grundeinstellung: Schwarz).

Muster
In diesem Feld wird angezeigt, wie sich die momentan getroffenen Schriftfestlegungen im Arbeitsblatt darstellen.
Das Kontrollkästchen *Standard-Schriftart* macht alle Änderungen rückgängig und setzt die Formatierungen auf die Standardschrift in Standardgröße und den Standardstil zurück.
Noch ein Wort zu den Schriftarten: Wählen Sie nur die Schriftarten aus, vor denen ein Druckersymbol steht sowie die durch zwei stilisierte T-Buchstaben gekennzeichneten TrueType-Schriftarten. Nur bei diesen Schriften haben Sie die Gewähr, daß der installierte Drucker diese auch in der gewünschten Form ausgeben kann. Im übrigen wird Ihnen Excel am unteren Rand der Dialogbox immer in einer Meldezeile mitteilen, ob die selektierte Schrift eine Bildschirmschrift oder ein Druckerfont ist.

- **Tastatur**

Für die schnelle Zuweisung von Schriftschnitten der aktiven Schrift können folgende Tastenschlüssel benutzt werden:

Normal	[Strg]+[1]
Fett	[Strg]+[2]
Kursiv	[Strg]+[3]
Unterstrichen	[Strg]+[4]
~~Durchgestrichen~~	[Strg]+[5]

Die Tastenschlüssel wirken dabei wie Schalter: Werden Sie einmal betätigt, wird das entsprechende Attribut zugewiesen, beim erneuten Betätigen wird das Attribut wieder entzogen.
Zusätzlich lassen sich die Schriftschnitte fett und kursiv schnell über die entsprechenden Schaltknöpfe **F** und **K** der Werkzeugleiste zuweisen.
Sie sollten innerhalb des Arbeitsblattes aus gestalterischen Gründen möglichst nur eine einzige Schriftart benutzen und auch mit extremen Schriftgrößen sparsam umgehen. Greifen Sie dabei wegen des Corporate Design möglichst auf eine Schrift zurück, die der Ihrer Firma am nächsten kommt. Differenzieren Sie innerhalb Ihrer Tabellen nur über den Schriftschnitt oder die Schriftgröße.
Nicht nur im Bereich der freien Gestaltung von Zahlenformaten oder der Nutzung unterschiedlichster Schriftarten hat Excel 4.0 Außergewöhnliches zu bieten. Im nächsten Kapitel werden Sie sehen, daß der umfangreiche Format-Werkzeugkasten auch besondere Möglichkeiten beim Setzen von Rahmen, Linien und Schraffuren bietet.

10.7 Rahmen, Linien und Schraffuren

Auf dem Bildschirm ist standardmäßig eine Gitternetzstruktur zur Abgrenzung der Zellen eingeblendet, die alle Zellen automatisch umrahmt.

- **Tip:**
  Über die Befehlssequenz *Optionen —> Bildschirmanzeige —> Gitternetzlinien* kann dieses Gitternetz ausgeschaltet werden.
  Auch beim Ausdruck sind in der Regel diese Gitternetzlinien unerwünscht; stattdessen werden gezielt Linien oder Rahmen gesetzt, um bestimmte Tabellenbereiche hervorzuheben oder von anderen Bereichen abzugrenzen. Linien oder Rahmen werden über die Befehlsfolge *Format —> Rahmenart* vergeben.
  Vergleichen Sie dazu auch den auf der nächsten Seite dargestellten Bildschirm.

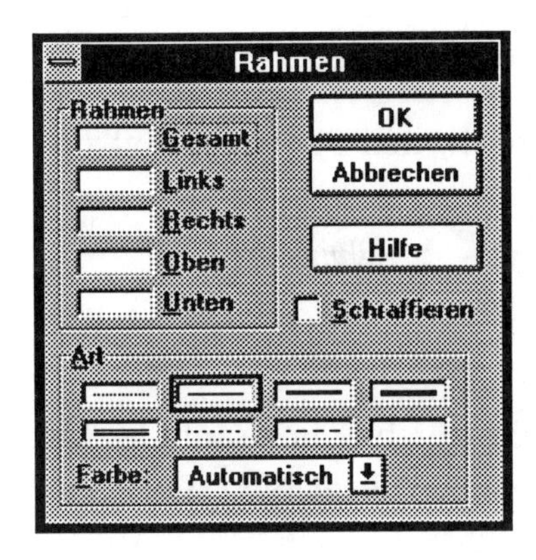

Abb. 10-8 Optionen des Befehls ***Rahmen***

Rahmen
Hier wird bestimmt, wo Zellen umrahmt werden: während **Gesamt** einen geschlossenen Rahmen um die ausgewählte Zelle oder den gesamten Zellbereich legt, setzen die Optionen *Rand links, Rand rechts, Rand oben* und *Rand unten* an den entsprechenden Rändern jeder ausgewählten Zelle eine Linie.

Art
Wie die gesetzten Linien aussehen, können Sie in dieser Optionsgruppe festlegen: Haarlinie, dick, mittel, dünn, doppelt, gepunktet und gestrichelt.

Farben
Auch die Linien können in unterschiedlichen Farben dargestellt werden, wobei das bekannte Spektrum an Farben zur Verfügung steht.

Schraffieren
Zusätzlich zum Rahmen können ausgewählte Zellen durch Aktivierung der Option *Schraffieren* auch schattiert werden.

All diese verschiedenen Optionen sind beliebig kombinierbar.

Um die Stückzahltabelle als Einheit zu kennzeichnen, soll der gesamte Zellbereich A3:O8 mit einem dicken Rahmen versehen werden.

So weisen Sie einen Rahmen zu:

1. Sie markieren den Zellbereich, den Sie insgesamt umrahmen wollen.
2. Sie führen die Befehle *Format —> Rahmenart* aus.
3. Sie wählen die gewünschten Optionen: *Gesamt* und dicke Linienstärke.
4. Sie bestätigen Ihre Auswahl durch [Klick] auf *OK*. Der markierte Bereich ist nun von einer dicken Linie umgeben.

Probieren Sie die verschiedenen Optionen einmal aus, indem Sie die Formatierung der in Abb. 10-9 dargestellten Tabelle nachempfinden.

OST7.XLS

	A	B	C	D	E	F	G
1	Verkaufszahlen Region Ost 1991						
2							
3		Jan 90	Feb 90	Mär 90	Apr 90	Mai 90	Jun 90
4	Brabant 700 XLS	3.445	3.123	2.912	2.945	2.934	2.890
5	Brabant 601 GTI	1.298	1.251	1.232	1.198	1.201	1.154
6	Brabant 350 SL Break	545	345	412	445	450	432
7							
8	Gesamt	5.288	4.719	4.556	4.588	4.585	4.476

Abb. 10-9 Zellen mit unterschiedlichen Rahmen

Anstelle der standardmäßigen Schattierung können Sie Zellen auch mit einer Vielzahl unterschiedlicher Schraffuren und Füllmuster belegen.
Die Befehlsfolge *Format —> Muster* ermöglicht eine individuelle Schattierung bzw. Schraffierung von Zellen.

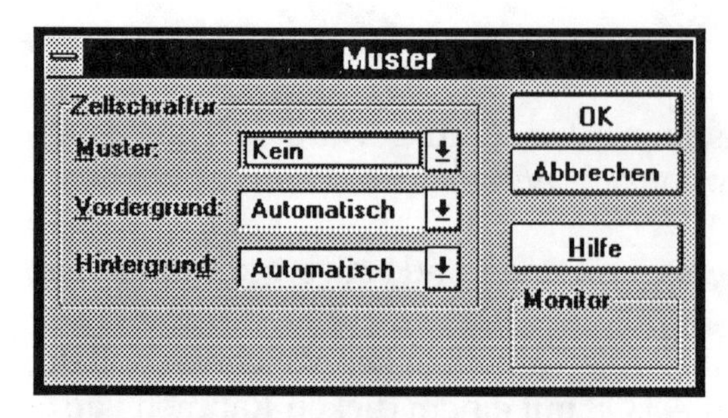

Abb. 10-10 Dialogbox ***Format —> Muster***

Zellschraffur
In diesem Feld stehen neben der Standardeinstellung *Keine* weitere 16 Muster sowie die Variante *Vollton* zur Verfügung. Die entsprechenden Farben können in den Feldern *Vordergrund* und *Hintergrund* bestimmt werden.

Vordergrund
Hier können Sie die Vordergrundfarbe festlegen. Die Farbe des Musters *Vollton* wird durch die Vordergrundfarbe bestimmt.

Hintergrund
Wählen Sie hier die Farbe aus, die die Hintergrundfarbe des Füllmusters sein soll. Zusammen mit den Farboptionen haben Sie insgesamt 4096 verschiedene Zellfarben bzw. -schattierungen zur Auswahl (16 Vordergrundfarben x 16 Hintergrundfarben x 16 Muster).

Das Feld *Monitor* gibt Ihnen sofort Auskunft darüber, wie sich Ihre getroffene Auswahl auswirkt.

☞ **Hinweis**
Die Anwendung des Befehls *Muster* ist nicht nur auf Zellen beschränkt. Es können auch graphische Objekte wie z.B. Rechtecke, Linien, Textboxen oder auch Bilderrahmen mit diesem Befehl formatiert werden, wobei je nach ausgewähltem Objekt unterschiedliche Optionen in der Dialogbox angeboten werden.

10.8 Formatvorlagen

Wenn Sie schon einmal mit einer Textverarbeitung gearbeitet haben, waren Sie sicherlich darüber begeistert, wie bequem und zeitsparend das Formatieren mit Druckformatvorlagen ist. War man solchen Komfort bisher nur von Textsystemen oder DTP-Programmen gewöhnt, zeigt Excel 4.0 auch im Bereich der Tabellenkalkulation, daß Benutzerfreundlichkeit kein leeres Wort ist.

Was versteht man eigentlich unter Formatvorlagen?
Formatvorlagen sind eine Ansammlung unterschiedlichster Formate, die der Anwender nach eigenen Bedürfnissen zusammenstellt und mit einem individuellen Namen belegt. Immer, wenn diese Formate benötigt werden, können einfach durch Auswählen dieses Namens mehrere Formate gleichzeitig angewendet werden. Zudem besteht die Möglichkeit, die erstellten Formatvorlagen auch in anderen Dateien zu verwenden.
Nehmen wir einmal an, Sie möchten die Formate, die Sie für die Zelle B5 vergeben haben, als Druckformat festhalten, damit Sie bei ähnlichen Formatierungen nicht ständig verschiedenste Formate immer wieder über die Menüs bestimmen müssen.
Prinzipiell bestehen zwei Möglichkeiten, eine Formatvorlage zu definieren:
- Sie wählen die Formate, die Sie benötigen.
- Sie halten die Formate fest, die Sie bereits für eine (oder mehrere) Zellen vergeben haben.

Ausgangspunkt in beiden Varianten ist die Befehlsfolge *Format —> Druckformat*.

Druckformat
Druckformatname: Standard
Beschreibung
Standard + Helv 10 + Standard, Unten ausgerichtet + Keine Ränder + Nicht schraffiert + Zelle gesperrt
OK
Abbrechen
Festlegen >>
Hilfe

*Abb. 10-11 Dialogbox **Druckformat***

In dem Feld *Druckformatname* wird der Name der Formatvorlage angezeigt, die für die momentan aktive Zelle wirksam ist.
Das Feld *Beschreibung* gibt in Textform die Formate wieder, die im momentan angezeigten Druckformat festgelegt sind.
Da in Ihrer Tabelle die Formate, die in einem Druckformat gesammelt werden sollen, bereits für mehrere Zellen vergeben wurden, kann das Druckformat auf der Basis dieses Beispiels festgehalten werden.

So halten Sie ein Druckformat fest:

1. Sie klicken die Zelle B5 an. Diese Zelle ist mit den Formaten belegt, die das neue Druckformat bilden sollen.
2. Sie wählen die Befehlsfolge *Format —> Druckformat*.
3. Sie geben im Feld *Druckformatname* den Namen der neuen Formatvorlage ein (z.B. **Rahmen1**). Sobald Sie einen Buchstaben eingegeben haben, wird der Titel des Feldes ***Beschreibung*** ergänzt durch ***Zum Beispiel*** und die Formate der momentan aktiven Zelle angezeigt.
4. Da die angezeigten Formate nicht verändert werden müssen, klicken Sie *OK* an, womit die neue Formatvorlage **Rahmen** der Druckformatliste hinzugefügt und die Dialogbox geschlossen wird.
   Falls Sie mehr als eine Formatvorlage erstellen möchten, müssen Sie durch [Klick] auf dem Schaltfeld *Hinzufügen* die Definition einer Formatvorlage abschließen, bevor Sie eine neue kreieren.

Möchten Sie ein Druckformat unabhängig von der Formatierung der gerade ausgewählten Zellen erstellen, müssen Sie in der Dialogbox des Befehls *Format —> Druckformat* die Schaltfläche *Festlegen* >> auswählen. Die Dialogbox wird erweitert und bietet nun die Möglichkeit, die Formate zu verändern.

Abb. 10-12 Erweiterte Dialogbox ***Druckformat***

Insgesamt können für ein Druckformat sechs verschiedene Formate vergeben werden: *Zahlenformat, Schriftart, Ausrichtung, Rahmenart, Muster* und *Zellschutz*.
Über die entsprechenden Kontrollkästchen im Feld *Druckformat enthält* wird bestimmt, welche Komponenten im Druckformat enthalten sein sollen.

Die Optionen im Feld *Ändern* rufen die Dialogboxen der jeweiligen Format-Befehle auf, in denen die Formate verändert bzw. festgelegt werden. Das Schaltfeld *Hinzufügen* ergänzt die Liste der bereits vorhanden Formatvorlagen um die neu definierte.
Über das Schaltfeld *Zusammenführen* können Formatvorlagen aus anderen Dateien der Vorlagenliste hinzugefügt werden. Bei Auswahl dieses Schaltfeldes wird eine weitere Dialogbox mit den Namen aller momentan geladenen Excel-Dateien angezeigt.
Durch Anklicken eines Dateinamens werden die Formatvorlagen dieser Datei zu denen der gerade aktiven Datei hinzugefügt.

Sie sehen, wie einfach Druckformate in Excel zu erstellen sind. Noch einfacher als das Anlegen von Druckformaten ist die Anwendung bzw. Zuweisung der Druckformate.

So wenden Sie Druckformate an:

---

1. [Klick] auf der Zelle, die mit einem Druckformat formatiert werden soll oder [Dauerklick] auf dem Bereich, der formatiert werden soll.

2. [Klick] auf der Listbox *Druckformate*, die sich links in der Werkzeugleiste befindet.
   Es öffnet sich eine Liste mit sämtlichen verfügbaren Druckformaten. Darunter befinden sich die standardmäßig in Excel 4.0 integrierten Formate Dezimal (mit und ohne Nachkommastellen), Prozent, Standard und Währung (mit und ohne Dezimalstellen) sowie Ihre selbstdefinierten Druckformate.

3. [Klick] auf dem gewünschten Format weist die Formateigenschaften der Zelle bzw. dem Zellbereich zu.

Zum Abschluß des Formatierens soll das Aussehen der Umsatztabelle dem der Stückzahltabelle angepaßt werden. Natürlich kann die Arbeit mit Hilfe von Druckformaten beschleunigt werden; trotzdem wäre es ein nicht unerheblicher Arbeitsaufwand. Schneller geht es mit einer Variante des Kopierbefehls, denn Excel ermöglicht es, daß nur bestimmte Merkmale kopiert werden. Da die Umsatztabelle den gleichen Aufbau wie die Stückzahltabelle aufweist, können alle Formate mit Hilfe des Kopierbefehls übertragen werden.

So kopieren Sie nur Formate:

---

1. Sie markieren den zu kopierenden Zellbereich A1:O8.

2. Sie wählen die Befehlsfolge *Bearbeiten —> Kopieren*.
   Der Quellbereich ist nun durch den bereits bekannten "Laufrahmen" gekennzeichnet.

3. Sie wählen die linke obere Eckzelle des Zielbereiches aus.

4. Sie aktivieren im Menü *Bearbeiten* den Befehl *Inhalte einfügen*, worauf die Dialogbox *Inhalte einfügen* eingeblendet wird.

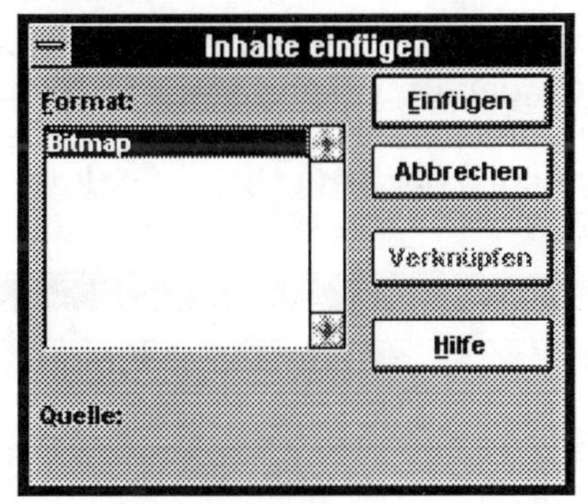

Abb. 10-13 Dialogbox ***Inhalte einfügen***

Einfügen
Hier können Sie festlegen, welche Elemente von den einzelnen Zellen eingefügt werden sollen: *Formeln* überträgt nur die Formeln, nicht aber die Formate. *Werte* kopiert lediglich das angezeigte Ergebnis von Formeln. Damit können Sie eine

Formel in den aus der Formel resultierenden Wert umwandeln. Man spricht auch vom Werte "einfrieren". *Formate* kopiert nur die Formate der Zellen des Kopierbereichs. Die Zellinhalte bleiben vom Kopiervorgang unberührt. *Notizen* übernimmt lediglich die für Zellen vergebenen Notizen. *Alles* überträgt sowohl Werte und Formeln als auch Formate und Notizen des Quellbereichs in den Zielbereich. Diese Option hat die gleiche Funktion wie der "normale" Befehl *Einfügen* aus dem Menü *Bearbeiten*, wird aber im Zusammenhang mit den Optionen des Feldes *Rechenoperation* benötigt.

Rechenoperation
Beim Kopieren können die Formeln oder Werte aus dem Quellbereich mit denen des Zielbereiches per Rechenoperation verbunden werden. Möglich sind die Operationen **Addieren, Subtrahieren, Multiplizieren** und **Dividieren**.

Leerzellen überspringen
Bei Auswahl dieser Option fügt Excel keine Leerzellen des Kopierbereichs in den Zielbereich ein, so daß verhindert wird, daß Leerzellen beim Kopiervorgang Daten im Zielbereich überschreiben.

Transponieren
Verändert beim Kopieren die horizontale Anordnung von Zellen in eine vertikale oder umgekehrt. So erscheint die oberste Zeile des Kopierbereichs in der linken Spalte des Einfügebereichs, und entsprechend die linke Spalte in der obersten Zeile.

TRANSPON.XLS

	A	B	C	D	E	F	G
1			Jan	Feb	März		
2	Karl-Heinz	Bruch	12	15	34		
3	Gisela	Ernst	23	12	26		
4	Werner	Fetters	21	12	37		
5	Josef	Geige	25	31	45		
6							
7							
8		Karl-Heinz	Gisela	Werner	Josef		
9		Bruch	Ernst	Fetters	Geige		
10	Jan	12	23	21	25		
11	Feb	15	12	12	31		
12	März	34	26	37	45		
13							

Abb. 10-14 Tabelle vor und nach dem Transponieren

Ihre weitere Vorgehensweise:

5. Sie klicken im Feld *Einfügen* die Option *Formate* an, da Sie nur die Formate kopieren möchten.
6. Durch [Klick] auf **Ok** wird die Dialogbox geschlossen und die Formate aller ausgewählten Zellen übertragen.

Zwar wurden durch den Kopiervorgang auch die DM-Formate für die Umsatzzahlen verändert, doch sind Sie nun bereits in der Lage, in wenigen Sekunden für die Umsatzzahlen erneut das DM-Format zu vergeben, indem Sie aus der Listbox für die Druckformate (Werkzeugleiste) das Währungsformat für den zuvor ausgewählten Bereich vergeben.

10.9 Automatisches Formatieren

So komfortabel Druckformate auch sein mögen - Excel bietet eine noch effizientere Möglichkeit, in kürzester Zeit eine Tabelle komplett zu formatieren: die Funktion Autoformatieren. Über die Befehlsfolge *Format —> Autoformatieren* können Tabellen eine Reihe vorgefertigter Formatierungsschemata zugewiesen werden.
Die Funktion *Autoformatieren* setzt allerdings voraus, daß die Tabelle in einer bestimmten Art und Weise aufgebaut ist: Die Daten müssen sich in einem rechteckigen Bereich befinden, über dem in einer Zeile die Spaltenbeschriftungen stehen, während die Spalte links davon die Zeilenüberschriften enthält und in der untersten Zeile Spaltensummen stehen. Da Ihre Tabelle diesem Aufbau entspricht, soll sie mit einem der vorgefertigten Modelle formatiert werden.

So nutzen Sie die Funktion *Autoformatieren*

1. Sie markieren den Zellbereich, der formatiert werden soll: hier ist dies A3:O23, d.h. die ganze Tabelle.
2. Sie wählen die Befehlsfolge *Format —> Autoformatieren*. Es erscheint die auf der folgenden Seite dargestellte Dialogbox.

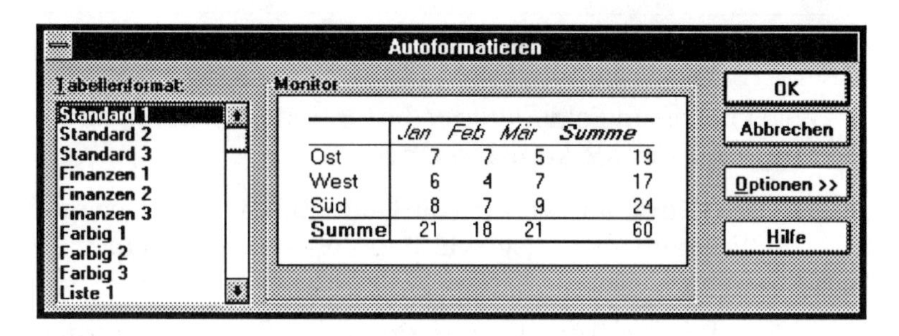

Abb. 10-15 Dialogbox ***Autoformatieren***

Ihre weitere Vorgehensweise:

---

3. In der eingeblendeten Dialogbox klicken Sie im Feld Tabellenformat durch die einzelnen Varianten, bis Sie die Form finden, die Ihren Vorstellungen entspricht.
   Im Feld *Monitor* können Sie jeweils die Auswirkung des angeklickten Tabellenformats sehen.

☞ **Hinweis**
Wenn Sie z.B. bereits Zahlen Ihrer Tabelle mit einem spezifischen Zahlenformat belegt haben und bei der Autoformatierung dieses Format beibehalten wollen, besteht die Möglichkeit, über den Schalter *Optionen* die Dialogbox zu erweitern, um bestimmte Formatelemente auszuschließen: im Falle des Zahlenformats würden Sie einfach das Kontrollkästchen *Zahlenformat* deaktivieren, womit diese Komponente des automatischen Tabellenformats nicht wirksam wird.

4. Sie bestätigen mit Doppelklick auf einem Formatnamen oder nach Auswahl eines Namens mit Klick auf OK.

Nach Formatierung Ihrer Tabelle beispielsweise mit dem Tabellenformat *3D-Effekt 2* sieht Ihre Tabelle so aus, wie auf der nächsten Seite dargestellt.

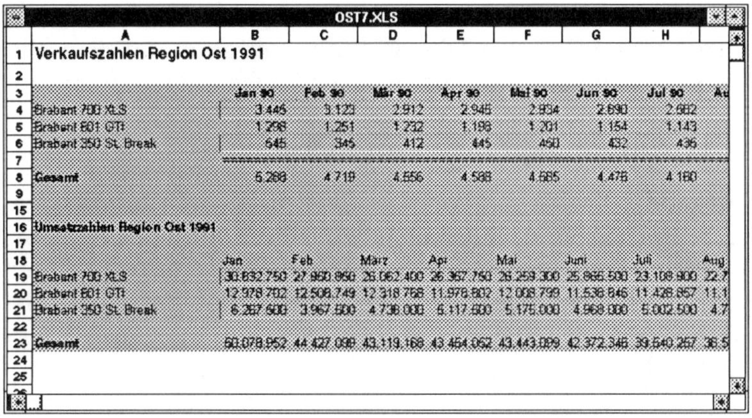

OST7.XLS

	A	B	C	D	E	F	G	H	
1	Verkaufszahlen Region Ost 1991								
2									
3		Jan 90	Feb 90	Mär 90	Apr 90	Mai 90	Jun 90	Jul 90	Au
4	Brabant 700 XLS	3.445	3.123	2.912	2.945	2.934	2.690	2.682	
5	Brabant 601 GTI	1.298	1.251	1.232	1.198	1.201	1.154	1.143	
6	Brabant 350 St. Break	645	345	412	445	450	432	436	
7									
8	Gesamt	5.288	4.719	4.556	4.588	4.585	4.476	4.180	
9									
15									
16	Umsatzzahlen Region Ost 1991								
17									
18		Jan	Feb	März	Apr	Mai	Juni	Juli	Aug
19	Brabant 700 XLS	30.832.750	27.960.850	26.062.400	26.367.750	26.259.300	25.865.500	23.108.900	22.7
20	Brabant 601 GTI	12.978.702	12.508.749	12.318.768	11.978.802	12.008.799	11.538.846	11.428.857	11.1
21	Brabant 350 St. Break	6.267.500	3.967.500	4.738.000	5.117.500	5.175.000	4.968.000	5.002.500	4.7
22									
23	Gesamt	50.078.952	44.427.099	43.119.168	43.454.052	43.443.099	42.372.346	39.540.257	36.5
24									
25									

Abb. 10-15 Umformatierte Tabelle

Falls Ihnen die Formatierung doch nicht gefallen sollte, können Sie unmittelbar nach Zuweisung eines automatischen Tabellenformats diese Formatierung über den Befehl *Bearbeiten —> Rückgängig: Autoformatieren* wieder aufheben.

10.10 Zusammenfassung

Sie haben mittlerweile einen relativ großen Einblick in das umfangreiche Spektrum der Formate in Excel 4.0 erhalten. Mit Hilfe der in diesem Kapitel beschriebenen Format-Befehle, der Formatvorlagen und der Autoformate sind Sie nun in der Lage, jeder Tabelle rasch ein übersichtliches Aussehen zu geben. In Ihrer Euphorie über die vielfältigen Möglichkeiten des Formatierens sollten Sie aber nicht vergessen, daß Formate benutzt werden, um dem Auge die Orientierung zu erleichtern, aber nicht, um es zu verwirren: Weniger ist mehr!

Im vorangegangenen Kapitel haben Sie gelernt, wie eine Tabelle auch optisch Ihren professionellen Ansprüchen angepaßt werden kann. Insbesondere das Anlegen und Nutzen von Druckformatvorlagen erleichtert Ihnen zukünftig ganz sicher die optische Aufbereitung Ihrer Tabellen.

Natürlich möchten Sie auch Ihr "formatiertes Meisterwerk" in gedruckter Form vorliegen haben. Welche Möglichkeiten es nun gibt, das Druckbild selbst zu beeinflussen und zu verändern, werden Sie im nächsten Kapitel erfahren, in dem alle Besonderheiten "rund ums Drucken" behandelt werden.

10.11 Aufgaben, Fragen und Übungen

Aufgabe 1

Verbessern Sie Ihre Haushaltstabelle durch sinnvolle Rahmen und Schraffuren. Sofern Sie nur auf dem Bildschirm mit dieser Tabelle arbeiten oder über einen Farbdrucker verfügen, können Sie einzelne Tabellenbereiche auch farbig anlegen. Denken sie dabei jedoch daran, daß Ihre Tabelle nicht zu bunt wird.

Aufgabe 2

Am Ende des Kapitels 6 wurde in der Aufgabe 7 eine Tabelle angelegt, die die Schallgeschwindigkeit in verschiedenen Medien enthält. Versehen Sie die Zahlenangaben in dieser Tabelle mit der Einheit *m/sec.*

Aufgabe 3

Wie wird ein Tabellenbereich komplett mit einem Rahmen versehen?

- Der gesamte Tabellenbereich wird markiert. Dann wird über **Format** —> **Rahmenart** —> **Gesamt** der Rahmen zugewiesen.

- Das geht in Excel 3.0 leider nicht. Es müssen die Grafikzeichen benutzt werden, die in den ASCII-Zeichensatz integriert sind.

Aufgabe 4

Wie kann einem negativen DM-Betrag die Farbe **Violett** zugewiesen werden?

- Die Farbe *Violett* steht leider nicht zur Verfügung. Statt dessen muß man sich mit der Farbe Rot des Standardformates begnügen.

- Die Farbe *Violett* wird in Excel *Magenta* genannt. Im Standard-Währungsformat, in dem normalerweise negative Zahlen rot dargestellt werden, wird das Wort **Rot** durch **Magenta** ersetzt.

- Es ist nicht möglich, negativen DM-Beträgen eine besondere Farbe zuzuweisen.

11 Rund ums Drucken

11.1 Die Seitenansicht

Kurz zusammengefaßt könnte man über die Funktion der Seitenansicht sagen: Schont Nerven und spart Papier - ein aktiver Beitrag zum Umweltschutz.
Es gibt nichts Ärgerlicheres beim Drucken als erst nach längerem Warten auf den Ausdruck feststellen zu müssen, daß man vergessen hat, Zellen zu formatieren, oder daß durch den von Excel vorgenommenen Seitenumbruch die Tabelle äußerst ungeschickt auf zwei Seiten verteilt wurde. Um unnötige Papierverschwendung zu vermeiden, bietet Excel die Möglichkeit, vor dem Drucken das Layout des Ausdrucks zu überprüfen.

Der Befehl *Seitenansicht* aus dem Menü *Datei* blendet eine Vorabansicht des Ausdrucks ein, in der Sie verschiedene Möglichkeiten haben, das Layout zu verändern. Mancherorts wird eine solche Funktion auch Preview-Funktion genannt.

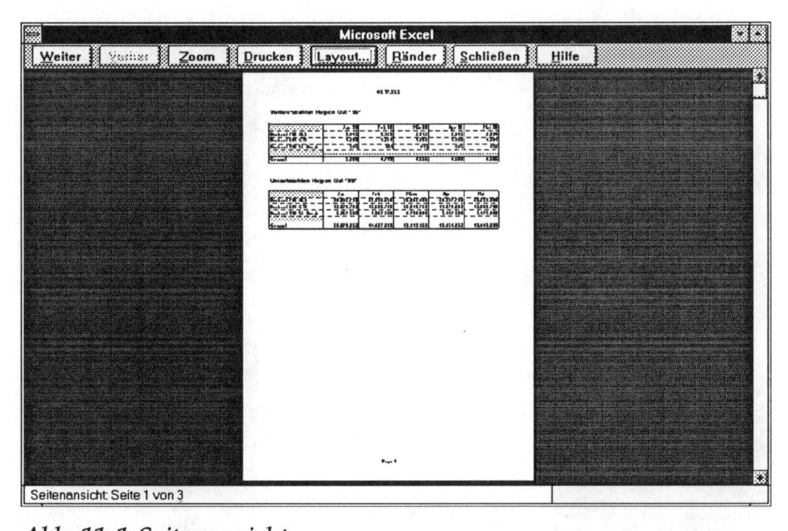

Abb. 11-1 Seitenansicht

Weiter und Vorher
Mit diesen Schaltknöpfen blättern Sie vorwärts bzw. rückwärts von Seite zu Seite.

Zoom
Hiermit schalten Sie von der Ganzseitensicht zur Vergrößerung und zurück. Den gleichen Effekt erreichen Sie, wenn Sie mit der Lupe (Mauszeiger) die Stelle anklicken, die Sie sich vergrößert anschauen möchten.

Drucken
Ein [Klick] auf diesem Schaltfeld leitet den Druckvorgang ein wie *Datei —> Drucken.*

Layout
Blendet die Dialogbox des Befehls *Seite einrichten* aus dem Menü *Datei* ein, in der gezielt das Layout des Ausdrucks verändert werden kann (siehe unten).

Ränder
Wird dieses Schaltfeld aktiviert, werden die Seitenränder als gestrichelte Linien angezeigt. Zudem erscheinen am oberen Seitenrand kleine schwarze Rechtecke mit einer nach unten zeigenden Linie, die die Spaltenbreite anzeigen. Wird der Mauszeiger auf diese Linien bzw. auf diese schwarzen Rechtecke gesetzt, verändert er sich zu einem Doppelpfeil. Mit [Dauerklick] können Sie dann die Seitenränder bzw. Spaltenbreiten in dieser Seitenansicht manuell verschieben.

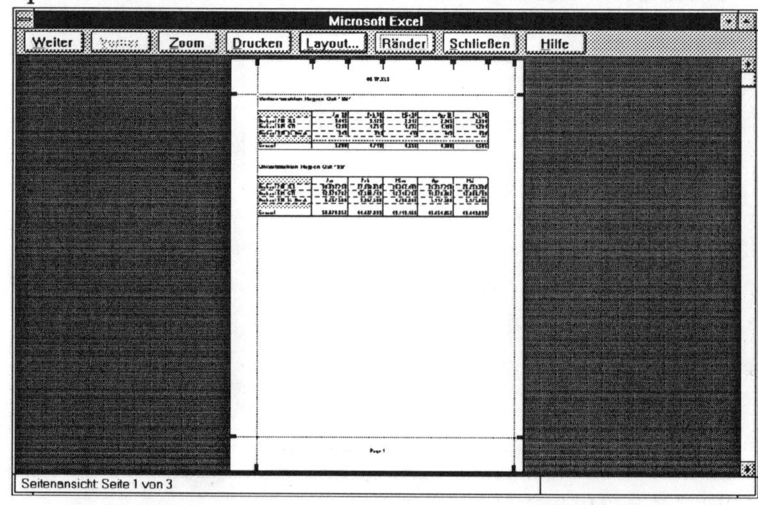

Abb. 11-2 Manuelle Veränderung der Ränder und Spaltenbreiten

Schließen

Schließen

Über dieses Schaltfeld wird die Seitenansicht verlassen, ohne daß der Druckvorgang eingeleitet wird.

Bei genauer Betrachtung der Seitenansicht fällt Ihnen sicherlich auf, daß die Tabelle in der Breite nicht auf eine DIN A4-Seite paßt (insgesamt 3 Seiten). Das Umstellen des Druckers auf Querformat kann in Excel 4.0 nun zusammen mit anderen Layoutarbeiten vorgenommen werden.

11.2 Das Seitenlayout verändern

Welche Möglichkeiten bietet Excel 4.0 insgesamt, das Layout des Ausdrucks eigenen Bedürfnissen anzupassen?
Alle Veränderungen des Drucklayouts werden über den Befehl *Seite einrichten* aus dem Menü *Datei* gesteuert. Aus der Seitenansicht kann dieser Befehl über das Schaltfeld *Layout* aktiviert werden.

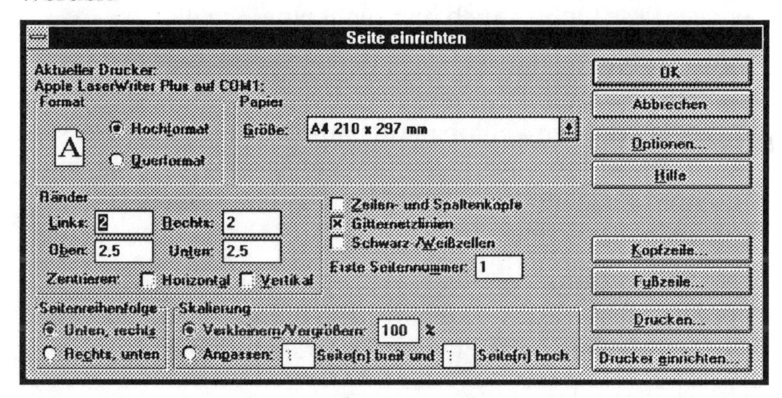

Abb. 11-3 Dialogbox des Befehls ***Seite einrichten***

Format Hochformat oder Querformat

Breite Tabellen sollen häufig im Querformat ausgedruckt werden, um das Papierformat besser zu nutzen. Die Auswahl der Formatlage läßt sich hier vornehmen.

Papier

Hier können im Listenfeld *Größe* bestimmte Standard-Papiergrößen ausgewählt werden.

Ränder Links, Rechts, Oben und Unten
Neben dem manuellen Verschieben der Seitenränder in der Vorabsicht kann der Satzspiegel (bedruckbare Fläche) auch durch Eingabe der gewünschten Größen in den entsprechenden Feldern bestimmt werden. Die Standardeinstellungen sind 2 cm für den linken und rechten sowie 2,5 cm für den oberen und unteren Seitenrand

Zentrieren Horizontal bzw. Vertikal
Bei Auswahl dieser Optionen wird die gedruckte Tabelle innerhalb der horizontalen und/oder vertikalen Seitenränder zentriert. Wählen Sie beide Optionen für den Ausdruck Ihrer Tabellen aus.

Zeilen- und Spaltenköpfe und Gitternetzlinien
Standardmäßig ist die Option *Spalten- und Zeilenköpfe* nicht aktiviert, da diese beim Ausdruck in der Regel nicht erwünscht sind. Da die Option *Gitternetzlinien* mit der gleichen Option im Menü *Optionen --> Bildschirmanzeige* verknüpft ist und zuvor in der Bildschirmanzeige die Gitternetzlinien ausgeschaltet wurden, ist diese Option auch hier nicht eingeschaltet.

Schwarz-/Weißzellen
Bei Schwarz-Weiß-Druckern werden Zellfarben in Muster umgesetzt, die den Zellinhalt oft kaum noch erkennen lassen. Diese in Excel 4.0 neu aufgenommene Option erlaubt es Ihnen nun, bunt formatierte Zellen beim Ausdruck schwarz - weiß auszugeben.

Erste Seitennummer
Hier kann festgelegt werden, welche Nummer auf der ersten Seite ausgegeben wird. Standard ist die Nummer 1.

Seitenreihenfolge
Mit Excel 4.0 ist es über diese Option nun möglich, die Reihenfolge, in der Seiten ausgedruckt werden, selbst festzulegen: von oben nach unten und dann rechts (Unten, rechts) oder von links nach rechts und dann unten (Rechts, unten)

Verkleinern oder Vergrößern
Dieses Eingabefeld ermöglicht - in Abhängigkeit vom installierten Drucker - eine Vergrößerung bzw. Verkleinerung des auszudruckenden Dokuments, wobei die Variationsbreite

zwischen 10% und 400% liegt. Wenn Sie einen HP-LaserJet mit Softfonts nutzen, so kann eine Tabelle bei der Verkleinerung oder Vergrößerung nur die Schriftgrößen benutzen, die tatsächlich im Drucker zur Verfügung stehen. Das Handling der temporären Schriften übernimmt der Druck-Manager von Windows.

Seite anpassen
Bei Auswahl dieser Option verkleinert Excel das zu druckende Dokument automatisch so, daß es komplett auf eine Seite paßt. Diese Option steht allerdings nur bei postscriptfähigen Druckern zur Verfügung. Vergleichen Sie dazu auch die Ausführung zur Layout-Funktion in Verbindung mit der Ausgabe von Grafiken in Kapitel 13.

Schaltflächen Kopfzeile und Fußzeile
Über diese Schalter öffnen Sie Dialogboxen, in denen Sie für den Ausdruck Kopf- bzw. Fußzeilen (auch mehrzeilige) definieren, die immer etwa 15 mm vom oberen bzw. unteren Seitenrand und etwa 22 mm vom linken bzw. rechten Seitenrand gedruckt werden. Im Gegensatz zur festen Position läßt sich das Aussehen in vielfältiger Weise verändern.

Abb. 11-4 Definition einer Kopfzeile

Die angezeigte Box enthält drei Eingabeflächen für linksbündigen, zentrierten und rechtbündigen Kopfzeilentext. Außerdem können Inhalt und Form der Kopfzeilentexte über Schaltflächen bestimmt werden.

Über die linke Schaltfläche mit dem A kann der in diese Eingabeflächen eingegebene und markierte Text wie jeder andere Text mit den Möglichkeiten des Menüs Schriftart formatiert werden. Die anderen Schalter fügen bei ihrer Aktivierung an der Cursorposition sog. Steuercodes in den Text ein, die stellvertretend für spezielle Funktionen stehen und beim Ausdruck ersetzt werden durch:

Schaltfläche	Bedeutung
A	Das Schriftart-Menü wird geöffnet.
#	Fügt die Seitenzahl ein, wie &S.
++	Fügt die Gesamtseitenzahl ein, wie &A.
12	Fügt das Datum ein, wie &D.
	Fügt die Zeit ein, wie &U.
	Fügt den Namen der Datei ein, wie &N.

Neben diesen Codes stehen weitere Codes zur Verfügung, die beliebig manuell gesetzt werden können.

Code	Wirkung
&L	Ausgabe der Folgezeichen linksbündig
&R	Ausgabe der Folgezeichen rechtsbündig
&Z	Ausgabe der Folgezeichen zentriert
&F	Ausgabe der Folgezeichen fett
&K	Ausgabe der Folgezeichen kursiv
&S+Zahl	Seitenzahl wird um angegebene Zahl erhöht
&S-Zahl	Seitenzahl um angegebene Zahl reduziert
&"Schriftart"	Folgezeichen werden in "Schriftart" gedruckt
&nn	Folgezeichen werden in der zweistellig einzugebenden Schriftgröße (in Punkten) ausgegeben.

So hat der Steuercode *&L&F&"Courier"&12&D&RSeite &S von &A* folgende Auswirkung: Das Systemdatum wird linksbündig in der Schrift *Courier 12 Punkt* und die Seitenzahl rechtsbündig in der Form *Seite n von n* ausgegeben. Allerdings ist in Excel 4.0 die Eingabe per Hand nahezu überflüssig, weil fast alle Efekte auch in der Dialogbox interaktiv erzielt werden können.

Zurück zu Ihrer Tabelle:
Nachdem Sie die Formatlage auf Querformat geändert und die Dialogbox des Befehls Seite einrichten mit [Klick] auf OK geschlossen haben, zeigt die Seitenansicht die vorgenommenen Veränderungen sofort an. Beim Blick auf die zweite Seite sehen Sie allerdings, daß dort die Zeilenbeschriftungen als wichtige Informationsquelle fehlen.

11.3 Drucktitel festlegen

Falls Sie bestimmte Teile einer Tabelle wie Überschriften auf alle Seiten gedruckt haben wollen, müssen Sie sog. Drucktitel festlegen. Über die Befehlsfolge *Optionen —> Drucktitel festlegen* können eine oder mehrere Zeilen und / oder eine oder mehrere Spalten auf jeder Seite des Dokumentes ausgegeben werden. Es können immer nur ganze Zeilen und/oder Spalten als Drucktitel gekennzeichnet werden, die zudem nebeneinander liegen müssen. Bei der Vergabe von Drucktiteln wird automatisch ein Name ***Drucktitel*** definiert, dem der markierte Bereich zugeordnet ist.

So legen Sie einen Drucktitel fest:

---

1. Sie markieren mit [Klick] auf dem Spaltentitel die gesamte Spalte A, die die Zeilenbeschriftungen enthält.
2. Sie wählen die Befehlsfolge *Optionen --> Drucktitel festlegen.* In der Dialogbox sind die markierten Zeilen und/ oder Splaten in den Felder Zeilentitel und Spaltentitel bereits eingetragen.
3. Sie bestätigen mit [Klick] auf OK.

Möchten Sie Drucktitel wieder entfernen, stehen Ihnen hierfür zwei Möglichkeiten zur Verfügung:

1. Möglichkeit
Sie löschen den Namen *Drucktitel* über die Befehlsfolge *Formel —> Namen festlegen.*

2. Möglichkeit
Sie wählen erneut den Befehl *Optionen --> Drucktitel festlegen* und löschen die Zellbezüge aus den Felder Zeilentitel und Spaltentitel, bevor Sie mit *OK* bestätigen.

3. Möglichkeit:
Sie wählen den Befehl *Drucktitel aufheben* aus dem Menü *Optionen.* Dieser Befehl steht allerdings nur dann zur Verfügung, wenn Sie das gesamte Arbeitsblatt markieren, indem Sie den Schalter anklicken, der sich oberhalb der Zeilennummer 1 und links von der Spaltenziffer A befindet.

11.4 Druckbereich festlegen

Bei erneuter Kontrolle des Ausdrucks in der Seitenansicht fällt nun auf, daß die Spalte A auf der Seite 1 zweimal gedruckt wird. Dies rührt daher, daß sich der Druckbereich und der Bereich für die Drucktitel überlappen. Wenn kein spezieller Druckbereich festgelegt wurde, druckt Excel den gesamten Zellbereich, der mit Inhalten gefüllt ist. Damit wird zusätzlich zu den hier bereits festgelegten Drucktitel (Spalte A) die gleiche Spalte als Teil des Druckbereichs nochmals ausgegeben. Damit der Ausdruck auch auf der ersten Seite korrekt erfolgt, muß der Druckbereich ohne Spalte A definiert werden.

- **Regel**
  Damit bei der Nutzung von Drucktiteln diese auf der ersten Seite nicht zweimal gedruckt werden, muß ein Druckbereich definiert werden, der die als Drucktitel definierten Zeilen und Spalten nicht beinhaltet.

So definieren Sie einen Druckbereich:

---

1. Sie markieren die Zellen, die den Druckbereich bilden sollen; in diesem Fall B1:023.
2. Sie wählen die Befehlsfolge *Optionen —> Druckbereich festlegen.*

Der Druckbereich wird im Arbeitsblatt durch gestrichelte Linien gekennzeichnet.
Ähnlich wie bei der Definition der Drucktitel vergibt Excel für den markierten Zellbereich einen Namen, hier der Name Druckbereich. Soll später wieder die gesamte Tabelle gedruckt werden, muß der Name Druckbereich gelöscht werden. Auch hier gibt es ähnlich wie bei den Drucktiteln mehrere Möglichkeiten des Löschens:
- über das Menü *Formel --> Namen festlegen* oder
- über den Befehl *Optionen --> Druckbereich aufheben*, der nach vorheriger Markierung des gesamten Arbeitsblattes zur Verfügung steht.

Bei Betrachtung der Seitenansicht sehen Sie, daß die Spalte A auch auf der zweiten Seite ausgegeben wird. Leider läßt es sich auf dieser Seite nicht vermeiden, daß die Überschriften nur über die Breite der Spalte A dargestellt werden, da die Spalten B und C für die Anzeige nicht zur Verfügung stehen. Selbst Excel 4.0 hat seine Grenzen!

11.5 Seitenumbruch festlegen

Excel druckt Tabellen innerhalb der in der Dialogbox *Layout* festgelegten Seitenränder aus und führt bei großen Tabellen automatisch einen entsprechenden Seitenumbruch durch. Der automatische Seitenumbruch wird auf dem Bildschirm durch eine gestrichelte Linie angezeigt. Allerdings entspricht dieser Seitenumbruch nicht immer den Vorstellungen des Anwenders. So möchten Sie, daß der Umbruch nach den ersten sechs Monaten erfolgt, damit jede Seite jeweils ein Halbjahr enthält. Seitenumbrüche werden über die Befehlsfolge *Optionen —> Seitenwechsel festlegen* bestimmt. Dieser Befehl legt für die gesamte Zeile oberhalb der aktuellen Zelle einen horizontalen und für die gesamte Spalte links von der ausgewählten Zelle einen vertikalen Umbruch fest. Damit entscheidet der Standort der aktuellen Zelle über die Wirkung dieses Befehls.

- **Tips**
  Um lediglich einen horizontalen Umbruch festzulegen, muß in der Zeile, mit der die neue Seite beginnen soll, die Zelle der Spalte A ausgewählt werden.

- Um lediglich einen vertikalen Umbruch zu definieren, muß in der Spalte, die die erste auf der neuen Seite sein soll, die Zelle der Zeile 1 ausgewählt werden.
  Um sowohl einen horizontalen als auch vertikalen Umbruch manuell zu setzen, muß eine Zelle ausgewählt werden, die weder in der ersten Zeile noch in der ersten Spalte liegt.

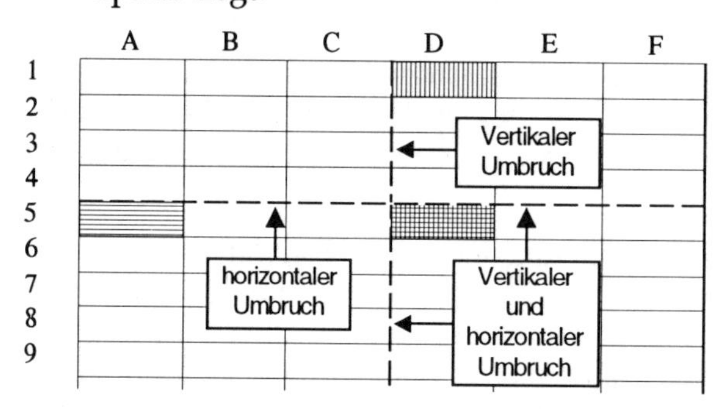

Abb. 11-6 Seitenumbrüche definieren

Selbst definierte Seitenumbrüche werden auf dem Bildschirm ebenfalls mit einer gestrichelten Linie angezeigt, wobei die Striche allerdings etwas länger sind und dichter nebeneinander liegen als beim automatisch von Excel vergebenen Seitenwechsel.

So heben Sie einen manuellen Seitenumbruch auf:

---

1. Sie wählen eine Zelle aus, und zwar
   - bei einem horizontalen Umbruch eine beliebige Zelle unterhalb der gestrichelten Linie,
   - bei einem vertikalen Umbruch eine beliebige Zelle rechts von der gestrichelten Linie und
   - bei sowohl horizontalem als auch vertikalem Umbruch die Zelle unterhalb und rechts des Schnittpunktes der gestrichelten Linien, d.h. die gleiche Zelle wie bei der Definition des Umbruchs.

2. *Optionen —> Seitenwechsel aufheben*

11.6 Zusammenfassung

Mit den in diesem Kapitel beschriebenen Techniken sind Sie nun in der Lage, gezielt Ihr Drucklayout so zu gestalten, daß Tabellen in übersichtlicher Form ausgedruckt werden. Die Seitenansicht macht es dabei leicht, verschiedene Varianten auszuprobieren, bis man die optimale Form gefunden hat.
Allerdings muß man sich manchmal etwas gedulden, bevor man in der Seitenansicht das Druckbild begutachten kann. Gerade wenn Sie mit einem langsamen 286er AT arbeiten, brauchen sie schon ein wenig Zeit und Geduld.
Die Preview-Funktion sollte man nicht unterschätzen, denn Sie spart wirklich viel Papier und Farbband oder Toner. Im Zeichen gestiegenen Umweltbewußtseins ist es eigentlich verwunderlich, daß nicht längst alle professionellen Programme über eine derartige Voransicht verfügen.
Um die Aussagekraft Ihrer Ausdrucke zu steigern, können Sie jetzt auch zusätzliche Informationen in Kopf- und Fußzeile integrieren. Außerdem wissen Sie jetzt, wie man es fertigbringt, auf jeder neuen Seite die Zeilenbeschriftung ausdrukken zu lassen.
Der definierbare Seitenumbruch dient vor allem der Übersichtlichkeit und Transparenz Ihrer Tabelle. Zusammenhängende Tabellenbereiche bleiben auf einer Seite und werden nicht zerrissen. Zusammenhänge bleiben somit auch im Ausdruck Ihrer Tabelle genauso sichtbar wie auf dem Bildschirm.
Gerade als Einsteiger wird man jedoch trotz der tollen Möglichkeiten von Excel 4.0 immer wieder Probleme beim Ausdruck haben. Diese Probleme lassen sich im allgemeinen nur durch häufiges Trainieren des Umgangs mit dem Drucker vermeiden oder minimieren. Sollte es einmal scheinbar unüberwindliche Probleme beim Ausdruck geben, so überprüfen Sie in MS-Windows mit Hilfe der Systemsteuerung (Control Panel) die Installation Ihres Druckers.

Da dieses Kapitel nicht so komplizierte Zusammenhänge dargestellt hat, verzichten wir hier auf Aufgaben und Übungen.

12 Tabellen konsolidieren und gliedern

Die Konzentration auf das Wesentliche ist eine allgemein gepriesene Fähigkeit. Gerade wenn aus vielen verschiedenen Teiltabellen der Übersichtlichkeit wegen zu Präsentationszwecken oder als *Management-Summary* das Essentielle der Teiltabellen gezeigt werden soll, bietet Excel effektive Hilfe an. Es ist geradezu eine der typischen Aufgaben bei der Arbeit mit einer Tabellenkalkulation, Daten aus mehreren Arbeitsblättern (z.B. monatliche Umsatzzahlen) in einer Übersichtstabelle (z.B. Jahresbilanz) zusammenzufassen, d.h. zu konsolidieren. Die konsolidierten Werte entstehen dabei im allgemeinen durch geschickte Anwendung mathematischer Funktionen wie Summenbildung, Mittelwertbildung usw.
In Excel 4.0 kann eine solche Konsolidierung auf recht einfache Weise realisiert werden, wobei die beteiligten Tabellen sogar so miteinander verbunden werden können, daß bei Änderungen in einer der Quelltabellen die Werte in der Zieltabelle automatisch angepaßt werden.

12.1 Sie fassen Tabellen zusammen

Nehmen wie einmal an, Sie möchten die Verkaufszahlen der Brabant-Modelle aus den Regionen Nord, Ost, Süd und West (Quelle) in einer Übersichtstabelle (Ziel) zusammenfassen. Hierzu haben Sie eine Tabelle erstellt, die den gleichen Aufbau aufweist wie die Tabellen der einzelnen Regionen.

KONSOLI.XLS

	A	B	C	D	E	F	G	H
1	Verkaufszahlen 1991 (alle Regionen)							
2								
3		Jan	Feb	Mär	Apr	Mai	Jun	Jul
4	Brabant 700 XLS							
5	Brabant 601 GTI							
6	Brabant 350 SL Break							
7								
8	Gesamt	0	0	0	0	0	0	

Abb. 12-1 "Leere" Übersichtstabelle

Exkurs: Mustervorlagen und Arbeitsgruppen
Übrigens: wenn Sie gleichartig strukturierte Tabellen benötigen, müssen Sie diese natürlich nicht einzeln erstellen, sondern können eine Tabelle im Menü **Speichern unter** als **Mustervorlage** z.B. unter dem Namen REGIONVL.XLT abspeichern. Beim Öffnen wird nicht diese Mustervorlage selbst geöffnet, sondern eine neue Tabelle mit identischem Aufbau erzeugt (vorläufiger Name REGIONVL1), die mit neuen Inhalten gefüllt und unter neuem Namen abgespeichert werden kann. Möchten Sie die Vorlage selbst öffnen, um z.B. noch ein paar Veränderungen vorzunehmen, müssen Sie beim Öffnen die [Shift]-Taste gedrückt halten.

Excel bietet eine weitere Möglichkeit, identisch aufgebaute Tabellen zu erzeugen: die Arbeitsgruppe.
Wenn Sie z.B. 5 leere Arbeitsblätter zu einer sog. **Arbeitsgruppe** zusammenfassen, können gleichartig aufgebaute Tabellen in einem Schritt erstellt oder bearbeitet werden. Nach Auswahl des Befehls *Arbeitsgruppe* im Menü *Fenster* erscheint eine Dialogbox mit einer Liste aller geladenen Dateien, aus denen Sie bei gedrückter [Shift]-Taste diejenigen auswählen, die Sie in die Arbeitsgruppe aufnehmen wollen. Haben Sie mehrere Dateien zu einer Arbeitsgruppe zusammengefaßt, wird in der Titelleiste des Dokumentenfensters neben dem Dateinamen in Klammern der Text Arbeitsgruppe angezeigt. Alle Fenster der Gruppe werden im Menü *Fenster* mit einem Häkchen angezeigt. Durch Auswahl des Kontrollkästchens *Dokumente* der aktiven Gruppe im Menü *Fenster —> Anordnen* können nur die Fenster der Gruppe auf dem gesamten Bildschirm angeordnet werden, was die Bearbeitung erleichtert. Das Interessante an Arbeitsgruppen ist die Tatsache, daß Editierungen sich auf alle Dateien der Gruppe auswirken und z.B. aus einer Datei über *Bearbeiten —> Arbeitsgruppe* ausfüllen komplette Tabellen in alle Gruppenfenster übertragen werden können, falls der Hauptspeicher dies zuläßt.
Der Modus *Arbeitsgruppe* wird automatisch aufgehoben, wenn Sie ein anderes Fenster aktivieren.
Bevorzugt angewendet werden Arbeitsgrupen allerdings weniger bei der Neuerstellung von Dateien als beim nachträglichen Ändern bereits vorliegender identisch aufgebauter Arbeitsblätter.

Zurück zum Konsolidieren von Daten.
Eine Konsolidierung kann auf zweierlei Art vorgenommen werden: über **Rubriken** oder die **Position**.
Ein **Konsolidieren über die Position** ist nur möglich, wenn - wie in unserem Übungsbeispiel - die Quelldateien identische Layouts aufweisen, womit sich gleiche Kategorien von Daten (z.B. Modell Brabant 700 XLS) in jeder Quelltabelle genau an der gleichen Stelle befinden.
Ein **Konsolidieren nach Rubriken** bedeutet, daß sich oberhalb oder links von den Werten in den zu konsolidierenden Bereichen auch sog. Rubrikenbeschriftungen befinden. Die Position dieser Bezeichnungen und damit auch die der jeweils zu konsolidierenden Zellen kann dabei variieren, denn Excel orientiert sich beim Konsolidieren an den jeweiligen Beschriftungen, nicht an den Positionen der Felder im angegebenen Bereich.

Da Ihre Tabellen identisch aufgebaut sind, kann nach der Position konsolidiert werden.

So konsolidieren Sie ihre Tabellen nach der Position:

---

1. Sie wählen in der Zieltabelle den Bereich aus, in dem die konsolidierten Daten abgelegt werden sollen; im vorliegenden Fall ist dies die Zelle B4. Falls Sie nur eine Zelle als Zielbereich angeben, nutzt Excel den Bereich rechts und unterhalb der ausgewählten Zelle so weit wie nötig, um alle Rubriken der Quellbereiche abzulegen.
   Wenn Sie über Rubriken konsolidieren möchten, müssen bei einer bereits vorgefertigten Konsolidierungstabelle die Rubrikenbezeichnungen im (potentiellen) Zielbereich mit enthalten sein, da diese zur Identifizierung der Daten dienen, während dies bei der Konsolidierung über die Position nicht notwendig ist.

2. Sie wählen die Befehlsfolge *Daten —> Konsolidieren.*
   In der sich öffnenden Dialogbox stehen die folgenden Optionen zur Auswahl:

   Funktion
   Hier kann die Funktion ausgewählt werden, die Excel für die Konsolidierung nutzen soll. Standardmäßig ist die Funktion SUMME() vorgewählt, die in unserem Beispiel auch korrekt ist, da die Werte der Umsatztabellen zu einer Gesamtzahl aufsummiert werden sollen.

Weitere Optionen

Beschriftung aus
In diesem Optionsfeld geben Sie an, ob über Rubriken oder die Position konsolidiert wird. Die Option *oberster Zeile* wird ausgewählt, wenn die Bezeichnungen in der obersten Zeile als Rubriken-Namen verwendet werden sollen, während die Option *linker Spalte* die Bezeichnungen der linken Spalte hierfür vorsieht. Ist nur eine Box ausgewählt, wird für diese Option nach Rubriken konsolidiert und für die andere Option nach der Position. In unserem Beispiel wird keine der Optionen ausgewählt, da die Konsolidierung komplett nach der Position erfolgt.

Ursprung
In diesem Eingabefeld geben Sie die Bezüge der Quellbereiche an, die Sie in die Konsolidierung aufnehmen möchten. Zwar müssen die Arbeitsblätter, die die Quellbereiche enthalten, bei der Angabe der Quellbereichsbezüge nicht geladen sein, doch läßt sich deren Angabe bei geladenen Arbeitsblättern wesentlich vereinfachen, da lediglich mit [Dauerklick] die zu konsolidierenden Daten markiert werden müssen. Excel trägt dann den Quellbereichsbezug im Eingabefeld automatisch ein.
Beim Konsolidieren über Rubriken müssen neben den Wertebereichen auch die Beschriftungen mitausgewählt sein; diese werden dann bei der Konsolidierung auch mitgenommen, so daß eine Konsolidierung auch in einer noch vollständig leeren Datei erfolgen kann.

Einfügen
Bei Auswahl dieser Schaltfläche wird der im Eingabefeld *Ursprung* angegebene Quellbereichsbezug in das Anzeigefeld *Ursprungsbezüge* übertragen.

Ursprungsbezüge
Dieses Feld nimmt all Bezüge auf, die in die Konsolidierung einfließen sollen. Insgesamt können 255 Quellbezüge angegeben werden.

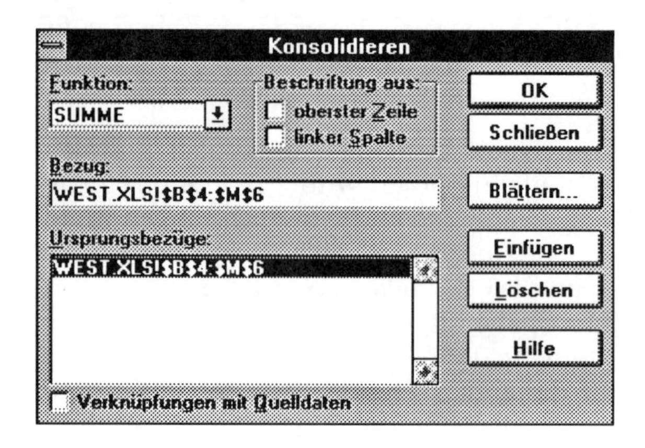

Abb. 12-2 Quellbezüge für die Konsolidierung

Löschen
Löscht Bezüge aus dem Listenfeld *Ursprungsbezüge.*

Blättern
Öffnet die Dateiselektionsbox, in der Dateien ausgewählt werden können, die noch nicht geladen sind, aber in die die Konsolidierung aufgenommen werden sollen.

Verknüpfungen mit Quelldateien
Bei Auswahl dieser Option wird für jede Zelle eine Verknüpfungsformel erstellt. Excel fügt beim Erstellen der Konsolidierung automatisch Zeilen und Spalten ein, um diese Formeln aufzunehmen, und erstellt eine sog. Gliederung (siehe unten). Ändern sich später Daten im Quellbereich, werden die konsolidierten Daten automatisch aktualisiert (dynamische Verknüpfung).

Schließen
Schließt die Dialogbox und führt Konsolidierung auf der Basis der gemachten Einstellungen durch.

KONSOLI.XLS

	A	B	C	D	E	F	G	H
1	Verkaufszahlen 1991 (alle Regionen)							
2								
3		Jan	Feb	Mär	Apr	Mai	Jun	Jul
4	Brabant 700 XLS	1.344	1.254	1.199	1.224	1.234	1.187	1.2
5	Brabant 601 GTI	344	299	311	324	355	296	3
6	Brabant 350 SL Break	67	77	50	67	76	73	7
7								
8	Gesamt	1.755	1.630	1.560	1.615	1.665	1.556	1.62

Abb. 12-3 Konsolidierte Verkaufszahlen

Wie Sie sehen, hat Excel die Daten der einzelnen Tabellen wie gewünscht summiert und im Zielbereich abgelegt. Da zudem die Option **Verknüpfungen mit Quelldateien** ausgewählt war, sind für alle Zellen der Quellbereiche Verknüpfungsformeln erstellt und diese Formeln zusätzlich mit in die Zieltabelle aufgenommen worden. Jede Änderung in einer der Quelltabellen führt zu einem unmittelbaren Update der Zieltabelle KONSOLID.XLS. Dabei bedient sich Excel des dynamischen Datenaustausches zwischen den Tabellen. Voraussetzung ist jedoch, daß die Tabellen geladen sind.
Allerdings wurde von Excel automatisch eine Gliederung erstellt, die momentan den Blick auf diese Einzeldaten nicht freigibt.

Was ist eigentlich eine Gliederung?
Eine Gliederung erlaubt die selektive Darstellung von Informationen. So ist es möglich, bei Bedarf momentan weniger wichtige Daten auszublenden, um die Übersichtlichkeit zu erhöhen und den Blick auf die zentralen Inhalte zu lenken.
Bei Erstellen der Gliederung wurde die Übersichtstabelle auf dem Bildschirm insgesamt nach rechts eingerückt, um Platz für die speziellen Gliederungssymbole zu schaffen. So sehen Sie links neben den Zeilentiteln drei Schaltknöpfe, die durch ein Plus-Zeichen anzeigen, daß Daten verborgen sind. Mit [Klick] auf einem solchen Schaltknopf wird eine Art "Reißverschluß" geöffnet, der den Blick freigibt auf die Einzeldaten aus den Quellbereichen, die in die Konsolidierung eingeflossen sind.
Die Möglichkeiten der Gliederung werden später in diesem Kapitel detaillierter behandelt.

KONSOLID.XLS

	A	B	C	D	E	F	G	H
1	Verkaufszahlen 1991 (alle Regionen)							
2								
3		Jan	Feb	Mär	Apr	Mai	Jun	Jul
4		3.445	3.123	2.912	2.945	2.934	2.890	2.582
5		3.445	3.123	2.912	2.945	2.934	2.890	2.582
6		2.654	2.345	2.132	2.352	2.432	2.142	2.432
7		1.344	1.254	1.199	1.224	1.234	1.187	1.255
8	Brabant 700 XLS	10.888	9.845	9.155	9.466	9.534	9.109	8.851
9		1.298	1.251	1.232	1.198	1.201	1.154	1.143
10		1.298	1.251	1.232	1.198	1.201	1.154	1.143
11		1.587	1.002	1.283	1.212	1.324	1.211	1.324
12		344	299	311	324	355	296	303
13	Brabant 601 GTI	4.527	3.803	4.058	3.932	4.081	3.815	3.913
14		545	345	412	445	450	432	435
15		545	345	412	445	450	432	435
16		456	322	343	232	324	324	424
17		67	77	50	67	76	73	70
18	Brabant 350 SL Break	1.613	1.089	1.217	1.189	1.300	1.261	1.364

Abb. 12-4 "Geöffnete" Gliederung mit Detaildaten

Wenn Sie eine dieser Zellen anklicken, können Sie in der Bearbeitungszeile die Verknüpfungsformel ablesen.

- **Regel**
  Beim Verknüpfen erstellt Excel automatisch eine Formel mit sog. einfachem externen Bezug:
  ='TABELLE.XLS'!Zellbezug
  Dabei wird für TABELLE.XLS genau das Laufwerk und Verzeichnis spezifiziert. Befindet sich die Quelltabelle im Arbeitsspeicher, so wird nur der Tabellenname eingesetzt. Die einfachen Anführungszeichen entfallen dann ebenfalls.

Kennzeichen des externen Bezugs ist das Ausrufezeichen unmittelbar hinter dem Namen der Datei, zu der die Verknüpfung aufgebaut ist (='C:\EXCEL\>NORD.XLS'!$B$4). Der Bezug auf die Zelle erfolgt in absoluter Adressierung.

☞ **Hinweis**
Verknüpfungen können nicht nur beim Konsolidieren hergestellt werden. So können Sie entweder die Verknüpfungsformel in der oben angegebenen Form einfach in eine Zelle (Ziel) eingeben oder Zellen (Quelle) kopieren und den Kopiervorgang nach Auswahl des Zieles über **Verknüpfung einfügen** abschließen.

Zusätzlich zu dem Komfort, in einer aus einer Konsolidierung entstandenen Übersichtstabelle je nach Anforderung die Einzeldaten ein- und ausblenden zu können, bietet Excel die Möglichkeit, bei Bedarf schnell in die Quelldateien zu verzweigen, aus denen die Daten stammen. Wenn Sie z.B. auf der Zelle, die die Verknüpfungsformel =NORD.XLS!$B$4 enthält, einen [Doppelklick] ausführen, wird die Datei NORD.XLS eingeblendet, wobei der Cursor in der Zelle B4 positioniert ist. Falls die Quelldatei sich nicht im Hauptspeicher befindet, wird sie von Excel automatisch geladen.

12.2 Sie gliedern Ihre Tabelle

Wie Sie gesehen haben, erstellt Excel bei einer "verknüpften" Konsolidierung automatisch eine Gliederung. Was ist aber, wenn man selbst eine solche Gliederung erstellen möchte? Schließlich wachsen mit Ihren Excel-Kenntnissen auch die von Ihnen erstellten Tabellen in der Komplexität und werden so umfangreich, daß es bisweilen schwierig ist, den Überblick zu bewahren. Damit Sie trotz vieler "Bäume" den Blick auf den "Wald" frei haben, können Sie die Excel-Gliederungsfunktion entsprechend eigener Vorstellungen nutzen. Als Übungsobjekt soll die Datei OST.XLS dienen, die relativ klein und damit noch gut überschaubar ist, und sich gerade deswegen gut dazu eignet, die Vorgehensweise beim Erstellen einer Gliederung zu demonstrieren.

Nehmen wir einmal an, Sie möchten die Tabelle so gliedern, daß Sie bei Bedarf die Verkaufszahlen für die einzelnen Fahrzeugtypen ausblenden können, um lediglich die Summenwerte zu sehen.

So erzeugen Sie manuell eine gegliederte Tabelle:

1. Sie blenden über *Optionen* --> *Symbolleisten* --> *Werkzeug* die Werkzeug-Symbolleiste ein.

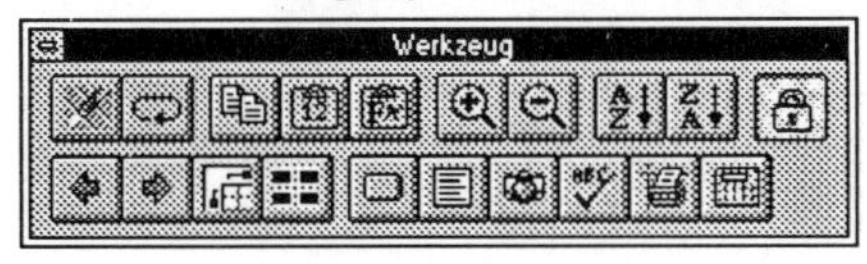

1. Sie markieren die Zeilen oder Spalten, die Sie in die Gliederung aufnehmen wollen. In unserem Beispiel sind dies die Zeilen 4-7.

2. Sie klicken in der Werkzeugleiste auf dem Schalter für das Herunterstufen von Zeilen oder Spalten (Pfeil nach rechts). Haben Sie nur einzelne Zellen markiert, fragt Excel in einer Dialogbox, ob Sie Zeilen oder Spalten herunterstufen wollen. Jeder [Klick] auf dem Pfeil nach rechts würde die markierten Zeilen (oder Spalten) eine weitere Ebene nach unten stufen.

KONSOLI.XLS

	A	B	C	D	E	F	G
1	Verkaufszahlen 1991 (alle Regionen)						
2							
3		Jan	Feb	Mär	Apr	Mai	Jun
4	Brabant 700 XLS	1.344	1.254	1.199	1.224	1.234	1.187
5	Brabant 601 GTI	344	299	311	324	355	296
6	Brabant 350 SL Break	67	77	50	67	76	73
7							
8	Gesamt	1.755	1.630	1.560	1.615	1.665	1.556

Abb. 12-5 Vertikale Gliederungsebene 1

Die Tabelle ist auf dem Bildschirm nach rechts eingerückt worden, damit die Gliederungssymbole angezeigt werden können.

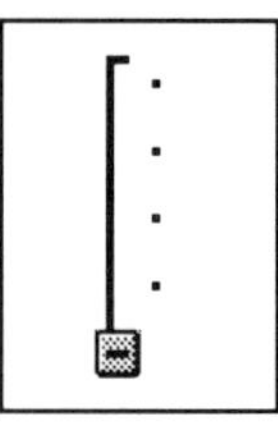

Jede in die Gliederung aufgenommene Zeile ist mit einem Punkt gekennzeichnet; der gesamte Bereich scheint mit einer Art "Reißverschluß" versehen, an dessen unterem Ende sich der Verschluß befindet. Mit [Klick] auf diesem Schaltknopf können die in die Gliederung aufgenommen Zeilen ausgeblendet werden. Nach dem Ausblenden ist nur noch der Verschluß selbst zu sehen, der nun mit dem Plus-Zeichen anzeigt, daß per [Klick] der gerade geschlossene "Reißverschluß" wieder geöffnet werden kann, um den Blick auf die ausgeblendeten Daten wieder freizugeben (siehe oben).

KONSOLI.XLS

	A	B	C	D	E	F	G
1	Verkaufszahlen 1991 (alle Regionen)						
2							
3		Jan	Feb	Mär	Apr	Mai	Jun
7							
8	Gesamt	1.755	1.630	1.560	1.615	1.665	1.556
9							
10							
11							

Abb. 12-6 Ausgeblendete Gliederungsebene 1

Links neben der Schaltfläche für das Markieren des gesamten Arbeitsblattes zeigen sog "Stufenschalter" über Nummern an, bis zu welcher Ebene Daten herabgestuft wurden. Da in unserem Beispiel Daten bisher nur eine Ebene herabgestuft wurden, sind die Schalter 1 und 2 sichtbar. Per [Klick] auf diesem Schalter können Daten ein- bzw. ausgeblendet werden, wobei die Regel gilt, das alle Ebenen bis zu der angeklickten Nummer eingeblendet werden. Sind mehrere Ebenen vorhanden, und man möchte alle Daten sehen, muß der Schalter mit der höchsten Nummer (= tiefste Stufe) ausgewählt werden.

Insgesamt sind 7 Gliederungsebenen möglich. So könnte z.B. eine Gliederung aus drei Ebenen auf der ersten Ebene lediglich die Jahreszahlen anzeigen, auf der zweiten Ebene zusätzlich die vierteljährlichen Umsatzzahlen, während auf der dritten Ebene auch noch die Werte der einzelnen Monate hinzukommen.

Natürlich können auch Spalten ausgeblendet werden. Stufen Sie auch die einzelnen Monate der Datei OST.XLS auf die Gliederungsebene 1, indem Sie die Spalten B bis M markieren und in der Werkzeugleiste den Schalter mit dem Pfeil nach rechts anklicken.

Nach dem Ausblenden der Daten der vertikalen Gliederungsebene 1 sieht der Bildschirm wie folgt aus:

KONSOLI.XLS

	A	N	O	P
1	Verkaufszahlen 1991 (alle Regionen)			
2				
3		Summe	Durchschnitt	
7				
8	Gesamt	52.786	4.399	
9				

Abb. 12-7 Vertikale und horizontale Gliederung

Um Daten höherzustufen oder eine Gliederung wieder aufzuheben, markieren Sie wie beim Herunterstufen die in Frage kommenden Zeilen oder Spalten, nur daß Sie diesmal in der Werkzeugleiste den Schaltknopf mit dem nach links zeigenden Pfeil anklicken. Jeder [Klick] stuft die markierten Zeilen oder Spalten eine Ebene höher ein.

✗ **Tastatur**
[Alt]+[Shift]+[—>] Herunterstufen
[Alt]+[Shift]+[<—] Heraufstufen

Eine Gliederung kann auch über Menü erstellt werden. Voraussetzung hierfür ist, daß die Bezüge in den Formeln in eine Richtung verweisen: z.B. die Zeilen immer nach rechts oder die Spalten immer nach unten. So zeigen in der Tabelle OST.XLS die Summenformeln in der Zeile **Gesamt** nach oben und jene in der Spalte **Summe** nach links.

So erstellen Sie eine Gliederung über das Menü:

---

1. Sie wählen die Befehlsfolge *Formel —> Gliederung.*

2. Sie nehmen in der geöffneten Dialogbox die gewünschten Einstellungen vor (vgl. nächste Seite).

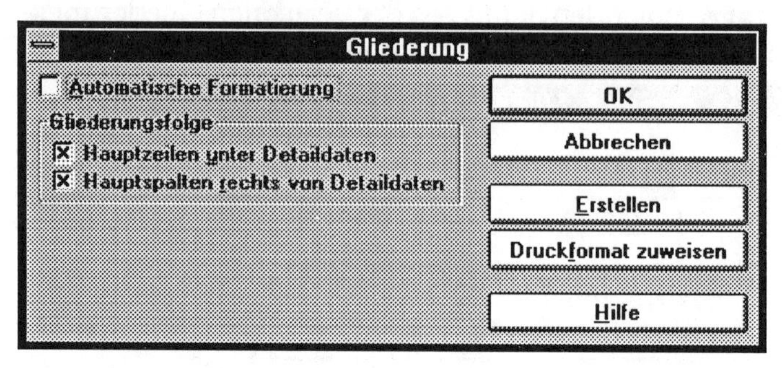

*Abb. 12-8 Dialogbox **Formel —> Gliederung***

Automatische Formatierung
Bei Auswahl dieser Option kommen "eingebaute" Zellformate für die Hauptzeilen bzw. -spalten zur Anwendung. Hauptzeilen und -spalten werden dabei fett und kursiv - je nach Gliederungsebene - zur Hervorhebung der Ergebnisse dargestellt.

Bereich *Gliederungsfolge*
In diesem Optionsfeld legen Sie die Richtung fest, in der die Gliederung erfolgen soll. Hauptzeilen bzw. -spalten sind dabei jene Zeilen und Spalten, die auch nach einem Ausblenden noch sichtbar sein sollen, weil sie die Ergebnisse von Formeln enthalten.

OK
Schließt die Dialogbox ohne eine Gliederung zu erstellen. Die vorgenommenen Einstellungen werden allerdings beim manuellen Erstellen einer Gliederung wirksam.

Erstellen
Schließt die Dialogbox und erstellt eine Gliederung auf der Basis der Bezüge in den vorliegenden Formeln.

Wenn Sie für die vorliegende Datei eine Gliederung automatisch über das Menü erstellen lassen, werden auf horizontaler Ebene zwei Gliederungsstufen erstellt: Stufe 1 umfaßt den Bereich der Detaildaten für die Mittelwertberechnungen, während Stufe 2 die Detaildaten der ermittelten Summen umschließt.

Wenn Sie für ein Arbeitsblatt eine Gliederung erstellt haben, können Sie alle Gliederungssymbole ausblenden, indem Sie in der Werkzeugleiste den Schalter zum Anzeigen der Gliederungssymbole anklicken, der sich rechts vom Schaltknopf für das Herabstufen befindet.

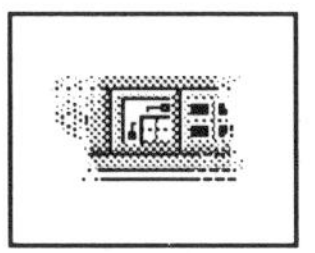

12.3 Zusammenfassung

Die beiden Verfahren Konsolidierung und Gliederung steigern die Übersichtlichkeit von Tabellen ganz wesentlich. Während die Methode der statischen Konsolidierung das Essentielle mehrerer Tabellen in einer neuen Tabelle zusammenfaßt und auf Unwesentliches völlig verzichtet, wird bei dynamischer Konsolidierung automatisch eine Gliederung erstellt, die auch die Detaildaten der konsolidierten Tabellen enthält.
Eine Gliederung - manuell oder automatisch erstellt - unterteilt das Arbeitsblatt in mehrere Gliederungsebenen. Dabei bleibt die gesamte Information der Tabelle erhalten. Es ist jedoch möglich, einzelne Gliederungsebenen ein- und auszublenden, so daß ganz nach Wunsch unterschiedliche Detaillierungsgrade zu sehen sind. Den einzelnen Gliederungsebenen kann jeweils ein bestimmtes Schriftattribut zugeordnet werden.
Die Gliederung kann entweder über die Werkzeuge in der Symbolleiste oder über die Befehlsfolge *Formel —> Gliederung* erzeugt werden.

12.4 Aufgaben, Fragen und Übungen

Aufgabe 1
Was versteht man unter einem *externen Bezug*?
Wählen Sie aus einer der beiden folgenden Möglichkeiten.

- Der Inhalt einer Zelle stammt aus einer weiteren Tabelle. Die Zelle bzw. der Bereich wird in einem externen Bezug spezifiziert (z.B.: ='C:\EXCEL\HAUSHALT.XLS'!$B$3).

- Wenn aus einer Datei, die nicht im Excel-Format abgespeichert ist, Daten importiert werden sollen, muß man das Format und den Importfilter spezifizieren.
  Man spricht dann auch von einem *externen Bezug* (z.B.: =!DBASE.IMP!+'C:\DATEN\KUNDEN.DBF').

Aufgabe 2

Mit welcher Befehlsfolge kann man definieren, daß beim Konsolidieren die Daten der Quelltabelle mit der Zieltabelle verknüpft werden?

- Über *Datei —> Verknüpfen*
- Über *Daten —> Konsolidieren*
- Dateien werden in MS-Excel 4.0 immer automatisch verknüpft.

Aufgabe 3

Üben Sie die Gliederungsfunktion an Ihrer Haushaltstabelle, indem Sie sinnvolle Gliederungsebenen einziehen. Beispielsweise könnten Sie die Einzeldaten ausblenden und nur noch die Summen der einzelnen Monate sichtbar lassen.

Aufgabe 4

Was versteht man unter dem Begriff **Automatische Formatierung** in der Dialogbox *Formel —> Gliederung*?

- Hierüber kann den einzelnen Gliederungsebenen ein spezielles Schriftattribut automatisch bei der Gliederungserstellung zugeordnet werden.
- Jede Tabelle wird bereits während der Erstellung, d.h. noch vor Eintragung der ersten Formeln, für die Gliederung vorgemerkt.

Die Lösungen der Aufgaben finden Sie im Anhang 2 ab. S. 285.

13 Visualisierung von Zahlen

Wer die Wahl hat, hat die Qual. Dieses Sprichwort trifft ganz besonders auf Grafikprogramme bzw. Grafikmodule von Kalkulationsprogrammen zu. Hier hat man eine ungeheuere Auswahl an Darstellungsmöglichkeiten. Häufig stellt sich die Frage, welcher Diagrammtyp mit welchen Aussagen benutzt werden sollte. Beim ersten Versuch, diese Frage zu beantworten, sieht man dann häufig *vor lauter Bäumen den Wald nicht mehr.* Nachdem Sie dieses umfangreiche Grafikkapitel durchgelesen haben, wird Ihnen die Beantwortung solcher Fragen sicher leichter fallen.

Bereits am Ende des 7. Kapitels haben Sie mit Hilfe des Grafik-Werkzeuges recht schnell ein Diagramm aus Ihrer Tabelle AUTOOST.XLS erzeugt. Dort waren Sie jedoch mit der einfachen Säulengrafik zufrieden. Oder etwa nicht? Vielleicht haben Sie ja, motiviert durch die Aufgaben am Ende des 7. Kapitels, etwas gespielt und dadurch schon ganz tolle Grafiken erzeugt. Trotzdem wollen wir uns in diesem Kapitel intensiv mit der Visualisierung von Zahlen beschäftigen. Dabei werden Sie lernen, welche Darstellungsformen von MS-Excel sich am besten für welchen Zweck eignen, wie man diese Grafiken herstellt und wie man 3D-Effekte erzeugt. Doch das ist noch längst nicht alles, was die Grafik in Excel zu bieten hat. Sollte Ihnen keine der Standarddarstellungsformen wirklich zusagen oder passend erscheinen, können Sie jedes Diagramm vollständig den eigenen Bedürfnissen anpassen. Mit Hilfe des *Format*-Menüs lassen sich sämtliche Diagrammelemente verändern. Wie das funktioniert, erfahren Sie später in diesem Kapitel.

Stand das letzte Kapitel ganz im Zeichen interessanter, professioneller Tabellenkalkulation, so werden Sie jetzt die "schönen Seiten" von Excel kennenlernen, die Grafik. Viel Spaß dabei!

Zunächst erhalten Sie einen Überblick über die Grafikmöglichkeiten in MS-Excel 4.0. Die Versionsnummer muß man hier deutlich herausstellen, da einige der dargestellten Grafiken wirklich nur in der Version 4 hergestellt werden können. Dies gilt ganz besonders für einige der 3D-Grafiktypen.
Bevor wir jedoch *in medias res* gehen, wollen wir noch einige grundlegende Zusammenhänge darstellen. Dazu zählt der Überblick über die Diagrammtypen und die Benennung von Diagrammelementen.

13.1 Diagrammtypen

Je nach gewünschter Aussage einer Grafik bedient man sich ganz unterschiedlicher Diagrammtypen, von denen in MS-Excel 4.0 sehr viele integriert sind. Insgesamt stehen Ihnen 105 Grundtypen zur Auswahl. Die Diagrammtypen lassen sich über den Menüpunkt *Muster* auswählen. Im folgenden werden die einzelnen Diagrammtypen vorgestellt. Typische Beispiele aus der Praxis zeigen Anwendungsmöglichkeiten, die Sie in Ihre Überlegungen zu individuellen Problemlösungen mit einbeziehen können. Zweifellos gibt es geradezu unendlich viele Beispiele, die natürlich nicht alle in diesem Buch behandelt werden können.

Prinzipiell unterscheidet man zwischen Diagrammen mit Achsen (achsenorientiert) und solchen ohne Achse. Achsenorientierte Diagrammtypen werden in Excel repräsentiert durch Punkt-, Linien-, Säulen-, Balken- und Flächendiagramme. Kreis und Netzdiagramme sind typische Vertreter von Diagrammtypen ohne Achsen.

☞ **Hinweis**

In den folgenden Darstellungen sind stets die Bildschirmdarstellungen gewählt. So sehen Sie die Diagramme auf Ihrem Monitor. Abhängigkeiten von Druckereigenschaften müssen so nicht berücksichtigt werden.
Bei der Auflistung der Grundtypen ist der von Excel vorgegebene Typ immer invers dargestellt.

Punktdiagramme

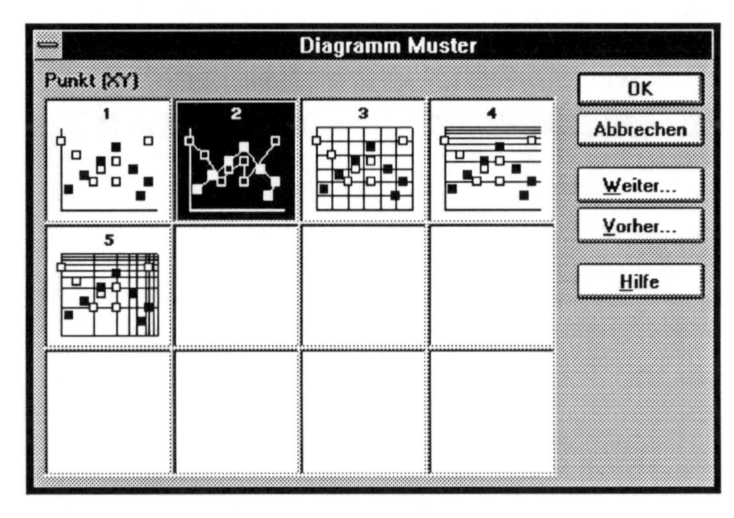

Abb. 13-1 Punktdiagrammtypen in Excel

Punktdiagramme sind der Basistyp aller achsenorientierten Diagrammtypen. Jedem Wert der waagrechten Achse (Rubriken- oder X-Achse) wird ein Wert auf der senkrechten Achse (Größen- oder Y-Achse) zugeordnet. Die Zuordnungsstelle wird durch einen Punkt markiert (= Datenpunkt, vgl. später in Kapitel 13.2). Jedem Punkt entspricht demnach ein Wertepaar, bestehend aus X- und Y-Wert. Aus diesem Grunde werden diese Diagramme auch über die Menüoption *Punkt (XY)* des Muster-Menüs aktiviert.

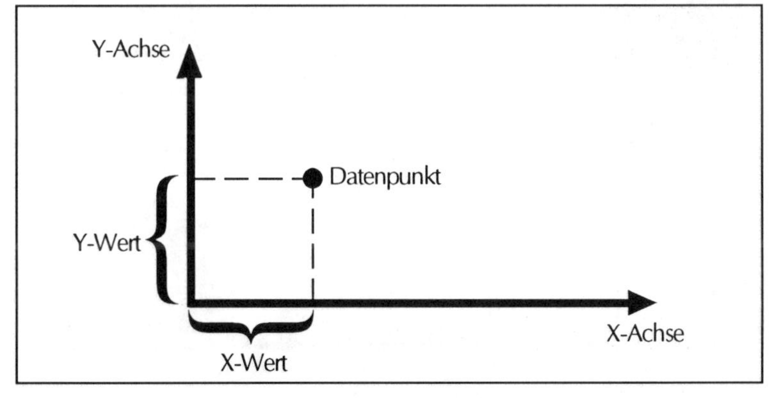

Abb. 13-2 Entstehung eines Datenpunktes

Insbesondere bei statistischen Betrachtungen spielt die punktuelle Darstellung von Verteilungen eine wichtige Rolle. In der folgenden Beispielgrafik könnte etwa eine Verteilung von Körpergewicht in Abhängigkeit des Lebensalters bei Hunden dargestellt sein.

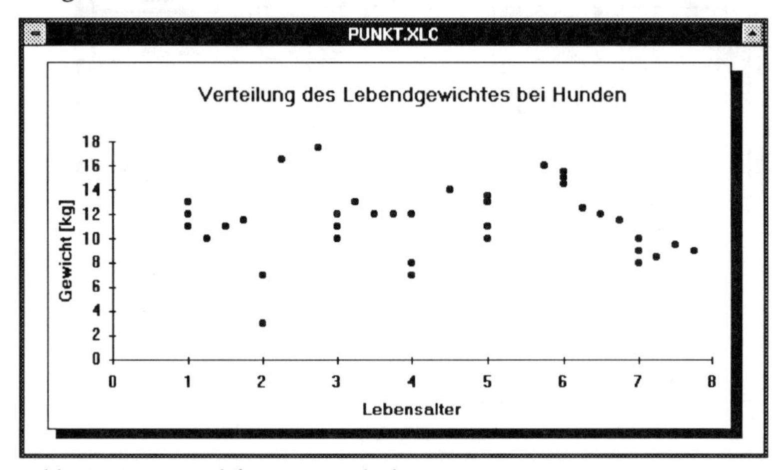

Abb. 13-3 Beispiel für ein Punktdiagramm

Liniendiagramme

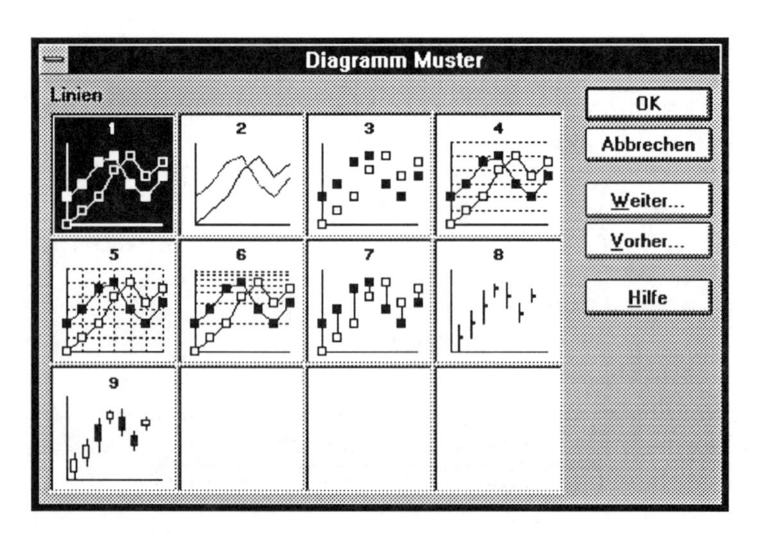

Abb. 13-4 Liniendiagramme

Auch 3D-Linien lassen sich in MS-Excel 4.0 erzeugen.

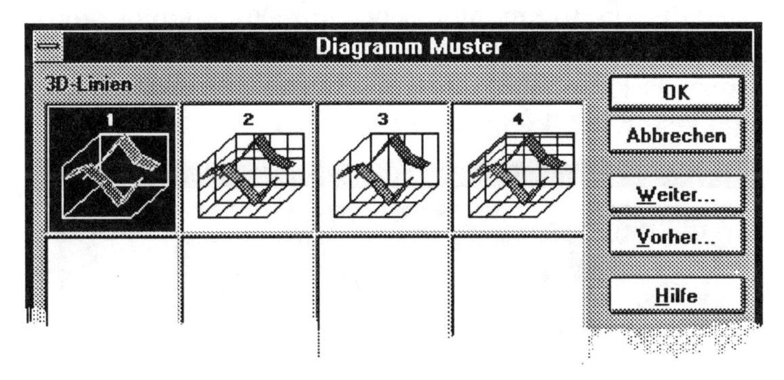

Abb. 13-5 3D-Liniendiagramme

Liniendiagramme zeigen geradezu klassisch einen Verlauf über einen bestimmten Zeitraum an. Liniendiagramme sind zweifellos die am häufigsten verwendete Diagrammart. Vor allem in den Naturwissenschaften ist dieser Diagrammtyp vielfältig angesiedelt.

Im wesentlichen entsteht ein Liniendiagramm dadurch, daß einzelne Datenpunkte durch gerade Linien verbunden werden. Man spricht häufig auch von einem **Polygon-Zug** oder **Poly-Linie**. Die einzelnen Datenpunkte werden oft nur verbunden, um einen besseren Überblick über einen Prozeß bzw. dynamischen Verlauf zu bekommen. Das Liniendiagramm basiert also direkt auf dem einfacheren Punktdiagramm, das sich im übrigen sogar im Liniendiagrammtyp 3 wiederfindet. Wichtig ist, daß die Linien gerade sind. Je mehr Punkte vorhanden sind, desto genauer wird ein Verlauf dargestellt. Eigentlich darf man die Linien zwischen den tatsächlich vorhandenen Datenpunkten nur als extrapolierende Gedankenstütze betrachten, denn dort liegen keine echten Datenpunkte.

Eine weit verbreitete Art der Liniendiagramme ist das XY-Diagramm. Bei diesem speziellen Liniendiagramm werden Punkten auf der X-Achse (waagrechte Achse) über eine mathematische Funktion Punkte auf der Y-Achse (senkrechte Achse) zugeordnet.

- **Beispiel: Sinus-Funktion**
  Sicher ist die trigonometrische Sinus-Funktion bekannt. Auch diese läßt sich in Excel berechnen mit Hilfe der Excel-Funktion **SIN()**. Die grafische Darstellung der Funktion **y=sin(x)** hat folgendes Aussehen.

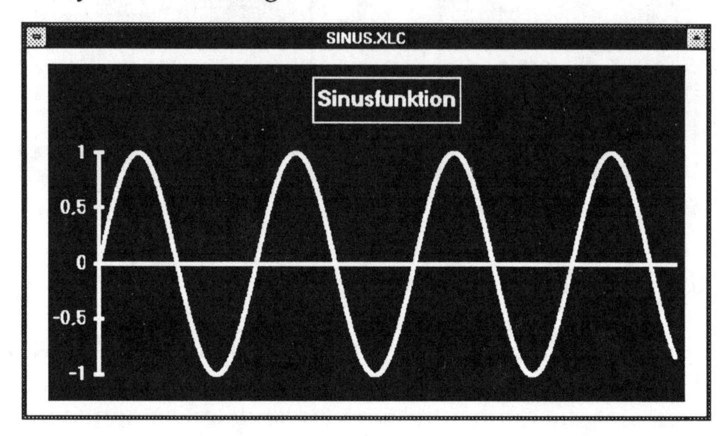

Abb. 13-6 Sinusfunktion in Excel

Säulendiagramme

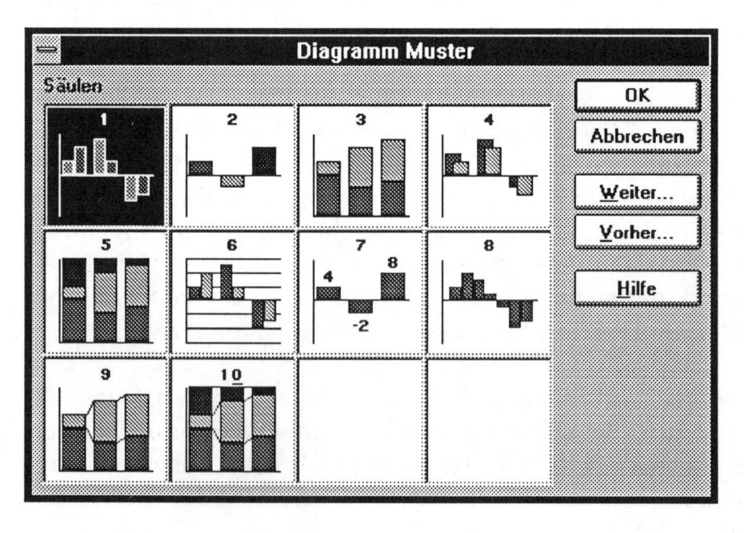

Abb. 13-7 Säulendiagramme

Säulendiagramme dienen der Darstellung einzelner, häufig voneinander unabhängiger Größen (= Rubriken). Bei den Säulendiagrammen steht die Verteilung dieser Größen im Vordergrund. Aus diesem Grunde findet sich das Säulendiagramm ebenfalls oft in der Statistik. Säulendiagramme haben einen ähnlichen Charakter wie Flächendiagramme, allerdings mit der Einschränkung, daß nur wenige flächenbildende Elemente - eben die einzelnen Säulen - beteiligt sind.

Außer der klassischen ebenen Darstellungsmöglichkeit besteht in MS-Excel 4.0 auch die Visualisierungsmöglichkeit in drei Dimensionen.

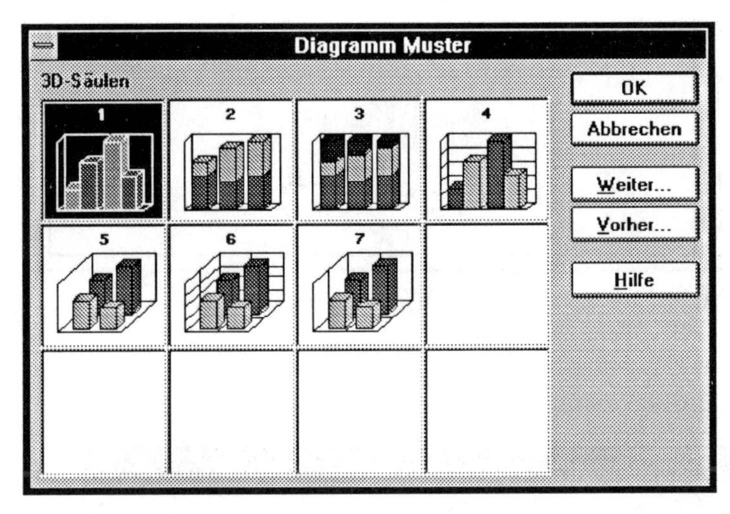

Abb. 13-8 3D-Säulendiagramme

Neben der Darstellung absoluter Größen lassen sich in Säulendiagrammen aber auch relative Anteile an einer Gesamtmenge visualisieren. Man spricht dann auch von Stapelsäulen-Diagrammen. Sowohl in der ebenen als auch in der 3D-Darstellung ist diese Möglichkeit in Excel vorgesehen. Die Diagrammtypen 3, 5, 9 und 10 der zweidimensionalen Auswahl und die Typen 2 und 3 bei den 3D-Typen sind die Excel-Angebote dazu. Sehr interessante Ansichten können bei den 3D-Säulendiagrammen dadurch erreicht werden, daß die den Datenreihen zugeordneten Säulen hintereinander gezeigt werden. In Kapitel 13.5 erfahren Sie, wie man ein solches Diagramm erzeugt.

Wird der Abstand zwischen den Säulen zu Null, so entstehen sog. Treppendiagramme, da die einzelnen Säulen nicht mehr voneinander abgesetzt sind und somit eine gestufte Diagrammfläche entsteht.

- **Beispiel**
  Die folgende Grafik zeigt das stündliche Verkehrsaufkommen an den verschiedenen Wochentagen an einer Verkehrsampel in einer Großstadt.

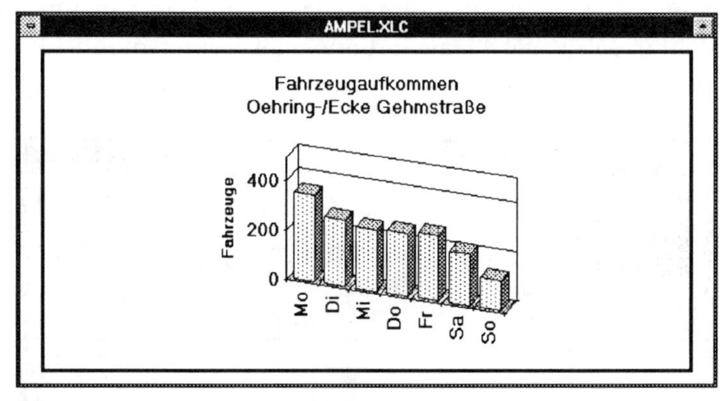

Abb. 13-9 Verteilung des Verkehrsaufkommens

Balkendiagramm

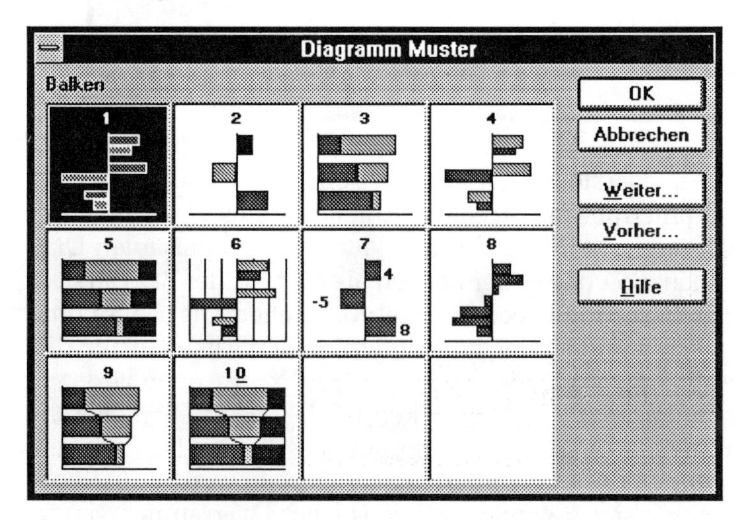

Abb. 13-10 Balkendiagramme

Eine klassische Form des Balkendiagramms wird Ihnen in der Bevölkerungspyramide sicher schon begegnet sein. Balkendiagramme werden häufig verwendet, wenn, ähnlich wie in Säulendiagrammen, voneinander getrennte Größen - auch **diskrete Größen** genannt - dargestellt werden sollen. Durch positive und negative Balkenausschläge können auch Bewertungen gut mit Hilfe von Balkendiagrammen dargestellt werden. Es entstehen dann sog. Bewertungsprofile, an deren Aussehen man sehr schnell den bewerteten Zusammenhang einordnen kann.
Seit der Version 4 bietet Excel hier auch 3D-Muster an:

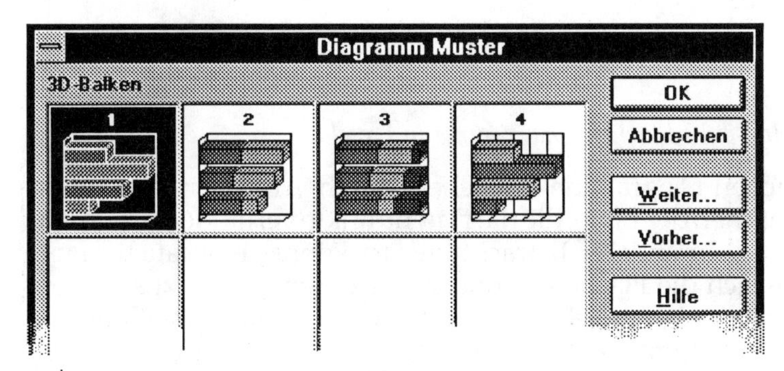

Abb. 13-11 3D-Balkendiagramme

- **Beispiel**
  Gewinne und Verluste von politischen Parteien bei einer Wahl.

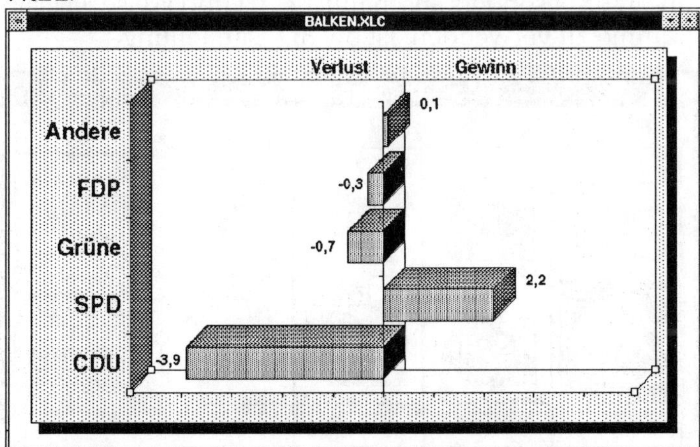

Abb. 13-12 Gewinne und Verluste einer Wahl

Flächen-Diagramme

Abb. 13-13 Flächen-Diagramme in Excel

Flächen-Diagramme entstehen durch Auffüllen der Fläche zwischen der Linie, die die Datenpunkte verbindet, und der X-Achse. In anderer Betrachtungsart könnte man auch sagen, daß sich die Fläche aus unendlich vielen Säulen zusammensetzt. Sie eignen sich im besonderen Maße zur Darstellung von Verteilungen, wenn eine gewisse Kompaktheit der Darstellung erreicht werden soll. Darüber hinaus impliziert ein Flächendiagramm auch eine kontinuierliche Verteilung der Werte. Besonders bei Darstellung von strukturellen Veränderungen einer Gesamtheit wird auf Flächendiagramme zurückgegriffen.
Eine ganz besonders anschauliche Art und Weise, Flächendiagramme zu verwenden, ist die 3D-Darstellung.

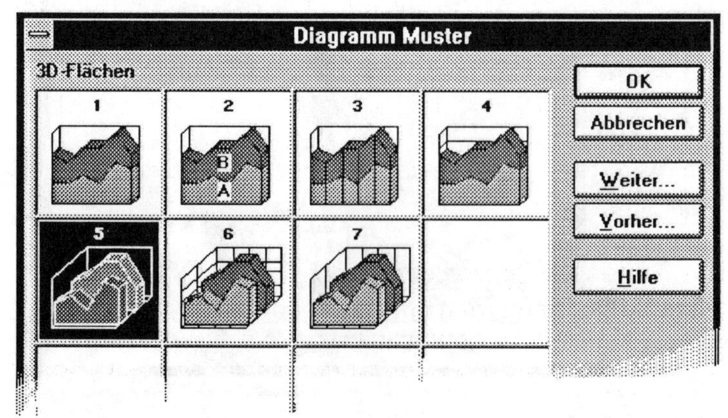

Abb. 13-14 3D-Flächendiagramme

Bei den Flächendiagrammen haben Sie ähnliche Darstellungsmöglichkeiten wie bei Säulendiagrammen. Die Schichtung von Flächen übereinander läßt eine grafische Addition von Größen zu. Es entsteht so ein Gebirge, das einer Summe entspricht. Die einzelnen Anteile werden farblich voneinander unterschieden.

Auch hier lassen sich relative Anteile an einer Gesamtheit realisieren. Entspricht die oberste Begrenzungslinie der Flächen 100%, so geben die darunterliegenden Begrenzungslinien und Flächen den relativen Verlauf der Teilmengen wieder.

Bei den 3D-Diagrammtypen besteht zudem die Möglichkeit, die Gebirge hintereinander zu setzen. Der Eindruck der Räumlichkeit wird dadurch noch verstärkt.

- **Beispiel**
  Wenn Sie dem Betrachter das Gefühl der Solidität Ihrer Umsatz- und Verkaufserfolge geben wollen, dann sollten Sie auf ein 3D-Flächendiagramm zurückgreifen.

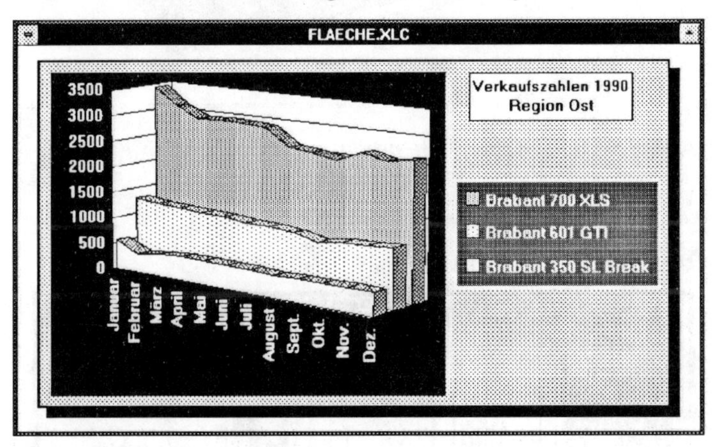

Abb. 13-15 Beispiel für ein Flächendiagramm

Eine besondere Spielform der Flächengrafiken ist die Oberflächen-Grafik. Bei ihr werden mindestens 2 Datenreihen in Form einer Oberfläche dargestellt. Die Darstellung spielt insbesondere in der Naturwissenschaft eine Rolle, wenn sehr viele Meßreihen nebeneinander dargestellt werden sollen. Die Darstellung vermittelt den Eindruck einer kontinuierlichen Oberfläche. Auch in der Statistik lassen sich teilweise komplexe Zusammenhänge unter Zuhilfenahme einer Oberflächengrafik leicht veranschaulichen. Diese Diagrammform existiert erst seit der Version 4 von Excel.

- **Beispiel**
  Diese Grafik zeigt einen Verlauf von potenzierten Sinus-Funktionen. Variiert wird jeweils von Datenreihe zu Datenreihe der Exponent einer Sinus-Funktion.

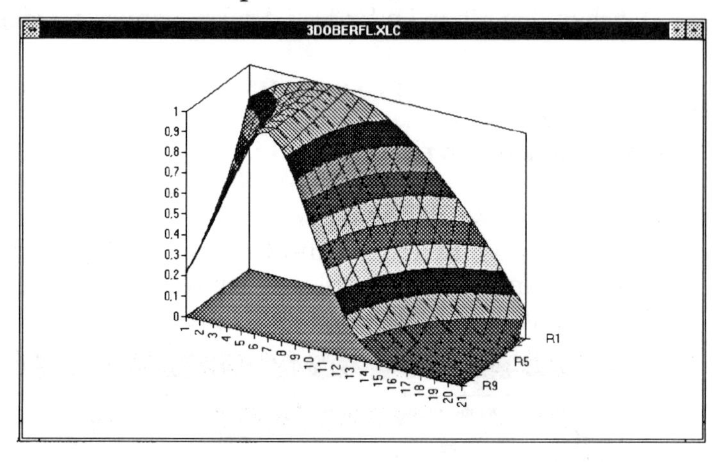

Abb. 13-16 3D-Oberflächendiagramm

Verbunddiagramm

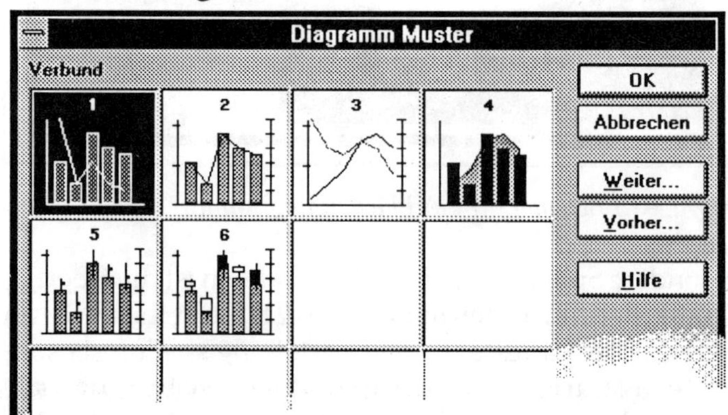

Abb. 13-17 Verbunddiagramme

In diesem Diagrammtyp können Linien-, Säulen- und Flächendiagramme kombiniert werden. Solche Kombinationen können beispielsweise gut die Entwicklung des Umsatzes (als Säulendiagramm) und den daraus berechneten Trend (als Liniendiagramm) in einer Grafik darstellen. Somit ist der direkte Vergleich möglich. Auch denkbar ist, daß man in naturwissenschaftlich-technischen Anwendungen reale Meßwerte als Säulen und die nach einer exakten mathematischen Funktion berechneten Werte als Linie in ein und demselben Diagramm darstellt. Ein direkter Vergleich zwischen den Meßwerten und dem einer Theorienbildung zugrunde liegenden mathematischen Zusammenhang ist einfach möglich.

- **Beispiel**
  In der folgenden Grafik sind die realen Verkaufszahlen der Monate 1 bis 12 des Jahres 1990 für das Modell *Brabant 700 XLS* als Säulen und der Mittelwert aus diesen Zahlen als Linie dargestellt. So kann leicht festgestellt werden, welcher Monat unter dem Mittel und welcher über dem Mittel des ganzen Jahres lag.

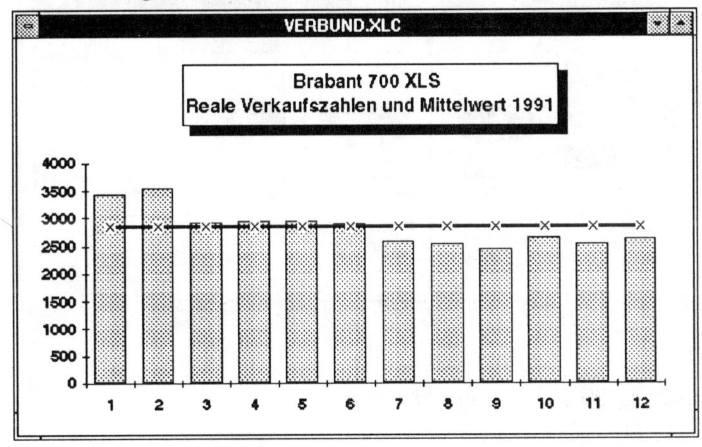

Abb. 13-18 Verbunddiagramm

Kreisdiagramme

Kreisdiagramme sind in ihrem Aufbau prinzipiell verschieden von den vorgenannten Diagrammtypen. Sie besitzen keine Achsen. Sie benutzen nicht die lineare oder logarithmische

Darstellung der Ebene, sondern den Winkel zur Umsetzung relativer Werte.

Abb. 13-19 Kreisdiagramme in Excel

Auch bei den Kreisdiagrammen sind 3D-Effekte möglich:

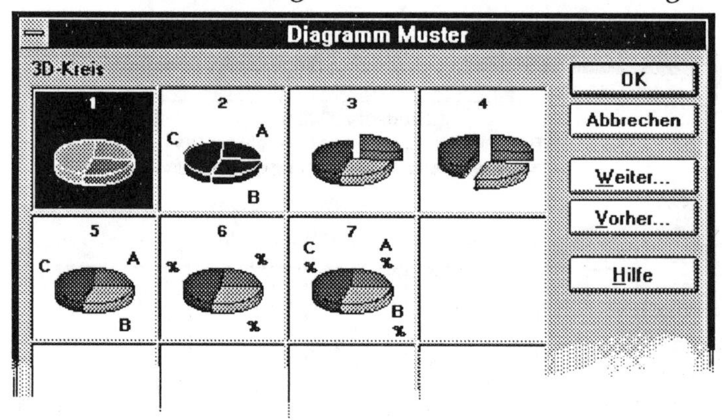

Abb. 13-20 3D-Kreisdiagramme

Immer wenn Anteile an einer Gesamtheit dargestellt werden sollen, eignet sich das Kreisdiagramm also ausgesprochen gut. Unabhängig davon, ob es sich um die flache oder die noch anschaulichere 3D-Darstellung handelt, können relative Anteile visualisiert werden.
Allerdings ist die 3D-Variante nicht immer sinnvoll, denn sie ist zwar schöner aber nicht unbedingt aussagekräftiger.

- **Beispiel**
  Im folgenden Diagramm sind die relativen Verkaufsanteile der Ihnen bereits gut bekannten Brabant-Automodelle im Jahr 1991 dargestellt. Ein Tortenstück ist herausgelöst.

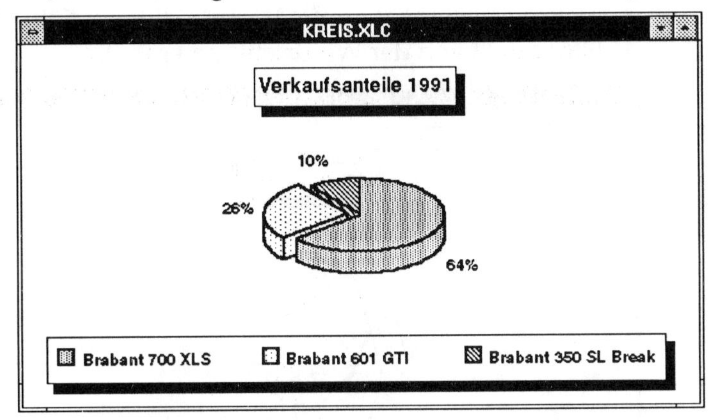

Abb. 13-21 Verkaufsanteile als Beispiel für Kreisdiagramme

Netzdiagramme

Häufig wird dieser Diagrammtyp auch Polardiagramm genannt. Er dient beispielsweise dazu, winkelabhängige Größen darzustellen.

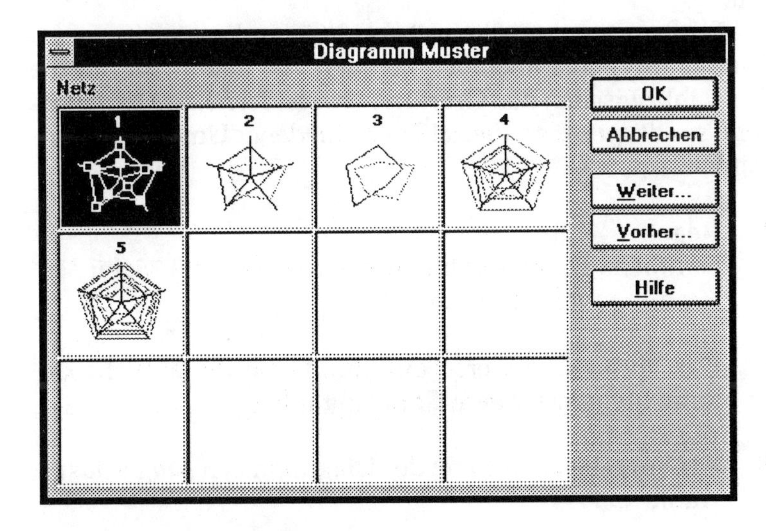

Abb. 13-22 Netzdiagramme

- **Beispiel**
  Die radioaktive Belastung der Umwelt wird in der folgenden (simulierten) Grafik am Beispiel der (ebenfalls simulierten) Stadt Simcity/Nevada dargestellt. Sie läßt beipielsweise die Verteilung des radioaktiven Fallouts in Abhängigkeit von der Windrichtung erahnen.

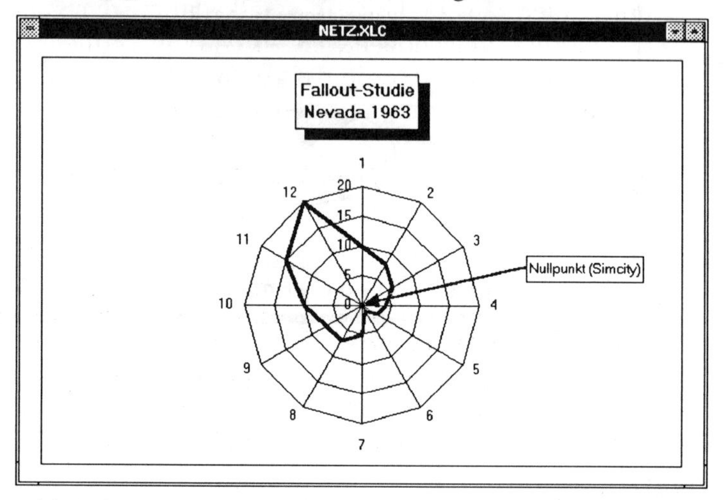

Abb. 13-23 Netzdiagramm

Damit sind die Grundtypen der Excel-Diagramme abgehandelt.
Wie Sie der vorangestellten Übersicht über die verschiedenen Diagrammtypen entnehmen konnten, hat man nicht nur die Auswahl zwischen den Grundtypen, sondern kann bei jedem der Grundtypen eine Vielzahl verschiedener Untertypen auswählen.

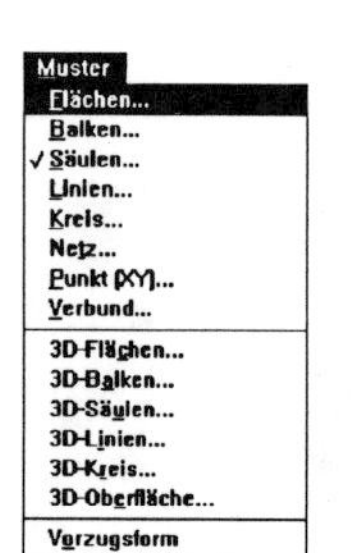

- **Regeln**
  Sämtliche Diagrammtypen können über das Menü *Muster* ausgewählt werden.

- Das *Muster*-Menü erscheint nur, wenn das aktuelle Dokumentenfenster eine Grafik enthält.

- Als Vorgabe ist in Excel der Diagrammtyp *Säulen* ausgewählt.

- Mit der Option *Vorzugsform festlegen* definieren Sie den Diagrammtyp, den Sie am häufigsten benutzen.
  Über die Option Vorzugsform wählen Sie diese aus.

✗ **Tip**
Nach [Strg]+[Klick] auf einem Punkt der Typen Balken und Säulen kann die Größe des Balkens bzw. der Säule per [Dauerklick] verschoben werden. Die zugeordneten Werte in der Tabelle werden automatisch angepaßt. Der dynamische Datenaustausch (DDA) funktioniert hier in beiden Richtungen.

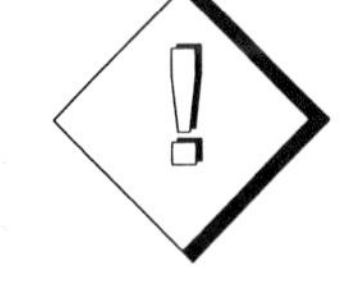

Nach der Markierung einer Säule oder eines Balkens mit [Strg]+[Klick] kann über *Bearbeiten —> Einfügen* der Inhalt der Zwischenablage als Muster für die Säule bzw. den Balken genutzt werden. **Dies kann eine beliebige Grafik im Bitmap-Format sein!** Mit [Doppelklick] auf dem entsprechenden Balken bzw. der Säule öffnet sich eine Dialogbox, in der festgelegt werden kann, ob die Grafik insgesamt die Größe anzeigt (Strecken) oder über Stapelung die Säule bzw. der Balken aufgebaut werden soll.

Bevor Sie lernen, die einzelnen Diagrammelemente zu beeinflussen, wollen wir Ihnen diese Elemente zunächst zeigen und erklären.

13.2 Diagrammelemente

Je nach Grafikart sind verschiedene Elemente am Aufbau eines Diagramms beteiligt. Viele Elemente finden sich in allen zur Verfügung stehenden Diagrammarten. Eine Ausnahme bildet eigentlich nur die Tortengrafik, da dort keine Achsen vorhanden sind. Wir sollten daher bei der folgenden Betrachtung der Grafikelemente unterscheiden zwischen **achsenorientierten Diagrammen** und **achsenlosen Diagrammen**.

Zunächst wollen wir die Diagrammelemente von achsenorientierten Diagrammtypen untersuchen.

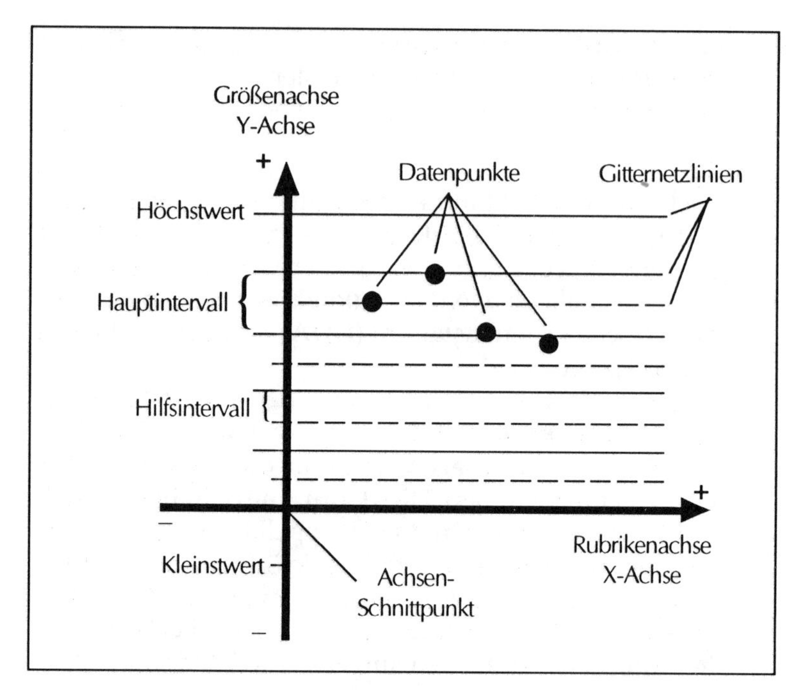

Abb. 13-24 Grafikelemente achsenorientierter Diagramme

Wichtigstes Merkmal der achsenorientierten Diagrammtypen sind die Achsen selbst.

Die **Größenachse** - auch Y-Achse genannt - und die **Rubrikenachse** - auch X-Achse genannt - spannen eine Ebene auf. Beide Achsen stehen immer senkrecht aufeinander.
Jeder Punkt dieser Ebene kann durch Angabe eines Wertepaares, bestehend aus einem X- und einem Y-Wert, angesprochen werden. Man sagt auch, daß jedem X-Wert ein Y-Wert zugeordnet wird. Die Vorschrift der Zuordnung ist eine Funktion. Funktionen haben Sie bereits in Kapitel 7 kennengelernt. Auch in dem Beispiel zur Liniengrafik wurde mit Funktionen gearbeitet.

Bei 3D-Diagrammen sind 3 Achsen vorhanden (X-, Y- und Z-Achse). Die folgende Abbildung auf Seite 197 zeigt die Lage dieser drei Achsen, die sämtlich senkrecht aufeinander stehen. Manchmal wird auch von einem "orthogonalen Dreibein" gesprochen.

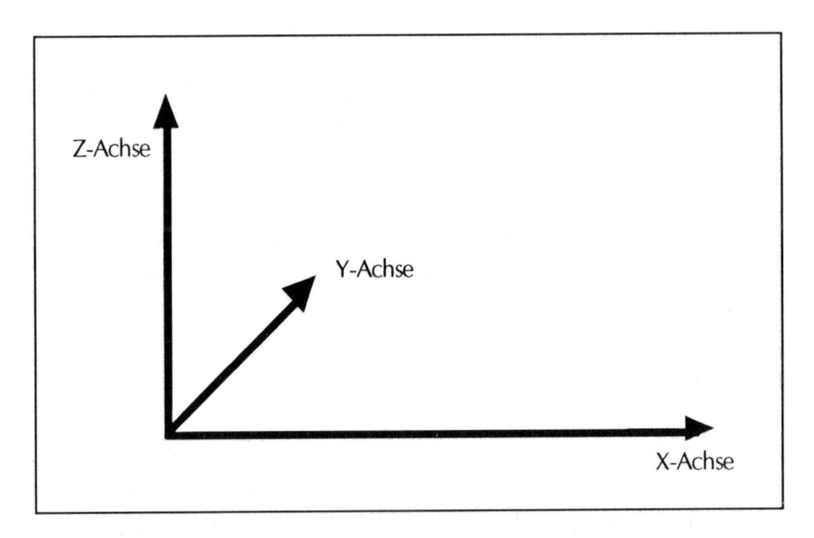

Abb. 13-25 Achsenlage in 3D-Diagrammen

- **Beispiel**
  Um die Punkte zu bestimmen, aus denen sich die Sinuskurve aus Abbildung 13-6 zusammensetzt, wird aus jedem X-Wert ein Y-Wert nach der Formel **y=sin(x)** berechnet. Man nehme demnach einen X-Wert und berechne den Sinus daraus. Schon hat man den Y-Wert. Wurden hinreichend viele Punkte berechnet und über kurze Linienstücke verbunden, so erhält man einen relativ glatten Polygonzug.

Ein auf diese Art und Weise erzeugter Punkt wird in Excel als **Datenpunkt** bezeichnet (vgl. auch Abbildung 13-2).
Mehrere zusammengehörige Datenpunkte bilden eine **Datenreihe**. Datenreihen spiegeln die per [Dauerklick] in der Ausgangstabelle markierten Zeilen und Spalten wieder.

☞ **Hinweis**
Wie die einzelnen Werte und Texte der Tabelle sich im Diagramm wiederfinden, erfahren Sie in Kapitel 13-2.

Die X- und Y-Achse beginnen eigentlich bei dem negativen Unendlich und laufen über Null bis zum positiven Unendlich.

Dieses unendlich große Intervall ist allerdings in der Praxis nicht abbildbar, so daß immer nur der Ausschnitt dargestellt wird, der für die grafische Aufbereitung des aktuellen Problems von Bedeutung ist.

Die Achsen beginnen bei einem **Kleinstwert**, der nicht zwangsläufig Null sein muß, und enden bei einem **Höchstwert**. Beide Werte werden von Excel automatisch anhand der als Basis dienenden Tabelle berechnet. Sie können beide Werte aber auch manuell ändern.

Der Bereich zwischen dem Kleinstwert und dem Höchstwert wird in Intervalle unterteilt. Das **Hauptintervall** ist der größere, das **Hilfsintervall** der kleinere Schritt. Sowohl die Größen- als auch die Rubrikenachse können in Haupt- und Hilfsintervalle unterteilt werden. Zur besseren Bestimmung des Wertes eines Datenpunktes werden häufig **Gitternetzlinien** gezogen. Sie können an den Haupt- oder Hilfsintervallen der X- und Y-Achse orientiert werden.

Die **Teilung der Achsen** wird von Excel automatisch vorgenommen, kann jedoch von Ihnen verändert werden.
Der **Achsen-Schnittpunkt** fällt nicht zwangsläufig auf den Kleinstwert. Sind in der Ursprungstabelle negative Werte vorhanden, so wird der Achsen-Schnittpunkt von Excel in den Nullpunkt beider Achsen gelegt. Der Achsen-Schnittpunkt kann auch manuell nachträglich verändert werden.

Häufig hat man es in Excel mit Umsatzstatistiken und anderen ähnlichen Tabellen zu tun, in denen nur relativ wenig Werte eingetragen sind. Dann wird die X-Achse in einzelne Rubriken unterteilt. Das können beispielsweise die Monate sein, über die eine Umsatzstatistik geführt wurde.

Ein Diagramm kann selbstverständlich mit den verschiedensten erklärenden Texten versehen werden. Die folgende Bildschirmkopie zeigt Ihnen, welche Beschriftungen in einem Diagramm verwendet werden können.

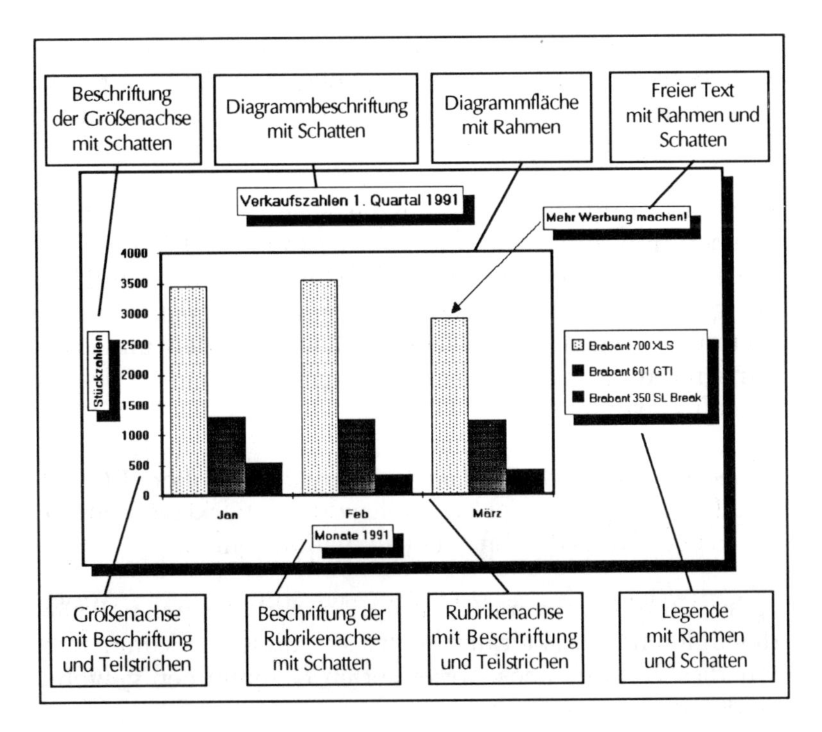

Abb. 13-26 Beschriftungen im Diagramm

Einige Beschriftungen können mit einem Rahmen und Schatten versehen werden, um dem Diagramm eine größere räumliche Tiefe zu geben. Man sollte allerdings recht sparsam damit umgehen, um die Gesamtaussage einer Grafik nicht zu verwässern. In Abbildung 13-26 wurden nur aus Demonstrationsgründen der Möglichkeiten zahlreiche Beschriftungen mit Rahmen und Schatten versehen.

Die Texte können entweder einem Diagrammelement fest zugeordnet werden - etwa als Überschrift oder Achsenbeschriftung - oder aber frei positioniert werden. Die gesamte Palette an verfügbaren Schriften steht dem Gestalter von Excel-Diagrammen zur Verfügung und kann auch ausgedruckt werden, sofern der Drucker über die nötigen Schriftarten verfügt. Der Text kann senkrecht oder waagrecht angeordnet werden. Beim Erstellen einer Grafik versucht Excel zunächst immer die platzsparendste Lösung zu erzeugen.

Pfeile können dazu genutzt werden, auf besonders wichtige Details hinzuweisen. Allerdings sollte man Pfeile nur ganz selten benutzen, denn eine Grafik sollte bereits auf eine einzige Kernaussage reduziert sein.

Die Beschriftungen können um die eigentliche Diagrammfläche herum positioniert werden. Ausnahme ist dabei nur der frei positionierbare Text, der auch in die Diagrammfläche gelegt werden kann. Das gesamte Diagramm setzt sich zusammen aus der eigentlichen Diagrammfläche und dem umgebenden Freiraum, auf dem Text positioniert und die Legende eingefügt werden kann.

Auf sämtliche Beschriftungen kann mit den Schaltern **F** (= fett) und **K** (= kursiv) aus der Symbolleiste eingewirkt werden, wie Sie es bereits aus der Tabellenkalkulation kennen.

Achsenlose Diagramme (Kreisgrafiken) haben einen vollständig anderen Charakter und setzen sich anders zusammen als wir dies von den achsenorientierten Diagrammen gewohnt sind.

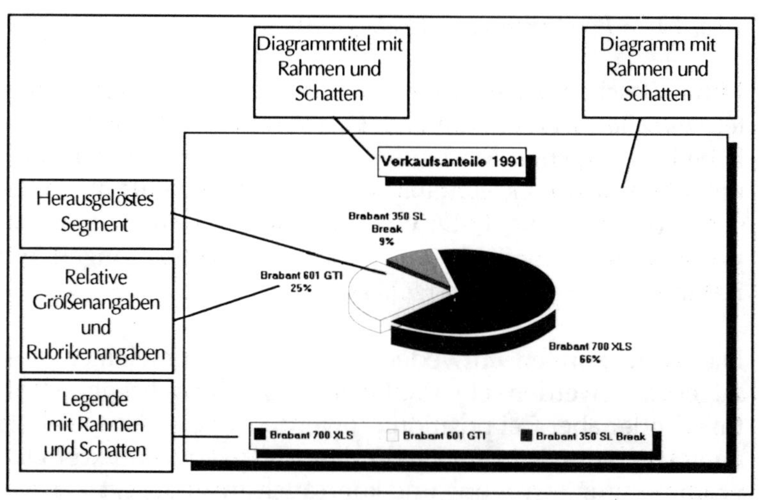

Abb. 13-27 Elemente achsenloser Diagramme

Die Diagrammfläche selbst umfaßt nur den Bereich, in dem der Kuchen plaziert ist. In diese Fläche können Beschriftungen der Kreissegmente hineinreichen. Solche Beschriftungen können relative Angaben der Größe eines Segmentes oder die Bezeichnung der zugeordneten Rubrik sein.
Die Beschriftungen verhalten sich analog zu denen in achsenorientierten Diagrammtypen.
Ein wichtiger Unterschied zu achsenorientierten Diagrammen besteht zudem darin, daß man immer nur eine einzige Datenreihe als Kreis darstellen kann. Selbst bei Markierung mehrerer Datenreihen in der Ursprungstabelle wird immer nur die erste der markierten Datenreihen beachtet, die restlichen werden einfach ignoriert.
Die einzelnen Kreissegmente können nach Belieben per [Dauerklick] aus dem Gesamtkreis herausgelöst werden. Dadurch kann die Aufmerksamkeit des Betrachters auf dieses Segment gelenkt werden.

13.3 Zusammenspiel von Tabelle und Diagramm

Eine wichtige Frage ist, wie eigentlich die in der Tabelle enthaltenen Werte den Datenpunkten in der Grafik zugeordnet werden. Am Beispiel eines Säulendiagramms soll diese Frage beantwortet werden.

☞ **Hinweis**
In den folgenden Skizzen ist mit **W**, gefolgt von einer Nummer, ein **Wert** in der Tabelle gemeint. Um die Säule diesem Wert zuordnen zu können, wird die entsprechende Säule ebenfalls mit der Wertbezeichnung versehen.
Text in Spalten wird mit ***S1*** bis ***S3***, solcher in Zeilen mit ***Z1*** bis ***Z3*** bezeichnet.

SämtlichenBetrachtungen liegt die folgende prinzipielle Tabellenstruktur zugrunde. Sie ist in der auf der nächsten Seite dargestellten Grafik im Überblick gezeigt.

	S1	S2	S3
Z1	W1	W2	W3
Z2	W4	W5	W6
Z3	W7	W8	W9

Abb. 13-28 Basisstruktur

- **Generelle Regel**
  Excel versucht intern stets so wenig Datenreihen wie möglich zu bilden, um die abgeleitete Grafik möglichst übersichtlich zu halten.

Aufgrund dieser Optimierungsprozedur geschieht bei der Neuanlage einer Grafik nicht immer das, was man erwartet. Damit Sie vor Überraschungen weitgehend sicher sind, wird im folgenden jede prinzipielle Konstellation kurz kommentiert, die sich in einem Arbeitsblatt vor der Erstellung einer Grafik ergeben kann. Bei diesen Betrachtungen unterscheiden wir die Möglichkeit, daß ausschließlich Werte markiert sind, von der, daß Werte und Beschriftungstexte markiert wurden. Zu jeder dieser prinzipiell unterscheidbaren Möglichkeiten können einzelne Fälle differenziert werden.

1. Fall

Wird nur ein Wert der Tabelle - nämliche derjenige in der aktuellen Zelle - markiert, so erfolgt die Übernahme als einzelner Datenpunkt in der Grafik.

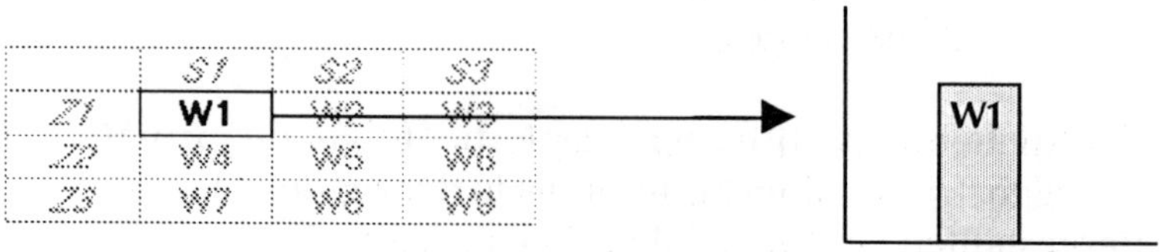

	S1	S2	S3
Z1	**W1**	W2	W3
Z2	W4	W5	W6
Z3	W7	W8	W9

W1

Abb. 13-29 Wert und Datenpunkt

2. Fall

Werden zwei Werte der Tabelle als Basis für das Diagramm genutzt, so entstehen zwei Datenpunkte, die eine Datenreihe bilden.

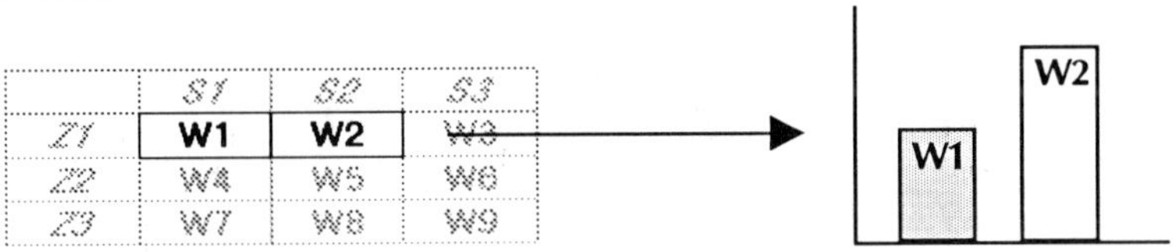

Abb. 13-30 Zwei Werte bilden eine Datenreihe

3. Fall

Eine Anordnung der Werte in zwei Zeilen und zwei Spalten führt zur Aufnahme einer weiteren Datenreihe und Darstellung von 2 Gruppen zu jeweils 2 Balken. Solche Anordnungen eignen sich sehr gut zum direkten Vergleich von Werten. Die erste Datenreihe wird durch die jeweils linke Säule, die zweite Datenreihe durch die jeweils rechte Säule repräsentiert. Standardmäßig werden die beiden Datenreihen in unterschiedlichen Farben dargestellt (abhängig von der Grafik-Karte!).

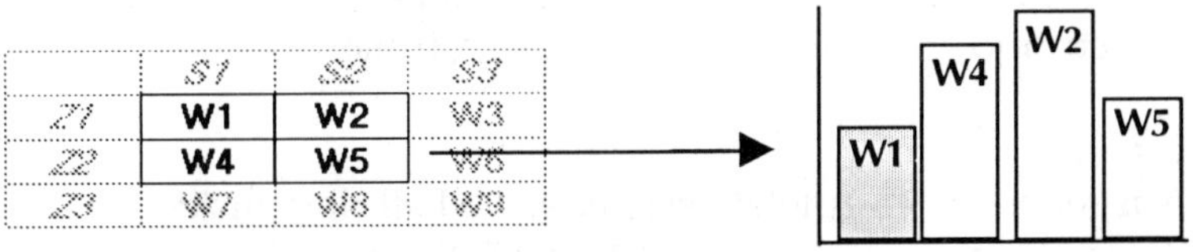

Abb. 13-31 Zwei Datenreihen sind markiert

4. Fall

Kommt nun eine weitere Datenreihe hinzu, setzt Excel nicht etwa eine dritte Säulenreihe in das Diagramm, sondern verfährt nach den folgenden Mechanismen, um möglichst wenig Datenreihen zu erhalten.

- **Spaltenzahl < Zeilenzahl**
  Jede Spalte bildet eine eigene Datenreihe.
- **Spaltenzahl > Zeilenzahl**
  Jede Zeile bildet eine eigene Datenreihe.
- **Spaltenzahl = Zeilenzahl**
  Jede Zeile bildet eine eigene Datenreihe.

In Abbildung 13-28 finden Sie den Fall, daß mehr Zeilen als Spalten markiert sind. Jede Spalte bildet eine eigene Datenreihe. Datenreihe 1 besteht aus den Werten **W1, W4** und **W7**, Datenreihe 2 besteht aus den Werten **W2, W5** und **W8**.

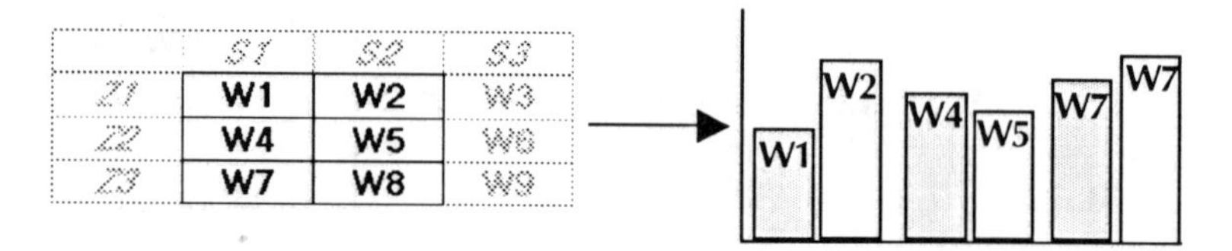

Abb. 13-32 Mehr Zeilen als Spalten sind markiert

Sehr häufig enthalten die markierten Tabellenbereiche neben den reinen Zahlenwerten auch Texte, die als Beschriftungen in das Diagramm einfließen sollen. Nicht immer ganz durchsichtig scheint dem Unbeteiligten hier die Art und Weise zu sein, wie Excel Beschriftungen zuordnet. Die folgenden Darstellungen können Sie auch bei der Fehlersuche nutzen, wenn mal etwas genau so dargestellt wird, wie Sie es nicht wollten.

Wie die **Beschriftungen** der Tabelle im Diagramm wiederzufinden sind, zeigen die folgenden Fallstudien:

1. Fall

Ausgehend vom zuletzt geschilderten Fall sind zusätzlich die Beschriftungen der Spalten (*S1* und *S2*) und der Zeilen (*Z1, Z2* und *Z3*) markiert worden.

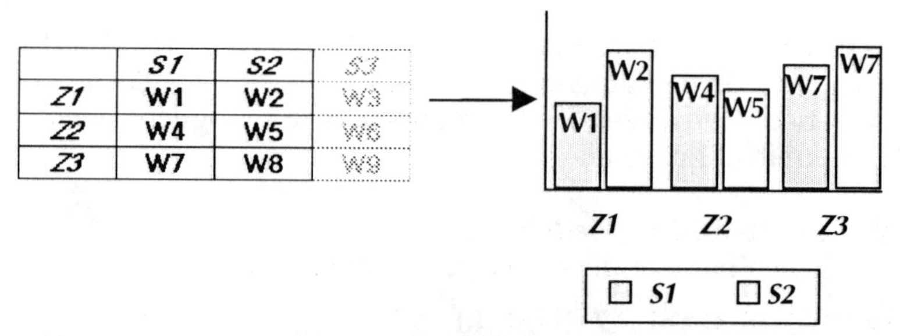

Abb. 13-33 Zeilen- und Spaltenbeschriftungen

Zentrale Bedeutung bei der Beschriftung von Diagrammen hat auch die Legende, die in unseren Abbildungen im Rahmen

unterhalb des eigentlichen Säulendiagramms erscheint. Je nach Markierungsart werden dort die Spalten- oder Zeilenbeschriftungen angezeigt.
Da in Abbildung 13-29 weniger Spalten als Zeilen markiert wurden, erstellt Excel aus den Spalten die Datenreihen. Es werden dann auch die Spaltenbezeichnungen als Benennung der Datenreihen zugeordnet.

Die Bezeichnungen der einzelnen Datenreihen finden sich auch in der Legende wieder, in der ja definitionsgemäß die Datenreihen aufgelistet werden.

Die Zeilenbeschriftungen hingegen werden zur Kategorisierung benutzt, sie bilden demnach die Rubrikenbezeichnung, die unterhalb der Rubrikenachse (= X-Achse) erscheinen.

2. Fall
Es sind weniger Zeilen als Spalten markiert. Daraus folgt, daß die Datenreihen aus den Zeilen gebildet werden. Die Zeilenbeschriftungen ***Z1*** und ***Z2*** erscheinen daher auch in der Legende. Als Bezeichnungen der Rubriken (waagerechte Achse) werden die Spaltenbezeichnungen herangezogen.

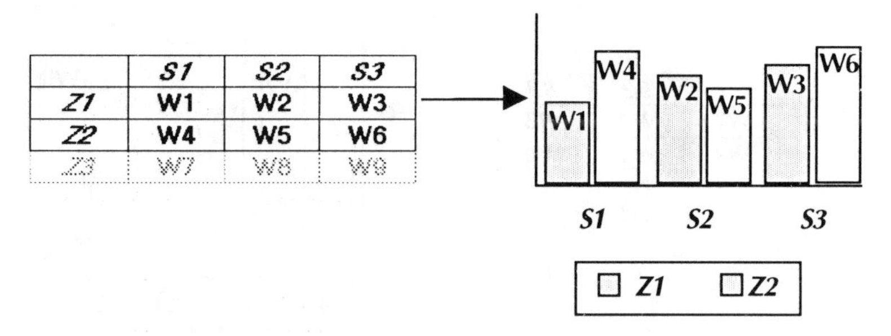

Abb. 13-34 Weniger Zeilen als Spalten sind markiert

3. Fall
Werden weniger Spalten als Zeilen markiert, so besagt die generelle Regel, daß die Datenreihen aus den Spalten hergestellt werden. Die Datenreihennamen sind somit auch die Spaltenbeschriftungen aus der Tabelle (***S1*** und ***S2***). Wenn jedoch wie in Abbildung 13-31 keine Zeilenbeschriftungen mit

markiert wurden, so kennt Excel nicht die Namen der Rubriken. In einem solchen Fall werden die Rubriken einfach mit fortlaufender Numerierung versehen.

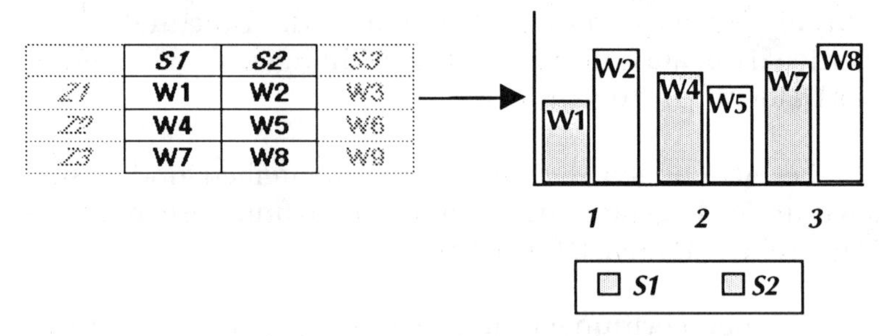

Abb. 13-37 Fehlende Zeilenbeschriftungen werden durch Nummern ersetzt

4. Fall

Werden bei fehlender Zeilenbeschriftung jedoch mehr Spalten als Zeilen markiert, so werden die aus den Zeilen gebildeten Datenreihen in der Legende nicht benannt, da ja keine Beschriftung vorhanden ist. Die Rubriken werden aus den Spalten gebildet.

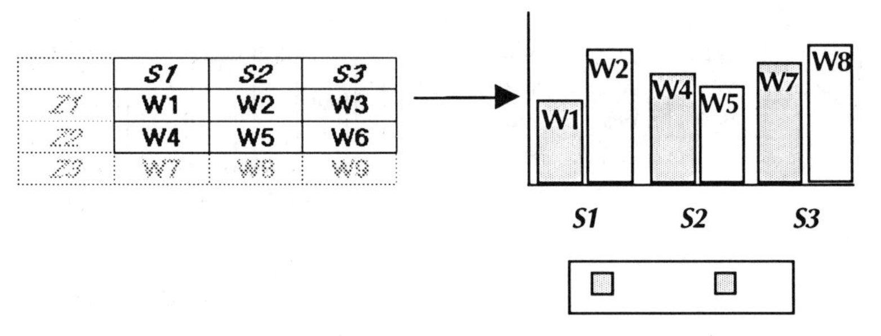

Abb. 13-38 Keine Datenreihennamen vorhanden

5. Fall

Analog zum Fall der fehlenden Zeilenbeschriftung kann auch die Spaltenbeschriftung fehlen.
Auch hierbei ist zu unterscheiden in den Fall, bei dem mehr Zeilen als Spalten markiert wurden (Abbildung 13-33) und den, der mehr markierte Spalten als Zeilen aufweist.

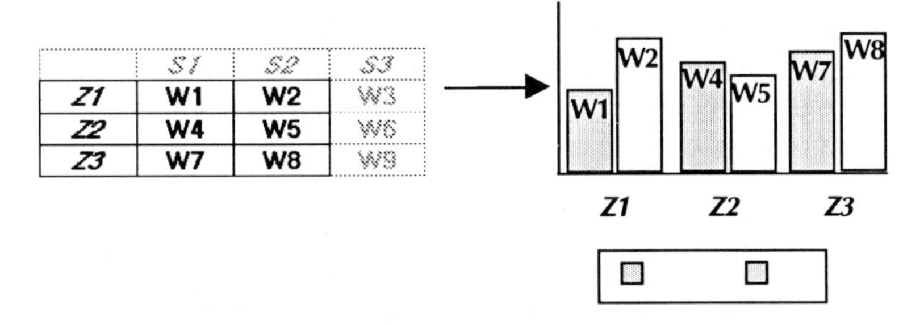

Abb. 13-39 Mehr Zeilen als Spalten

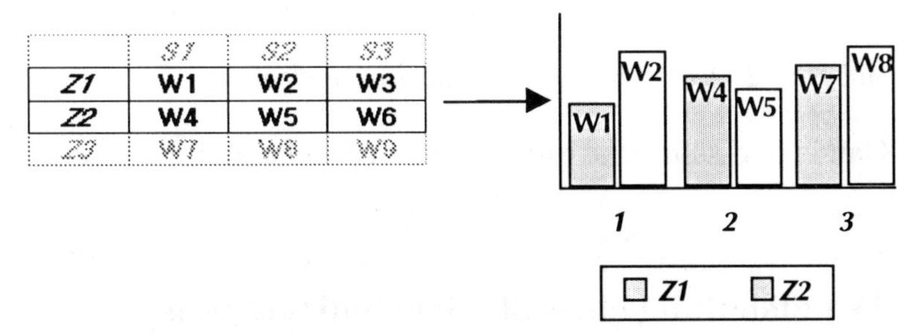

Abb. 13-40 Mehr Spalten als Zeilen

6. Fall

Werden überhaupt nur die Werte einer Spalte markiert, so wird die Spaltenüberschrift zur Diagrammüberschrift (*S1*). Da die Zeilenbeschriftungen fehlen, werden wieder laufende Nummern als Rubrikenbezeichnung von Excel erzeugt.

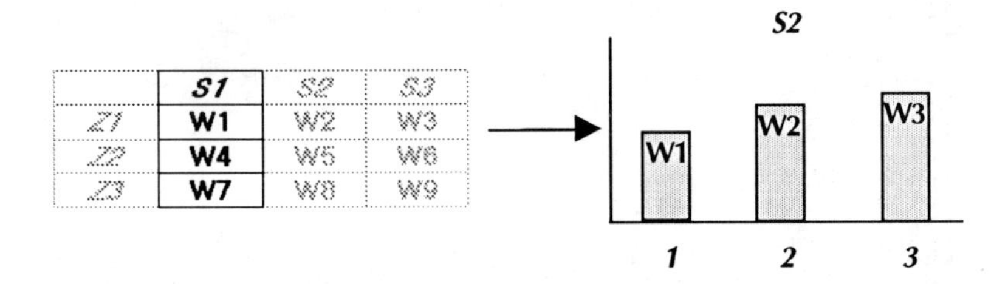

Abb. 13-41 Spaltenbezeichnung als Diagrammtitel

7. Fall

Schließlich bleibt noch die Möglichkeit, daß die Zeilenbeschriftungen mit markiert wurden. Sie dienen dann der Bezeichnung der Rubriken, während die Spaltenüberschrift wieder als Diagrammtitel definiert wird.

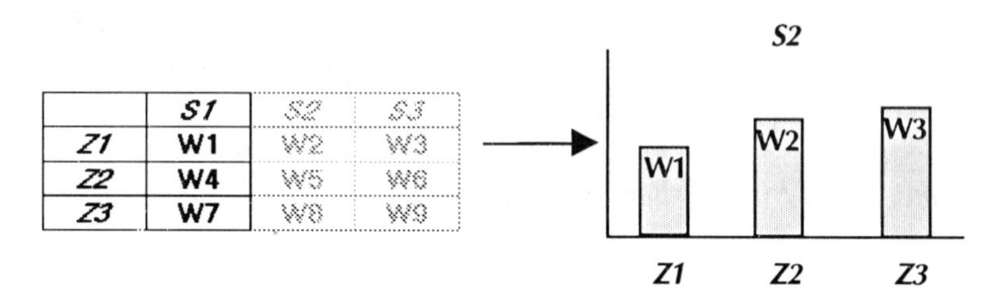

Abb. 13-42 Diagrammtitel und Rubrikenbeschriftung

Damit sind sämtliche Möglichkeiten abgehandelt.

13.4 Erstellung eines 3D-Säulendiagramms

Jetzt wollen wir das zuvor Gelesene aber auch mal richtig anwenden. Unsere Betrachtungen zur Grafik wollen wir zunächst auf der Tabelle OST.XLS aufbauen.

Microsoft Excel - OST.XLS

Datei Bearbeiten Formel Format Daten Optionen Makro Fenster ?

Standard

A1 | Verkaufszahlen Region Ost 1991

	A	B	C	D	E	F	G
1	Verkaufszahlen Region	Ost 1991					
2		Jan	Feb	März	April	Mai	Juni
3	Brabant 700 XLS	3445	3554	2912	2945	2934	
4	Brabant 601 GTI	1298	1251	1323	1198	1201	
5	Brabant 350 SL Break	545	345	412	445	450	
6	Summe	5288	5150	4647	4588	4585	
7							
8	Listenpreise						
9							
10	Brabant 700 XLS	9999					
11	Brabant 601 GTI	8500					
12	Brabant 350 SL Break	12870					
13							
14	Umsatzzahlen Region Ost 1991						
15		Jan	Feb	März	April	Mai	Juni
16	Brabant 700 XLS	DM34.446.555,00	DM35.536.446,00	DM29.117.088,00	DM29.447.055,00	DM29.337.066,00	DM28.897
17	Brabant 601 GTI	DM11.033.000,00	DM10.633.500,00	DM11.245.500,00	DM10.183.000,00	DM10.208.500,00	DM9.809
18	Brabant 350 SL Break	DM7.014.150,00	DM4.440.150,00	DM5.302.440,00	DM5.727.150,00	DM5.791.500,00	DM5.559
19	Summe	DM52.493.705,00	DM50.610.096,00	DM45.665.028,00	DM45.357.205,00	DM45.337.066,00	DM44.265
20							
21							

Bereit

Abb. 13-43 Basistabelle OST.XLS in Excel

Es sollen die Stückzahlen der drei Automobiltypen in einem anschaulichen 3D-Diagramm dargestellt werden.

1. Schritt: Bereich in Tabelle markieren
Da bereits zuvor (in Kapitel 6 und 7) genau beschrieben wurde, wie dieser erste Schritt der Erstellung einer Grafik abläuft, wird auf eine detaillierte Besprechung der Vorgehensweise verzichtet. Markieren Sie in der Tabelle den Bereich A2:M5.

2. Schritt: Grafik generieren
Bereits im 7. Kapitel haben Sie gelernt, wie eine Grafik schnell erstellt wird, nämlich mit Hilfe des Grafik-Assistenten in der Werkzeugleiste.
Damals haben wir die meisten Optionen und Hilfen des Grafik-Assistenten übersprungen, um "mal schnell" eine Grafik zu erzeugen. Da die Arbeit mit dem Grafik-Assistenten fast selbsterklärend ist, soll an dieser Stelle nicht näher darauf eingegangen werden. Wichtiger erscheint es uns, daß Sie lernen, wie man mit Hilfe der Menüs die Darstellungsformen des Diagramms verändert. Dadurch werden Sie in die Lage versetzt, auch im Nachhinein über die Menüs Ihre Grafik zu verändern, denn dies ist leider mit dem Grafik-Assistenten nicht möglich.

Diese zuerst beschriebene Methode der Diagramm-Erstellung wird ergänzt von einer weiteren Methode über den Menüpunkt *Datei —> Neu —> Diagramm.*

Während die Grafik, die mit Hilfe des Grafik-Assistenten erstellt wurde, immer zunächst in dem Arbeitsblatt eingebettet ist, in dem sie erzeugt wurde (object linking and embedding, OLE), ist das Diagramm, das über *Datei —> Neu —> Diagramm* erzeugt wird, eine eigenständige Datei.

Grafik über Menü erzeugen:

---

1. [Dauerklick] über dem Bereich, der in der Grafik verarbeitet werden soll (hier: A2:M5)

2. *Datei —> Neu.* Es öffnet sich ein Fenster, in dem Sie die verschiedenen Dateiarten bestimmen können.

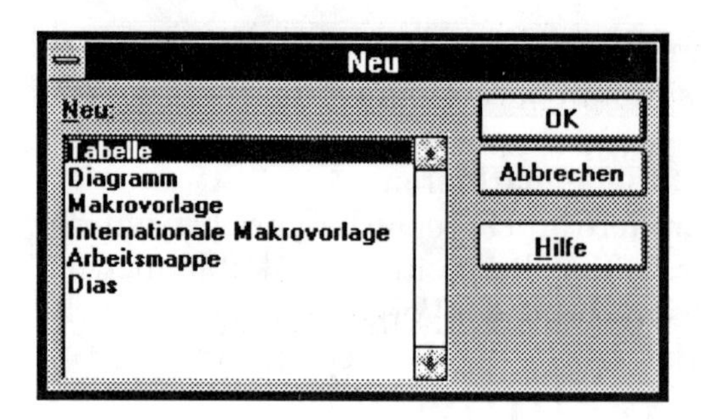

Abb. 13-44 Auswahl der Dateitypen

3. [Doppelklick] auf *Diagramm* in der Listbox. Die Grafik wird als Säulendiagramm in Vollbilddarstellung erstellt.

Dem Titel dieses Fensters ist zu entnehmen, daß es sich um eine eigenständige Datei handelt (Beispiel: **Microsoft Excel Diagramm 1**).

Nur bei der Erzeugung der Grafik über *Datei —> Neu —> Diagramm* wird bereits die gesamte Excel-Arbeitsfläche zur Darstellung des Diagramms genutzt.
Die Darstellung des Diagramms, das mit Hilfe des Grafik-Assistenten erzeugt wurde, in dem oft kleinen Rechteck befriedigt natürlich nicht die Anforderungen eines "Präsentationsprofis".

Um eine Grafik, die mit dem Grafik-Assistenten erzeugt wurde, auf die gesamte Arbeitsfläche von Excel zu bringen, gehen Sie wie folgt vor.

Grafik auf Vollbild vergrößern:

---

1. [Doppelklick] innerhalb des Rechtecks, das die Grafik enthält. Die Grafik wird zum Fenster, was an den Fensterelementen **Rahmen, Systemmenüfeld** und **Titelleiste** deutlich wird.

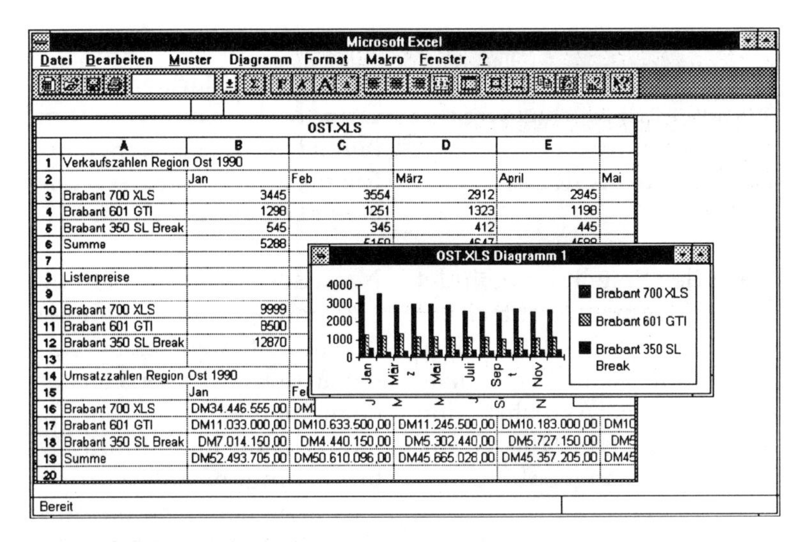

Abb. 13-45 Diagrammfenster auf der Tabellenoberfläche

2. [Doppelklick] auf der Titelleiste oder [Klick] auf dem Vollbildpfeil rechts neben der Titelleiste vergrößert das Grafikfenster.

✗ **Regel**
Ist das aktuelle Dokumentenfenster eine Grafik, so stehen in der Menüleiste spezielle Diagrammbefehle zur Verfügung.

Während das Grafikfenster auf Vollbildgröße erweitert ist, erscheint in der Menüleiste neben dem Namen von Excel und der aktuellen Tabelle auch der Name der Grafik (Beispiel: **Microsoft Excel OST.XLS Diagramm 1**). Bereits aus dem Namen ist ersichtlich, daß es sich zunächst nicht um eine eigenständige Grafik handelt, sondern um ein Objekt, das in die Tabelle eingebettet ist. Dieses Verfahren nennt man allgemein *Object Linking and Embedding* (Objekte verbinden und Einbetten).

In der folgenden Tabelle sind die formalen Eigenschaften, Unterschiede und Gemeinsamkeiten von tabellenorientierter und dateiorientierter Grafik gegenübergestellt. Inhaltliche Unterschiede es gibt zwischen beiden Erstellungsarten nicht, vorausgesetzt, sie beziehen sich wirklich auf denselben Tabellenbereich.

Eingebettete Grafik	**Dateiorientierte Grafik**
Wird über den Grafik-Assistenten nach Markierung des entsprechenden Tabellenbereiches hergestellt.	Wird nach Markierung des entsprechenden Tabellenbereiches über die Befehlsfolge *Datei —> Neu —> Diagramm* erzeugt.
Nach der Erstellung befindet sie sich in einem Rechteck auf der Tabellenoberfläche. Das Diagramm ist in der Tabelle eingebettet. Bei Aktualisierung der Tabelle wird die Grafik automatisch angepaßt.	Nach der Erstellung befindet sie sich in einem eigenen Dokumentenfenster, erkennbar an den typischen Fensterelementen. Grafik kann nicht in die Tabelle eingebettet werden. Tabellendaten werden auch hier automatisch an veränderte Tabellensituation angepaßt.
Per [Dauerklick] kann die Grafik auf der Tabellenoberfläche beliebig positioniert werden.	Ein Verschieben auf der Tabelle ist nur fenster-orientiert möglich.
Per [Doppelklick] wird sie in ein eigenes Fenster gestellt.	Ist bereits nach der Erstellung in einem eigenen Fenster.
[Doppelklick] auf dem Systemmenüfeld verläßt die Fensterdarstellung. Die eingebettete Gafik wird wieder auf der Tabelle sichtbar.	[Doppelklick] auf dem Systemmenüfeld schließt das Fenster. Eventuell werden Sie gefragt, ob Sie speichern möchten.
Kann über *Datei —> Speichern* in einer Datei gespeichert werden. Die Abfrage nach getrennter Speicherung von Tabelle und Grafik muß positiv beantwortet werden.	Kann über *Datei —> Speichern* in einer eigenen Datei gespeichert werden. Die Grafik hat den Charakter einer unabhängigen Datei.

Ist die Grafik im aktuellen Fenster, ändert sich das Menü in ein Menü mit diagrammtypischen Befehlen *Datei, Bearbeiten, Muster, Diagramm, Format, Makro, Fenster* und *?*. Mit Hilfe der Optionen *Muster, Diagramm* und *Format* kann gezielt auf die Darstellungsweise der Grafik eingewirkt werden.

Per [Doppelklick] auf der Menüleiste wird die Grafik als Vollbild dargestellt oder auf Fenstergröße verkleinert, sofern bereits der Vollbildmodus eingestellt war.
Bei Veränderung der Tabellendaten wird die Grafik automatisch angepaßt und aktualisiert. Dies gilt für beide Grafikarten.
Wie Sie beim Durchsehen der tabellarischen Übersicht bemerkt haben, gibt es wesentliche Unterschiede bei der Generierung der Grafik und der Positionierbarkeit der Grafik auf der Tabellenoberfläche.
Nachdem Sie die Regeln zur Erzeugung eines Diagramms angewandt haben, ist folgende Ausgangsgrafik erstellt worden.

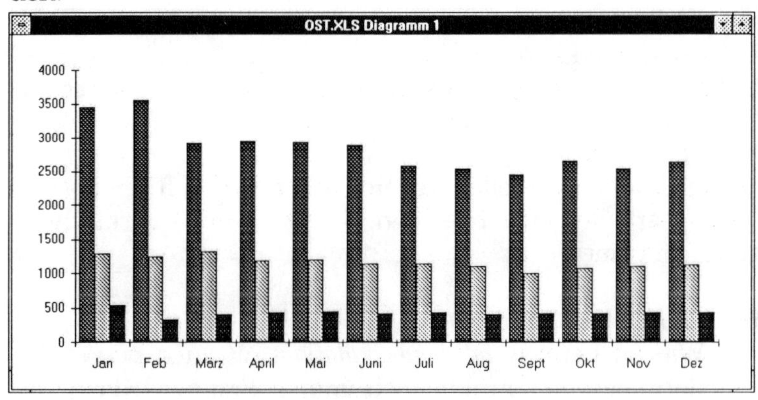

Abb. 13-46 Die Ausgangsgrafik

An dieser Grafik sind zahlreiche optische Verbesserungen möglich:
- 3D-Diagramm definieren
- Überschrift einfügen
- Beschriftungen verändern
- Legende einfügen und formatieren
- Schriftarten und -größen zuordnen
- Rahmen erstellen

In Kapitel 13-5 werden die formalen Eigenschaften des Diagramms verändert.

13.5 Formatierung des 3D-Diagramms

Sind die inhaltlichen Eigenschaften einer Grafik durch die Daten der Tabelle festgelegt und im Grafikmodul Excels nicht mehr beeinflußbar, so können wir als Anwender auf die Darstellungsart großen Einfluß nehmen.

✗ **Definition**
Jede Veränderung der Darstellungsart einer Grafik nennt man **Formatierung**.

Ausgehend von der in Kapitel 13.4 erzeugten Grafik in der Standarddarstellung **Säulen** wollen wir zum einen ein 3D-Säulendiagramm herstellen und zum anderen die Darstellung so weit verändern, daß man auch mit dem optischen Eindruck zufrieden sein kann.
Für die Formatierung der Excel-Diagramme stehen im wesentlichen die Menü-Optionen *Bearbeiten, Muster, Diagramm* und *Format* zur Verfügung.
Die folgenden generellen Regeln sollten Sie bei Ihren Formatierungsarbeiten stets beachten, damit Sie vor Überraschungen sicher sind.

- **Generelle Regeln**
  Wie im Bereich *Tabellenkalkulation* gilt auch bei Veränderungen im Grafikbereich immer: Erst per [Klick] Objekte auswählen (Selection), dann bestimmen, was mit dem Objekt geschehen soll (Action).
- Sobald ein Objekt markiert ist, wird es mit sog. **Anfassern** versehen (vgl. Kapitel 7).
- Das markierte Objekt wird zum aktuellen Objekt. Nur auf das aktuelle Objekt wirken nachfolgende Formatierungen.
- Um die Markierung eines Objektes aufzuheben, drücken Sie die [Esc]-Taste.

Damit Sie nicht den Überblick verlieren, ist in der folgenden Übersicht das prinzipielle schrittweise Vorgehen bei der Formatierung unseres Diagramms aufgelistet. Zusätzlich sind das Speichern und Drucken aufgenommen, da diese Schritte im Alltag auch entsprechend folgen.

Ihre prinzipielle Vorgehensweise in Stichworten:

---

1. Auswahl des Diagrammtyps über das **Muster**-Menü.
2. Datenreihen umkehren.
3. Raster und Farben den Datenreihen zuordnen.
4. Einstellen der 3D-Ansicht.
5. Datenreihennamen löschen.
6. Legende einfügen und bearbeiten.
7. Überschrift definieren.
8. Schriftart und -größe festlegen.
9. Rahmen definieren.
10. Diagramm unter Namen speichern.
11. Seitenansicht einschalten.
12. Seitenränder verändern.
13. Diagramm drucken.

☞ **Hinweise**
Um einen Eindruck von den Wirkungen der Formatierung zu bekommen, sind Bildschirmkopien und keine Ausdrucke an entscheidenden Stellen eingefügt. Man kann das Geschehen viel besser auf dem Bildschirm als anhand von Ausdrucken verfolgen.

☞ Um Platz zu sparen, wird jeweils nur der Inhalt des Grafikfensters wiedergegeben. Auf die Menü- und Titelleiste wird - sofern überflüssig - verzichtet, um das Buch nicht unnötig aufzublähen.

Bevor wir uns den Feinheiten der Formatierung zuwenden, sollte zunächst der Diagrammtyp festgelegt werden. Jede spätere Zuweisung eines neuen Diagrammtyps bewirkt nämlich eine Zurücksetzung Ihrer Detailformatierungen.

---

1. Auswahl des Diagrammtyps:

---

1. *Muster —> 3D-Säulen*
   Verwechseln Sie das Menü *Muster* nicht mit dem Menü *Format —> Muster*! Über das *Muster*-Menü werden die Diagrammtypen ausgewählt, über das Menü *Format —> Muster* werden Rahmen und Raster festgelegt.
   Auf dem Bildschirm erscheint eine Auswahl verschiedener 3D-Säulen-Diagrammtypen.

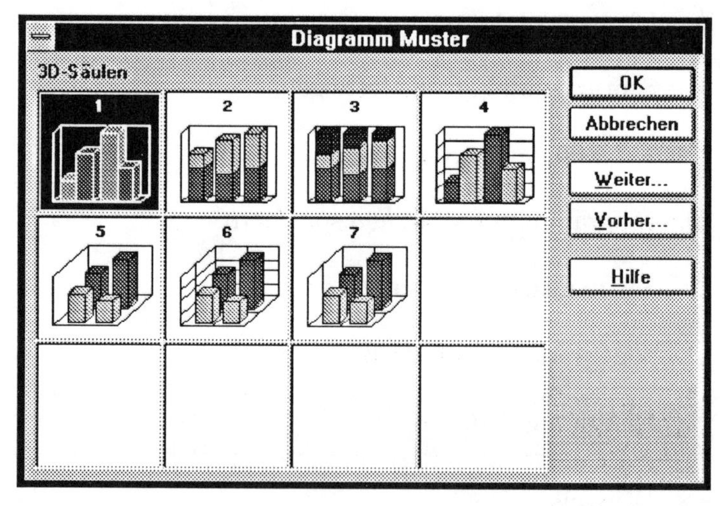

Abb. 13-47 3D-Diagramme

2. [Doppelklick] auf dem Diagrammtyp *6*.
   Es zeigt sich folgende Darstellung auf dem Bildschirm. Sie ist in der Abb. 13-48 auf der nächsten Seite gezeigt.

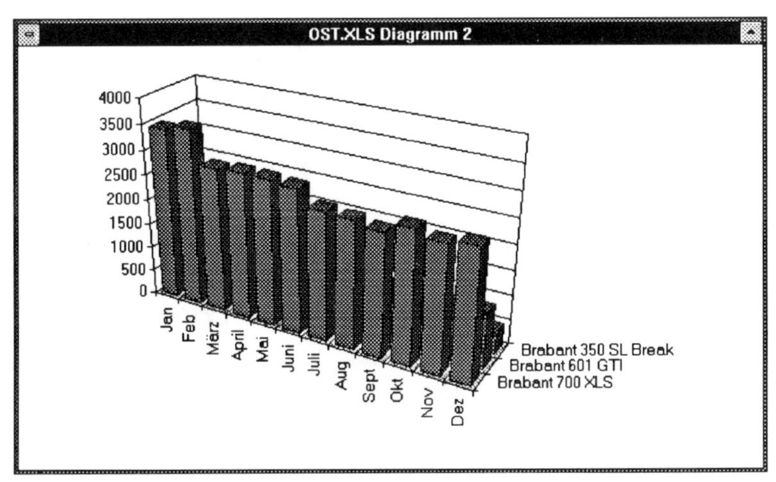

Abb. 13-48 Erzeugtes 3D-Säulendiagramm

Das war prinzipiell gut gedacht, aber was macht Excel daraus! Die Datenreihe mit den höchsten Säulen steht ganz vorne und verdeckt so die restlichen Datenreihen. Es ergibt sich also die Notwendigkeit, die Datenreihen in umgekehrter Reihenfolge zur Anzeige zu bringen.

---

2. Datenreihen umkehren:

---

1. [Klick] auf der Achse, an der die Autotypen vermerkt sind. Achten Sie unbedingt darauf, daß Sie nicht versehentlich eine der Datenreihen markieren. Wenn Sie die Achse "getroffen" haben, erscheinen jeweils an ihren Enden Anfasser.

2. *Format —> Skalierung*
   Es öffnet sich eine Dialogbox

3. [Klick] auf *Reihen in umgekehrter Reihenfolge.*

4. [Return] oder [Klick] auf *OK.*
   Die Datenreihen werden in umgekehrter Reihenfolge dargestellt, so daß im Diagramm jetzt alle drei Datenreihen sichtbar sind.

Sollten Sie Ihr Diagramm auf einem Farbdrucker ausgeben, so versuchen Sie an dieser Stelle einen ersten Ausdruck, um die Wirkung der Farben zu kontrollieren. Im Falle, daß Sie Ihre Grafik auf einem schwarz-weiß arbeitenden Drucker ausgeben möchten, ist es häufig ratsam, statt der im Diagramm verwendeten Farben Rot, Grün und Blau den Datenreihen Raster oder Schraffuren zuzuweisen.

---

3. Raster und Schraffuren den Datenreihen zuweisen:

---

1. [Klick] auf einer Säule der Datenreihe, der Sie eine Schraffur oder einen Raster zuweisen möchten (Selection); hier: Datenreihe des Modells **Brabant 350 SL Break**, die standardmäßig die Farbe Blau besitzt.
   In der Editierzeile erscheint die Formel, die diese Datenreihe zur Basis hat:
   =DATENREIHE(OST.XLS!$A$5;OST.XLS!$B$2:$M$2;OST.XLS!$B$5:$M$5;3)

   Weiterhin wird die erste und letzte Säule der Datenreihe mit Anfassern versehen.

2. *Format —> Muster*
   Es öffnet sich eine Dialogbox mit Möglichkeiten zur Gestaltung der Rahmenlinien und -flächen.

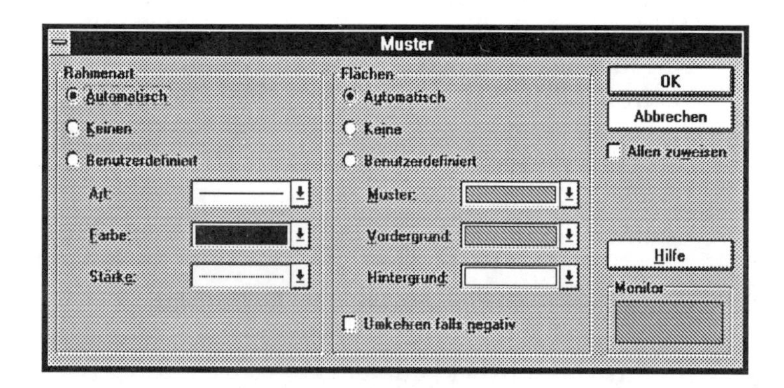

Abb. 13-49 Festlegung der Datenreiheneigenschaften

Im Bereich *Flächen* definieren die Optionen *Muster*, *Vordergrund* und *Hintergrund* das Aussehen der Säulen.

Ihre weitere Vorgehensweise

3. [Klick] auf *Vordergrund*, um die Farbe der Säulen festzulegen. Es öffnet sich eine List-Box mit Farben.

4. [Klick] auf der Farbe *Schwarz*, die damit zur aktuellen Farbe der Säulen wird.

5. [Klick] auf *Muster*. Es öffnet sich eine List-Box mit diversen Rastern und Schraffuren.

6. Wählen Sie per [Klick] eines der helleren Raster aus, um später die restlichen Datenreihen mit dunkleren Rastern belegen zu können.

- Im Feld *Monitor* läßt sich die Wirkung des Rasters kontrollieren (= "You see it before you get it").

7. [Return] oder [Klick] auf *OK* weist die getroffene Auswahl den Säulen der Datenreihe zu (Action).

Nachdem den beiden verbleibenden Datenreihen auf analoge Weise Raster zugewiesen wurden, stellt sich Ihr Diagramm wie folgt dar.

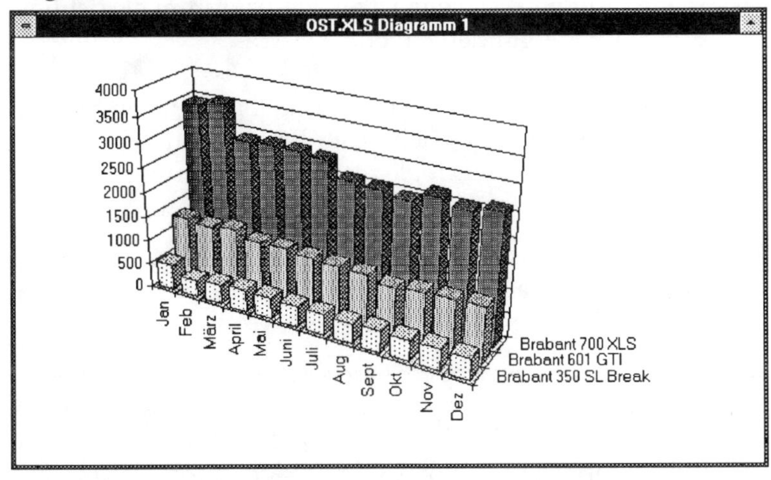

Abb. 13-50 Diagramm nach Zuweisung von Rastern

Sollte Ihnen der Anblick des Diagramms noch nicht gefallen, etwa weil noch immer Teile der Datenreihen so verdeckt werden, daß sie unsichtbar sind, oder weil die Achsen nicht wirklich senkrecht sind, dann können Sie die Einstellung der 3D-Ansicht verändern.

---

4. Einstellen der 3D-Ansicht

---

1. *Format —> 3D-Ansicht.* Es öffnet sich ein Dialogfenster, in dem Sie alle Veränderungen vornehmen können, die die perspektivische Darstellung betreffen.

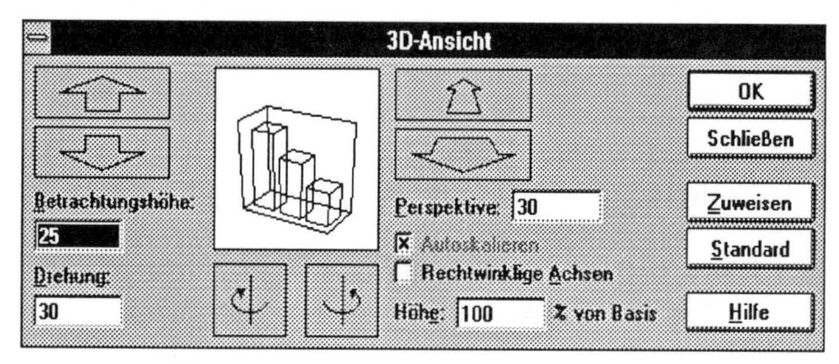

Abb. 13-51 Änderungen der Perspektive

2. Verändern Sie *Betrachtungshöhe, Drehung* und *Perspektive* so lange, bis Sie am kleinen Beispieldiagramm die richtige Einstellung gefunden haben.

- Um rechtwinklige Achsen zu erhalten, kreuzen Sie per [Klick] das Feld links neben der Beschriftung *Rechtwinklige Achsen* an. Die Möglichkeit zur Änderung der Perspektive steht dann nicht mehr zur Verfügung.
- Wählen Sie beispielsweise *Betrachtungshöhe* **15**, *Drehung* **40** und eine Perspektive, die sämtliche Datenreihen so zeigt, daß keine wesentlichen Teile verdeckt werden.
- Um Überhöhungen oder Stauchungen des Diagramms zu definieren, wird der Wert von *Höhe* verändert. Wird dort ein Wert von 200% definiert, so bedeutet dies eine Überhöhung um den Faktor 2 oder anders ausgedrückt, das Verhältnis von Breite zu Höhe ist 1:2.

Ihre weitere Vorgehensweise

3. [↵] oder [Klick] auf *OK* weist die definierte 3D-Ansicht dem Diagramm zu.

Durch die Veränderung der 3D-Ansicht sind leider die Beschriftungen des Monats Dezember und des Autotyps Brabant 350 SL zusammengerutscht. Außerdem wird durch die gestürzte Beschriftung der Datenreihen sehr viel Platz am unteren Diagrammrand verschenkt. Dies führt beispielsweise dazu, daß das Diagramm relativ klein dargestellt wird.
Ein Ausweg aus diesem Dilemma bietet sich zum einen in der Entfernung der Datenreihenbeschriftung und zum zweiten in der Einführung einer Legende, die den Informationsverlust wieder ausgleicht, der durch die Entfernung der Datenreihennamen entstanden ist.

5. Datenreihennamen löschen:

1. [Doppelklick] auf einem Datenreihennamen oder der zugeordneten Achse (Z-Achse).
   Es öffnet sich das Menü *Format —> Muster.*
2. Im Dialog-Feld *Teilstrichbeschriftungen* wird festgelegt, ob, wie und wo die Teilstriche der Achse beschriftet werden. [Klick] auf *Keine.*
3. [↵] oder [Klick] auf *OK* entfernt die Beschriftung.
   Das Diagramm wird beim Neuzeichnen größer dargestellt.

Da nun nicht mehr erkannt werden kann, welche Datenreihe für welchen Autotyp steht, muß eine Legende dieses Informationsdefizit ausgleichen.

6. Legende einfügen und bearbeiten:

1. *Diagramm —> Legende einfügen*
   An der rechten Diagrammseite erscheint in einem Rahmen eine Legende (vgl. Abbildung 13-52 auf der folgenden Seite).

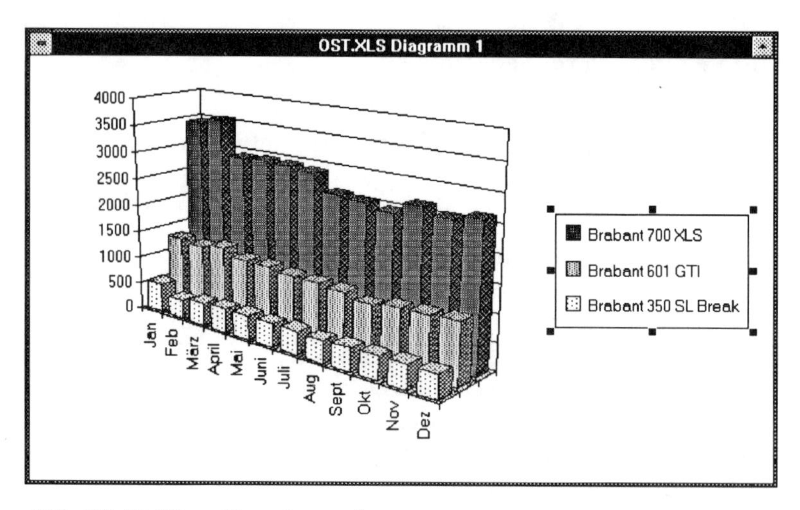

Abb. 13-52 Eingefügte Legende

Die Legende ist das aktuelle Diagrammelement, was man an den 8 Anfassern in Abbildung 13-46 sehen kann. Sämtliche Befehle wirken demnach auf sie.

Ihre weitere Vorgehensweise:

---

2. Um die Wichtigkeit der Informationen der Legende zu unterstreichen, soll der Legendentext fett geschrieben werden.
   [Klick] auf dem *Fett*-Schalter in der Werkzeugleiste.
   Nachdem das Diagramm neu gezeichnet wurde, ist die Schrift fett dargestellt.

In unserem Diagramm werden die Verkaufszahlen der Region Ost im Jahre 1991 dargestellt. Dies sollte in der Diagrammüberschrift zum Ausdruck kommen. Sonst weiß der Betrachter nicht, was er dem Diagramm entnehmen kann.

---

7. Überschrift definieren:

---

1. *Diagramm —> Text zuordnen*
   Es öffnet sich eine Dialog-Box.

Ihre weitere Vorgehensweise:

2. Da *Diagrammtitel* bereits vorbesetzt ist, [Klick] auf *OK* oder [Return].
   Es erscheint oberhalb des Diagramms das Wort ***Titel*** umrahmt von 8 Anfassern. Außerdem steht in der Editierzeile das Wort *Titel* und der *Fett*-Schalter der Werkzeugleiste ist automatisch gedrückt worden, weil Excel davon ausgeht, daß es sich um eine hervorzuhebende wichtige Information handelt, die im Diagrammtitel dargestellt werden soll.

3. Sie geben die gewünschte Diagrammüberschrift ein, hier: *Verkaufszahlen 1991,*
   dann [Strg]+[Return] für den Zeilenumbruch,
   Region Ost in der zweiten Zeile.

4. [Return]. Die Überschrift erscheint im Diagramm.

Die Beschriftung der Z-Achse (senkrechte Achse im 3D-Diagramm) sollte informativer und optisch ansprechender gestaltet werden. Da die Zuweisung von Achsentiteln und Veränderung der Schriftart bereits ausführlich erläutert wurde, wird an dieser Stelle nicht mehr genau darauf eingegangen.
Versehen Sie die senkrechte Achse (Größenachse) mit dem Titel *Stückzahlen*. Die Rubrikenachse soll nicht näher beschriftet werden, da die Monatsnamen ausreichend informativ sind. Als Schriftart für die Achsenbeschriftungen verwenden Sie *Helv 8 Punkt fett*. Für die Überschrift sollte man einen Schriftgrad höher gehen, hier also auf 10 Punkt.

8. Schriftart und -größe festlegen:

1. [Klick] auf der zu verändernden Schrift; hier: Teilstrichbeschriftung der senkrechten Achse.
   Die Achse wird an ihren Enden mit Anfassern versehen, d.h. sie ist aktuelles Objekt im Diagramm.

Ihre weitere Vorgehensweise:

2. *Format —> Schriftart*
   Es öffnet sich eine Dialogbox, in der die Eigenschaften der Schrift festgelegt werden können.

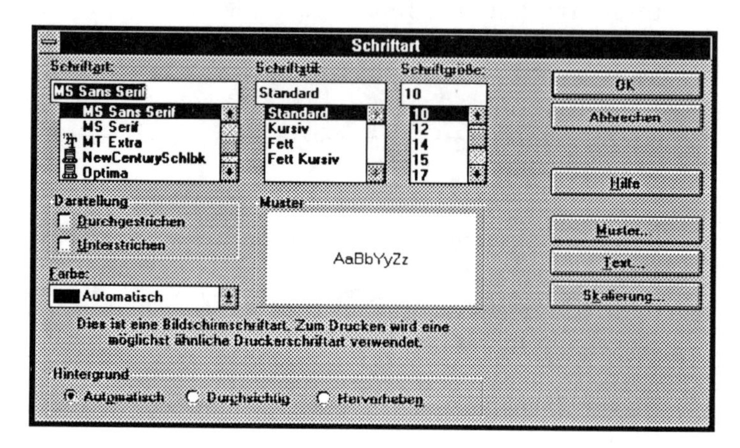

Abb. 13-53 Festlegen der Schriftart

In diesem Fenster können Sie die gewünschte Schriftart genau spezifizieren. In der linken List-Box *Schriftart* ist *Helv* vorbesetzt.

3. [Klick] auf *8* in der List-Box *Größe*, da die Schrift eine Größe von 8 Punkt haben soll.
   Im Feld *Monitor* ist das Aussehen der gewählten Schriftart zu begutachten.

4. [Klick] auf *Fett* in der Box *Auszeichnung*, da die Schrift fett sein soll.
   Im Feld *Monitor* wird die Veränderung unmittelbar sichtbar.

5. [Klick] auf *OK*, da weitere Angaben nicht gemacht werden sollen.
   Im Diagramm wird die Beschriftung in der gewählten Schriftart angezeigt.

Jetzt muß noch auf analoge Art und Weise der Überschrift und der Legende die gewünschte Schriftart zugewiesen werden.

☞ **Hinweis**
Die Schrift in der Legende kann man nicht direkt anklicken. Wird die Legende insgesamt aktuelles Objekt per [Klick], so wirken sämtliche schriftbezogenen Formatierungen auf die Beschriftung in der Legende.

Beachten Sie bei der Bearbeitung von Schrift die folgenden Regeln.

- **Regeln zur Formatierung von Schrift**
  Vor der Veränderung von Beschriftungen eines Diagramms müssen diese per [Klick] markiert werden (Prinzip **Selection ⇨ Action**).

- Über *Format* —> *Schriftart* kann die Schriftart verändert werden.

- Alternativ kann per [Doppelklick] auf der zu verändernden Schrift und folgendem [Klick] auf dem Schalter *Schriftart* der gleiche Effekt erzielt werden.

- Ist eine Beschriftung angeklickt worden, so erscheint der Text in der Editierzeile und kann verändert werden.

- Die Orientierung des Textes (Richtung) wird über *Format* —> *Text* bestimmt.

- Um die Beschriftung der Achsen (= Teilstrichbeschriftungen) zu beeinflussen, muß die entsprechende Achse zunächst per [Klick] markiert werden. Die Schrift kann dann ebenfalls über *Format* —> *Schriftart* verändert werden.

- Achsenbeschriftungen können inhaltlich nicht in der Grafik, sondern nur in der Tabelle beeinflußt werden.

- Rahmen um Beschriftungen werden über *Format* —> *Muster* zugeordnet.

- Text kann über *Diagramm —> Text zuordnen* einzelnen Diagrammelementen (Achsen, Überschrift) zugewiesen werden.
  Nicht zugeordneter Text wird einfach eingegeben und kann per [Dauerklick] frei verschoben werden.

Ihr Diagramm ist jetzt mit Legende, Überschrift und Achsenbeschriftungen versehen.

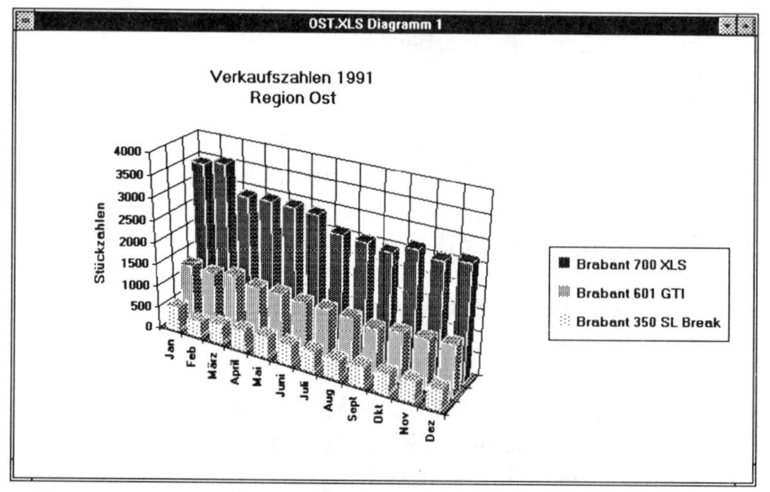

Abb. 13-54 Diagramm mit Überschrift und Legende

Um das gesamte Diagramm von der Umgebung abzusetzen, wird häufig ein Rahmen definiert, der mit einem Schatten versehen werden kann, um eine gewisse Räumlichkeit zu erzeugen.

---

9. Rahmen definieren:

---

1. *Diagramm —> Diagramm auswählen*
   Damit machen Sie das gesamte Diagramm zum aktuellen Objekt.

2. *Format —> Muster*
   In der sich öffnenden Dialog-Box können Sie die Umgebungslinie und Rahmenfläche festlegen.

☞ **Hinweis**
Die Dialog-Box kann auch direkt per [Doppelklick] auf der Diagrammfläche (neben irgendeinem anderen Diagrammelement) geöffnet werden.

Ihre weitere Vorgehensweise

---

3. [Klick] auf dem Pfeil, der zur Listbox des Wortes *Breite* gehört. Die Box öffnet sich.
   Sie können hier die Breite der Umgebungslinie des Diagrammrahmens festlegen.

4. Wählen Sie die dickste Linie (= unterste Auswahl) per [Klick].

● Automatisch wird der "Radio-Button" von *Automatisch* auf *Benutzerdefiniert* gesetzt. Im Feld *Monitor* im unteren rechten Teil der gesamten Dialog-Box können Sie die Wirkung Ihrer Auswahl beobachten.

5 [Klick] im Bereich *Flächen* auf dem Pfeil, der zur Listbox des Feldes *Muster* gehört. Es öffnet sich die Listbox mit mehreren Rastern und Schraffuren.

6. Wählen Sie einen nicht zu dunklen Raster, damit sich die Beschriftungen des Diagramms noch gut von der Diagrammfläche abheben.

7. Schließlich klicken Sie noch im Bereich *Rahmenart* die Option *Schatten* an. Damit wird ein schwarzer Schatten dem Diagramm unterlegt.

8. [↵] oder [Klick] auf *OK* weist dem Diagramm insgesamt einen Rahmen mit Schatten zu.

✗ **Tip**
Um Text ohne seine weiße Umgebung auf dem gerasterten Hintergrund stehen zu lassen, wählen Sie nach Markierung des Textes *Format —> Schriftart —> Unsichtbar.*

Nach Abschluß sämtlicher gestalterischer Eingriffe könnte Ihr 3D-Diagramm wie folgt aussehen.

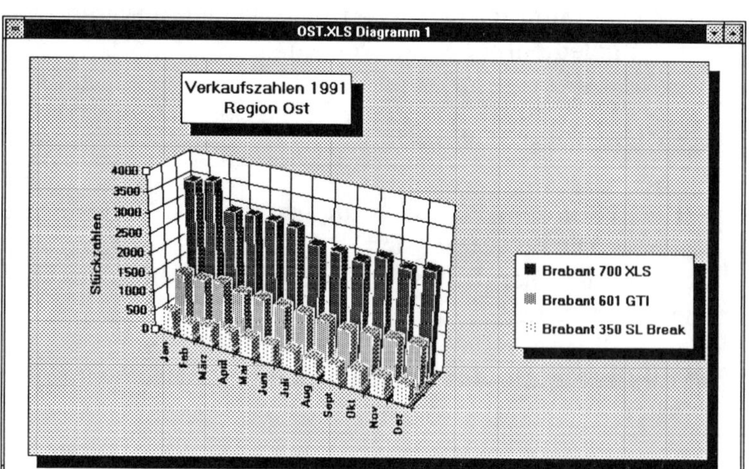

Abb. 13-54 Fertiges 3D-Diagramm

Damit das Ergebnis der mühevollen Arbeit nicht verloren geht, sollten Sie das Diagramm unter dem Namen OST-3D.XLC auf Ihrer Festplatte dauerhaft speichern.

---

10. Diagramm unter Namen speichern:

---

1. *Datei —> Speichern unter*
   Es öffnet sich eine Dialogbox, in der Sie das Verzeichnis und den Dateinamen festlegen können.
   Der Dateinamen ist mit dem Namen DIAGRAMM1.XLS vorbesetzt und markiert.
2. Geben Sie den Dateinamen im Feld *Diagramm speichern unter* an; hier: OST-3D
   Der Punkt und die Erweiterung **.XLC** (= Excel Chart) werden automatisch von Excel vergeben.
3. Wählen Sie in der Listbox *Verzeichnisse* das Verzeichnis, in dem Ihr Diagramm gespeichert werden soll, per [Doppelklick] aus.
4. [↵] oder [Klick] auf *OK* speichert das Diagramm.

☞ **Hinweis**
Da das Diagramm auch nach dem Speichern zu der Tabelle gehört, wird der Name der gesondert gespeicherten Datei nicht in der Titelleiste angezeigt, sondern nach wie vor beispielsweise **OST.XLS Diagramm 1**. Dennoch ist die Datei OST-3D.XLC auf Ihrer Festplatte gespeichert. Da können sie ganz beruhigt sein. Mit Hilfe des Datei-Managers von Windows können Sie sich leicht davon überzeugen.

Als Krönung der langwierigen Formatierungen kann die Ausgabe auf dem Drucker angesehen werden. Erst dort wird sichtbar, was an Feinheiten auf dem Bildschirm verborgen blieb.
Häufig entspricht jedoch der erste Ausdruck nicht unbedingt den Wünschen an das Layout. Um Papier zu sparen, verfügt Excel über eine Vorschau-Funktion, die Sie bereits in Kapitel 11 kennengelernt haben.

---

11. Seitenvoransicht einschalten:

---

1. *Datei —> Seitenansicht*
   Excel berechnet das Aussehen Ihres Ausdrucks. Das kann teilweise relativ lange dauern. In dieser Zeit tut sich scheinbar nichts auf Ihrem Rechner. Aber keine Sorge, er hat sich nicht "aufgehängt". Haben Sie etwas Geduld - besonders bei Ausgabe auf einem Laserdrucker mit hoher Auflösung.

   Nach der Wartezeit erscheint dann die Seitenansicht.

In der Seitenansicht können - quasi auf Sicht - die Seitenränder verändert werden. Jede Veränderung der Ränder führt zu einer neuen Berechnung der Diagrammgröße, denn das Diagramm wird immer sofort den neuen Rändern angepaßt.

12. Seitenränder verändern:

1. [Klick] auf dem Schalter *Ränder*.
   Die Seitenränder werden als Linien eingeblendet. Sobald der Mauszeiger (Lupe) auf eine dieser Linien kommt, verwandelt er sich in das Kreuz mit Pfeilen, das Sie bereits aus den Kapiteln 6 und 11 bei der Veränderung der Spaltenbreiten kennengelernt haben.

2. [Dauerklick] auf einer Linie.
   Verschieben Sie die Linie bis in der Statuszeile der gewünschte Wert des Seitenrandes angezeigt wird. Nach Loslassen des Mausknopfes ist der Rand neu definiert und das Diagramm wird neu berechnet und gezeichnet, was eine gewisse Zeit dauert, während der sich auf dem Bildschirm nichts tut.

Layout...

Die Definition der Seitenränder gehört eigentlich bereits zur Festlegung des Layouts, wie der Fachmann sagt. Um weitere Festlegungen in Bezug auf das Layout zu machen, bedient man sich des *Layout*-Schalters.

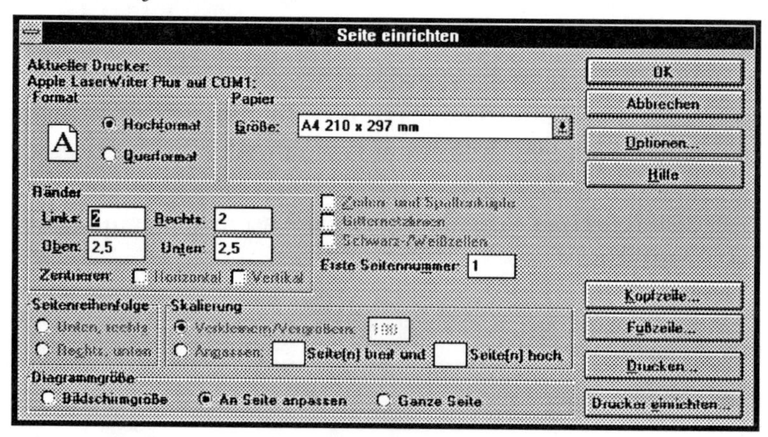

Abb. 13-55 Layout-Funktion (*Seite einrichten*)

Innerhalb der Dialog-Box können ebenfalls die Seitenränder festgelegt werden (in cm). Bis auf die Optionen, die die Größe der Grafik beeinflussen, haben sie bereits sämtliche Einstellmöglichkeiten in Kapitel 11 kennengelernt.

Insbesondere die Angaben zur Diagramm-Größe bedürfen einer Erklärung. Am Beispiel unseres Diagramms wird die Seitenansicht der drei unterschiedlichen Größenangaben in den drei folgenden Abbildungen dargestellt.

Bildschirmgröße
Es wird nur der linke Seitenrand berücksichtigt. Ansonsten versucht MS-Excel die Größe der Grafik den ursprünglichen Verhältnissen auf dem Bildschirm anzupassen. Das kann auch dazu führen, daß bei großem linken Rand die Grafik über den rechten Papierrand hinausragt.
Dieser Teil der Grafik ginge beim Ausdruck verloren. Die Seitenansicht gibt jedoch zuverlässig darüber Aufschluß, ob solche Probleme auftreten (vgl. Abbildung 13-51).

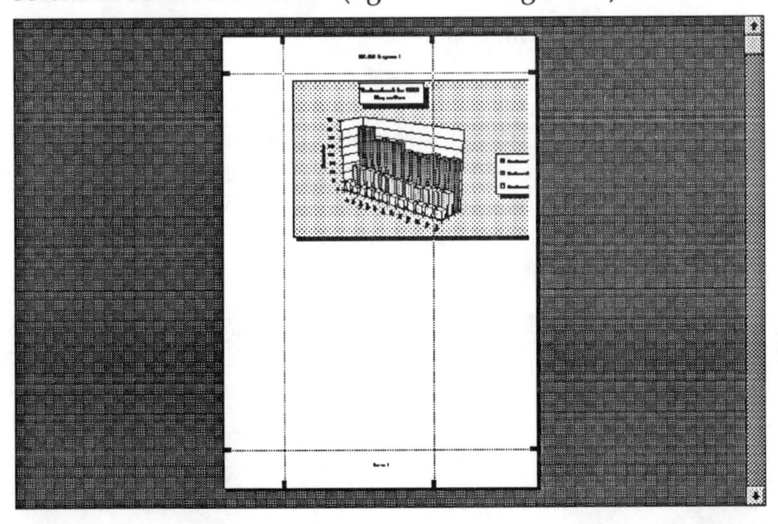

Abb. 13-56 Bildschirmgröße

An Seite angepaßt
Hier werden der linke und rechte Seitenrand berücksichtigt. Die Grafik wird dementsprechend im Vergleich zur Bildschirmdarstellung verkleinert.

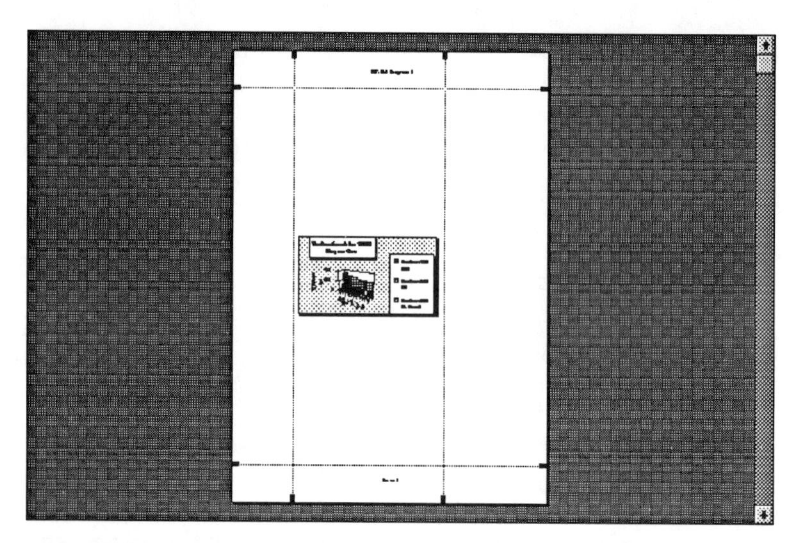

Abb. 13-57 An Seite angepaßt

Ganze Seite

Von der Grafik wird der gesamte Raum zwischen den definierten Seitenrändern ausgefüllt. Im allgemeinen werden sämtliche Seitenverhältnisse dadurch verzerrt. Die ausgedruckte Grafik hat nur noch wenig mit der Darstellung auf dem Bildschirm zu tun.

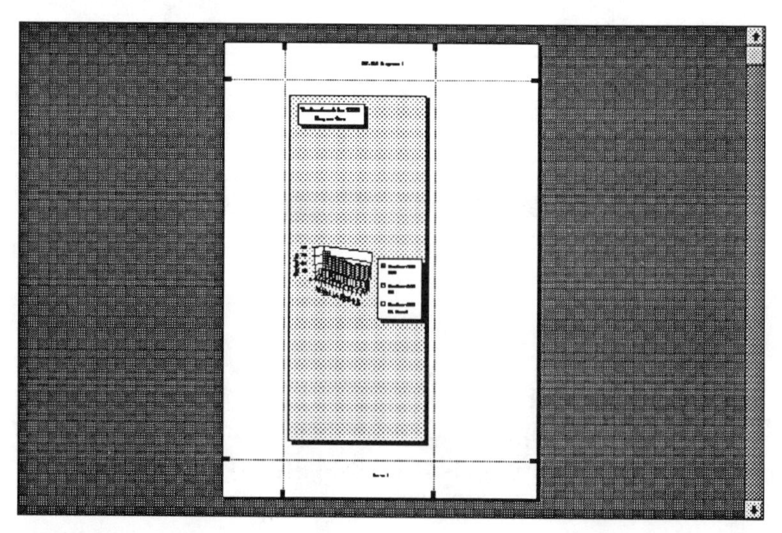

Abb. 13-58 Ganze Seite

☞ **Hinweis**
Die Einstellung des Layouts läßt sich auch über Die Befehlsfolge *Datei --> Seite einrichten* aufrufen.

Nachdem das Layout festgelegt ist, kann das Diagramm ausgedruckt werden.

---

13. Diagramm drucken:

---

1. *Datei —> Drucken*
   Es öffnet sich eine Dialogbox, in der der Seitenbereich festgelegt werden kann, der ausgedruckt werden soll. Weiterhin kann hier ausgewählt werden, ob in *Entwurfsqualität* gedruckt werden soll. Sie können auch durch Anklicken der Option *Seitenansicht* vor dem eigentlichen Ausdruck wieder in die zuvor beschriebene Seitenansicht gelangen, um vor dem Ausdruck nochmals das Layout zu kontrollieren.

2. Da Sie sämtliche Vorgaben übernehmen möchten, drükken Sie entweder [Return] oder [Klick] auf dem *OK*-Schalter.
   Excel bereitet das Diagramm als Druckdatei auf.
   Während dieses Vorgangs, der einige Minuten dauern kann, erscheint die Box *Ausdruck*. Über den Schalter *Abbrechen* kann der Druckvorgang jederzeit beendet werden.

Die Druckausgabe selbst erfolgt nicht direkt aus Excel, sondern wird vom Druck-Manager von Windows gesteuert. Dies hat den Vorteil, daß Sie in Excel nach Aufbereitung der Druckdatei direkt weiterarbeiten können.

✗ **Tip**
Im **Druck-Manager** von Windows können sie die Priorität des Ausdrucks einstellen. Wenn Sie auf Ihren Ausdruck warten möchten, bevor Sie in Excel weiterarbeiten, sollten Sie die *Hohe Priorität* über *Optionen* im Druck-Manager einstellen.
Wenn jedoch Ihre Arbeit in Excel wichtiger ist als der Ausdruck, stellen Sie mit *Optionen* im Druck-Manager *Niedrige Priorität* ein. Ihre Arbeit hat dann mehr Rechnerzeit zur Verfügung als der Ausdruck, der im Hintergrund relativ langsam abgewickelt wird.

☞ **Hinweis**
Um den Ausdruck in diesem Buch darzustellen, wurde ein HP LaserJet IIP mit verschiedenen Softfonts genutzt. Aus diesem Grunde könnten im Vergleich zu Ihrem Ausdruck Unterschiede vorhanden sein.

Ihr Ausdruck könnte beispielsweise etwa so aussehen, wie in der folgenden Abbildung dargestellt.

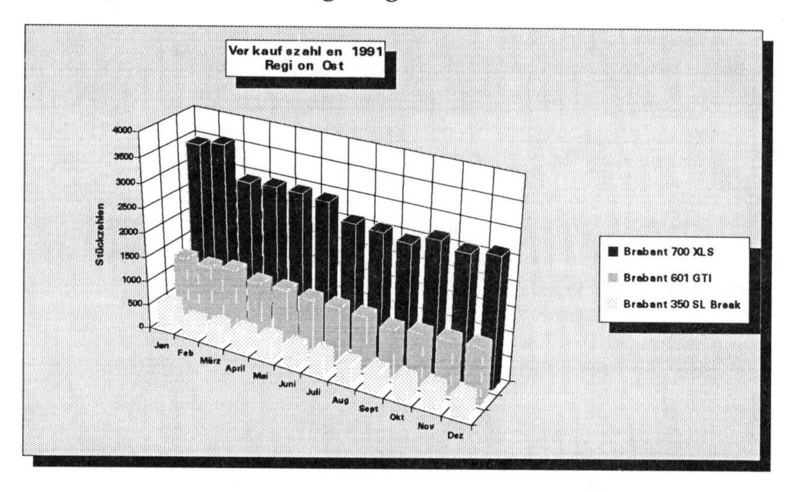

Abb. 13-59 Ausdruck Ihrer 3D-Grafik

13.6 Zusammenfassung

Bereits am Umfang dieses Kapitels konnten Sie feststellen, daß eine umfassende Behandlung der Grafikmöglichkeiten von Excel 4.0 nicht möglich ist. Immerhin verfügen Sie über grundlegendes Rüstzeug, das Sie in die Lage versetzt, eigene Ideen im Grafikbereich von Excel zu realisieren.

An einem ausführlichen Fallbeispiel haben Sie den Umgang mit Excels Grafikmodul kennengelernt. Sie wissen vor allem, wie die Daten einer Tabelle im Diagramm umgesetzt werden. Dieses Wissen können Sie anwenden, um ganz gezielt die tabellarische Information zu visualisieren. Die eingangs aufgezeigten Beispiele zeigen Ihnen auch, daß die Anwendung von Excel nicht nur auf die sog. Businessgrafik beschränkt ist,

sondern genauso gut im naturwissenschaftlich-technischen Bereich Anwendung findet. Dies wird allzu leicht übersehen, wenn man die Medien beobachtet.
Achten Sie bei der Visualisierung umfangreichen Zahlenmaterials darauf, daß Sie Ihr Diagramm nicht mit Informationen überladen. Bedenken Sie, daß ein Säulendiagramm, in dem 40 Einzelsäulen zu sehen sind, eventuell besser durch ein Flächendiagramm zu ersetzen ist. Erstellen Sie lieber ein Diagramm mehr, als eines zu wenig. Bedenken Sie auch, daß 3D-Diagramme zwar sehr anschaulich sind, aber leicht das Auge täuschen und das Ablesen exakter Zahlenwerte erschweren. In einem Kreisdiagramm sollten nicht mehr als 6 Tortenstücke vorhanden sein. Es sei denn, Sie möchten die ungeheuere Vielfalt an Einzelheiten mit dem Mittel der Überfrachtung ganz besonders augenfällig machen.
Zeigen Sie bei Präsentationen zuerst einen allgemeinen Zusammenhang. Erst im zweiten Schritt vergrößern Sie den Detaillierungsgrad. Man kennt es aus dem Kino: Erst die Totale, dann Nah. Zu Verfremdungszwecken darf man diese Regel auch schon mal herumdrehen, aber bitte mit größter Vorsicht!
Bedenken sie bei der Erstellung von Diagrammen immer, daß Sie selbst zwar den Gegenstand Ihrer Betrachtungen sehr genau kennen, der unbelastete Betrachter sich jedoch in den meisten Fällen zunächst in den Zusammenhang hineindenken muß. Diese Arbeit sollten Sie ihm durch klar gegliederte und strukturierte Diagramme erleichtern, nicht erschweren!
Wenn Sie häufig Präsentationsgrafiken benötigen und eventuell an die Grenzen von MS-Excel stoßen, empfiehlt es sich, eventuell auf ein Spezialwerkzeug wie **MS-PowerPoint** oder vergleichbare Produkte zurückzugreifen. Dort können Excel-Dateien direkt weiterverarbeitet werden.

Die folgenden Aufgaben sollen Sie wieder motivieren, mehr mit Excel zu machen, als wir Ihnen in diesem Buch bieten können!

13.7 Aufgaben, Fragen und Übungen

Aufgabe 1
Erstellen Sie zu Ihrer Haushaltstabelle sinnvolle Diagramme, die Ihnen die Übersicht über Ihre privaten Ausgaben erleichtern. Vielleicht helfen Ihnen diese Diagramme bei der häuslichen Planung!

Aufgabe 2
Stellen Sie die Anteile der Automodelle Ihrer regionalen Tabellen aus Kapitel 12 in Form eines Kreisdiagramms dar. Der Anteil der Region Ost soll dabei durch ein herausgezogenes Kreissegment besonders hervorgehoben werden.

Aufgabe 3
Welche der beiden folgenden Regeln liegt der Umsetzung einer Tabelle in eine Grafik wirklich zugrunde?

- Excel versucht möglichst viele Werte in der Grafik unterzubringen, um der Grafik eine umfassende Aussage zu verleihen. Dabei wird nach der Regel verfahren, daß die Diagrammüberschrift immer aus dem Text in der Zelle A1 gebildet wird.

oder . . .

- Excel versucht möglichst wenig Datenreihen im Diagramm zu erzeugen. Aus diesem Grunde werden die Datenreihen aus dem Tabellenelement gebildet, welches weniger markiert ist. Sind weniger Spalten als Zeilen markiert, werden die Datenreihen aus den Spalten gebildet, sind weniger Zeilen als Spalten markiert, werden die Zeilen zu den Datenreihen verarbeitet.

14 Die Datenbank

Dem einen oder anderen erscheint es vielleicht ein wenig hochgestochen, im Zusammenhang mit MS-Excel - oder auch anderen Tabellenkalkulationsprogrammen - von einer Datenbank zu sprechen. Diese Zweifel sind durchaus berechtigt, denn selbstverständlich kann MS-Excel nicht mit den umfangreichen Möglichkeiten professioneller, echter Datenbank-Programme wie dBase IV, Superbase 4 oder gar DB2 mithalten. Von einem Kalkulationstool wird wahrscheinlich aber auch niemand die Realisierung relationaler Probleme erwarten. Vielleicht sollte man in Zusammenhang mit MS-Excel besser von einer "komfortablen Datenverwaltung" sprechen.
Bevor wir anhand eines kleinen Beispiels den Funktionsumfang des Bereiches *Datenbank* erläutern, sollten Sie einige allgemeine Zusammenhänge über Datenbanken erfahren.

14.1 Generelles zur Datenbank

Sicher kennt jeder von Ihnen eine Namens- oder Adreßkartei. Auf einzelnen Karteikarten sind Angaben zu einer Person vermerkt.

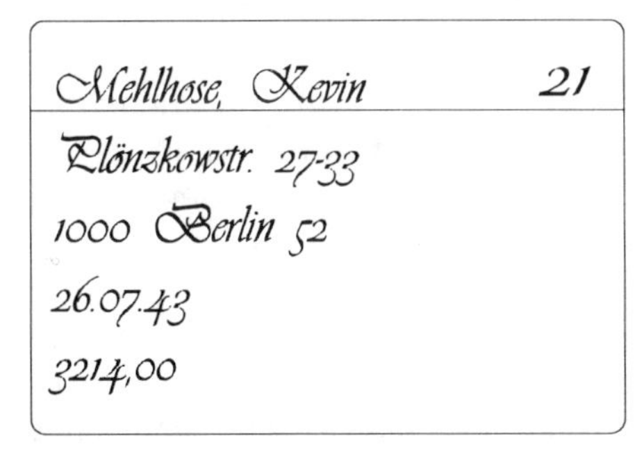

Abb. 14-1 Karteikarte eines Brabant-Verkäufers

- **Regel**
  Jede Karteikarte entspricht in der Datenbank einem **Datensatz**.

Auf der Karteikarte findet man einzelne Angaben wie den Vornamen, den Nachnamen, Anschrift des Verkäufers, bisher verkaufte Automobile. Jede dieser Angaben sind einzelne Felder auf der Karteikarte.

- **Regeln**
  Jeder Datensatz setzt sich aus einzelnen **Datenfeldern** oder kurz **Feldern** zusammen.

- Jedes Datenfeld wird durch einen typischen Begriff gekennzeichnet, den **Feldname**.

Nimmt man sämtliche Karteikarten zusammen, so entsteht eine Datei. Erst wenn mehrere Dateien über Schlüsselbegriffe zusammengefaßt werden, spricht man von einer Datenbank. Hier reden wir jedoch auch dann von einer Datenbank, wenn in nur einer Tabelle Daten strukturiert aufgelistet werden. Dies ist im übrigen in der Literatur weit verbreitet.

Dabei wird immer unterschieden zwischen solchen Daten, die vollkommen unstrukturiert abgespeichert und genutzt werden, und solchen, die strukturiert gespeichert und genutzt werden.

Ein typischer Vertreter der Kategorie der unstrukturierten Daten sind sämtliche Texte und freie Grafiken, wie sie etwa mit Malprogrammen erzeugt werden können.

Typischerweise sind Daten in Datenbankprogrammen und Tabellenkalkulationsprogrammen stets strukturiert. In diesen beiden Fällen liegt sogar die gleiche Struktur vor, denn beide Dateitypen legen Daten in Form von Tabellen ab.

Auf der folgenden Seite ist in Abbildung 14-2 die hierarchische Struktur für Datenbankprogramme dargestellt. Die kleinste Einheit in dieser Abbildung ist der Datensatz. Der Datensatz jedoch setzt sich - wie Sie wissen - eigentlich aus den einzelnen Datenfeldern zusammen.

Diese Hierarchie sollten Sie stets im Kopf haben, wenn Sie Datenbankprobleme betrachten und lösen.

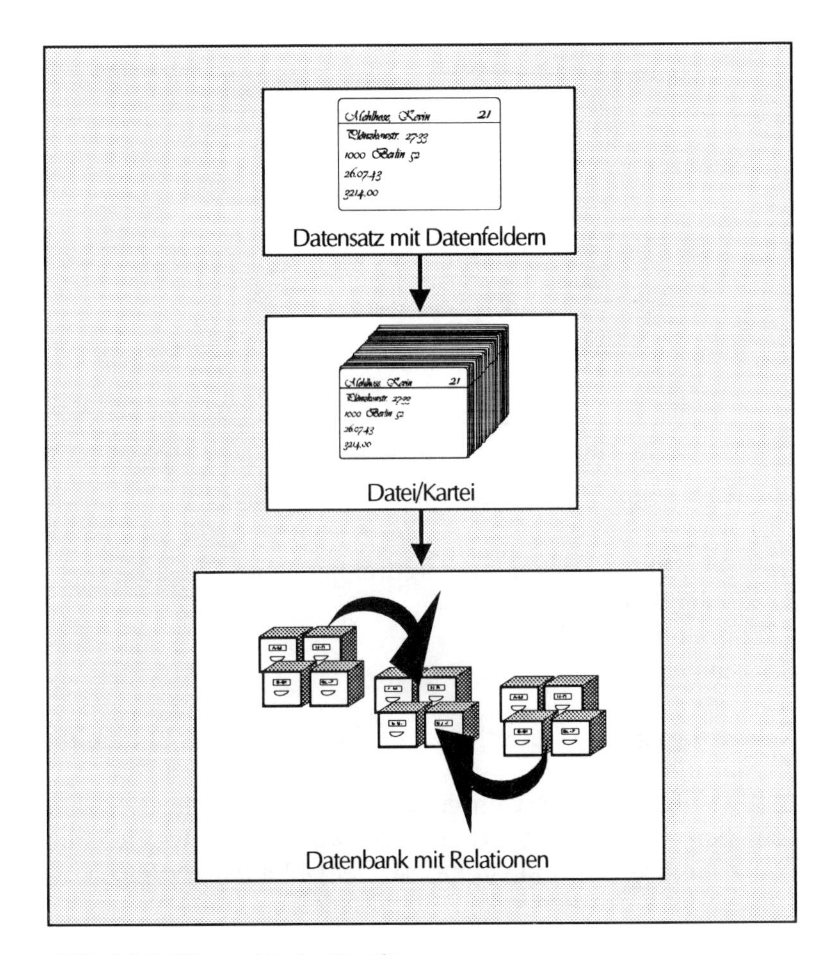

Abb. 14-2 Hierarchische Struktur

Die Karteikartensicht kann leicht in eine tabellarische Form übersetzt werden. Dazu bilden die Feldnamen die Spaltenüberschriften. Jede Zeile der Tabelle enthält demnach den gesamten Inhalt einer Karteikarte. Damit entspricht jede Zeile einem Datensatz. Es ergibt sich der in Abbildung 14-3 gezeigte prinzipielle Aufbau einer tabellarischen Datenbank.

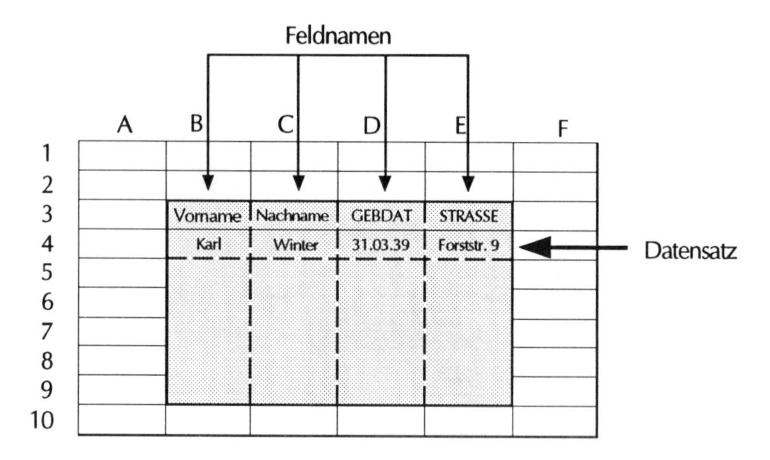

Abb. 14-3 Prinzipielle Struktur einer Excel-Datenbank

In MS-Excel unterscheidet man drei Bereiche:
- Datenbankbereich
- Kriterienbereich
- Ausgabebereich

Jedem dieser drei Bereiche wird eine eigene Funktionalität zugeordnet.
Im Datenbankbereich werden die Basisdaten abgelegt. In diesem Bereich wird sortiert und geblättert, dort werden die Daten eingegeben und verändert. Der Datenbankbereich entspricht der eigentlichen Datenbankdatei.

Der Kriterienbereich wird von Ihnen als Datenbank-Anwender definiert, um Selektionskriterien zu definieren. Diese Selektionskriterien sind nötig, um aus der gesamten Datenmenge eine Untermenge herauszufiltern. Damit Excel weiß, welche Datensätze Sie sehen möchten, wird auf Kriterien zurückgegriffen, die in diesem speziellen Bereich stehen, um von Excel gefunden zu werden.

Schließlich erfolgt die Ausgabe der selektierten Daten in einem gesonderten Bereich, dem Ausgabebereich. Der Ausgabebereich liegt, wie auch der Kriterienbereich, außerhalb der eigentlichen Datenbank.

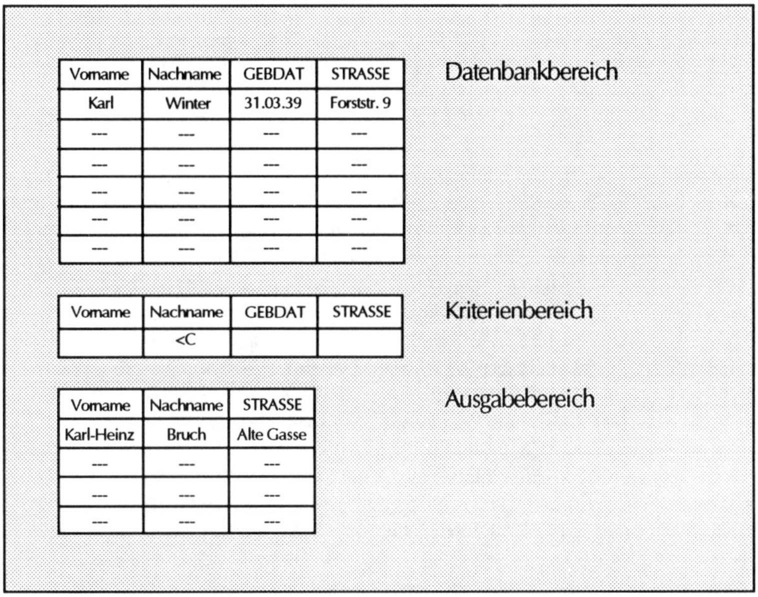

Datenbankbereich

Vorname	Nachname	GEBDAT	STRASSE
Karl	Winter	31.03.39	Forststr. 9
---	---	---	---
---	---	---	---
---	---	---	---
---	---	---	---
---	---	---	---

Kriterienbereich

Vorname	Nachname	GEBDAT	STRASSE
	<C		

Ausgabebereich

Vorname	Nachname	STRASSE
Karl-Heinz	Bruch	Alte Gasse
---	---	---
---	---	---
---	---	---

Abb. 14-4 Die drei Bereich der Excel-Datenbank

14.2 Daten eingeben

Die Daten einer Excel-Datenbank werden in der gleichen Weise eingegeben wie Sie dies bereits von der Kalkulationstabelle her kennen.

Die folgenden Angaben sollen in der Datenbank enthalten sein, in Klammern stehen die Kürzel sofern vorhanden:

Nachname (Name), Vorname, Geburtstag (Gebdat), Straße, Postleitzahl (PLZ), Wohnort (Ort), Gehalt und bisher verkaufte Automobile (Anzahl).

Die Datenbank sollte eine Überschrift erhalten: *Vertriebsbeauftragte der Brabant-Werke.*

Wir wollen die folgenden Daten in die Tabelle eingeben:

Jost van Hanegen, 21.03.34, Rembrandtstr. 1, 5000 Köln, 3.567,00, 20
Désirée Greiff-Knethe,25.10.56,Geldmacherstr. 12, 6200 Wiesbaden, 3.591,00, 21
Walther von Schoten, 25.03.57, Chinesenweg 3, 3400 Göttingen, 7.890,00, 40
Fritz Prochnow, 10.02.41, Dessauer Str. 47, 7000 Leipzig, 2.345,00, 12
Kevin Mehlhose, 26.07.43, Plönzkowstr. 27-33, 1000 Berlin 52, 3.214,00, 21
Karl-Heinz Bruch, 20.12.51, Alte Gasse 31, 1200 Frankfurt/Oder, 5.215,00, 43
Karl Winter, 31.03.39, Forststr. 9, 4700 Hamm, 6.891,00, 51
Willy Sickel, 23.04.46, Hainer Berg 12, 3250 Hameln, 5.123,00, 43
Christa Marx, 11.11.42, Wartburg-Allee 22, 5900 Eisenach, 3.419,00, 23
Michael Pohlenz, 09.03.43, Bahnstr. 27-33, 3300 Braunschweig, 2.134,00, 20
Theodor Panzer, 05.12.53, Am Heerlager 12, 3042 Munster, 3.901,00, 21
Egon Kranz, 10.09.40, Prager Str. 10, 8010 Dresden, 1.200,00, 7
Gisela Ernst, 10.10.59,Stepper Landstr. 1, 6504 Gau-Bischofsheim, 4.900,00, 24
Josef Geige, 04.06.46, Franz-Josef-Weg 5, 8000 München, 4.131,00, 21
Werner Fetters, 19.12.58, Permagasse 12, 6100 Darmstadt, 4.135,00, 24
Rosalie Römer, 22.10.51, Holundergasse 7, 6500 Mainz 42, 3.680,00, 19
Jakob Staniek, 31.08.49, Ulmenstr. 35, 1000 Berlin 31, 7.819,00, 43
Mizzi Muxeneder, 12.05.53, Donauallee 97, 8022 Rottach-Egern, 3.561,00, 33

Nach der Eingabe der Daten, Anpassung der Spaltenbreite, Vergabe des Datumsformates *TT.MM.JJ* für das Feld *GEBDAT* und Zuweisung des Formates *Währung* aus der Druckformatliste für das Feld *GEHALT* könnte Ihre Tabelle etwa folgendes Aussehen haben:

VERKAUF.XLS

	A	B	C	D	E	F	G
1	Vertriebsbeauftragte der Brabant-Werke						
2							
3	VORNAME	NAME	GEBDAT	STRASSE	PLZ	ORT	Gehalt
4	Karl-Heinz	Bruch	20.12.51	Alte Gasse 31	1200	Frankfurt/Oder	DM5.215,(
5	Gisela	Ernst	10.10.59	Stepper Landstr. 1	6504	Gau-Bischofsheim	DM4.900,(
6	Werner	Fetters	19.12.58	Permagasse 12	6100	Darmstadt	DM4.135,(
7	Josef	Geige	04.06.46	Franz-Josef-Weg 5	8000	München	DM4.131,(
8	Désirée	Greiff-Knethe	25.10.56	Geldmacherstr. 12	6200	Wiesbaden	DM3.591,(
9	Egon	Kranz	10.09.40	Prager Str. 10	8010	Dresden	DM1.200,(
10	Christa	Marx	11.11.42	Wartburg-Allee 22	5900	Eisenach	DM3.419,(
11	Kevin	Mehlhose	26.07.43	Plönzkowstr. 27-33	1000	Berlin 52	DM3.214,(
12	Mizzi	Muxeneder	12.05.53	Donauallee 97	8022	Rottach-Egern	DM3.561,(
13	Theodor	Panzer	05.12.53	Am Heerlager 12	3042	Munster	DM3.901,(
14	Michael	Pohlenz	09.03.43	Bahnstr. 27-33	3300	Braunschweig	DM2.134,(
15	Fritz	Prochnow	10.02.41	Dessauer Str. 47	7000	Leipzig	DM2.345,(
16	Rosalie	Römer	22.10.51	Holundergasse 7	6500	Mainz 42	DM3.680,(

Abb. 14-5 Excel-Tabelle nach Eingabe der Daten

✗ **Tip**
Damit beim Blättern in der Datenbank die informativen Feldnamen nicht nach oben oder links aus dem Fenster verdrängt werden, können Sie die Fensterbereiche, in denen die Spalten- oder Zeilenbeschriftungen stehen, fixieren. Bewegen Sie dazu den Mauszeiger langsam über den oberen Rand der rechten Bildlaufleiste (oder den linken Rand der unteren Bildlaufleiste) hinaus. Der Mauszeiger verwandelt sich in das dargestellte Symbol (vgl. Marginalspalte). Per [Dauerklick] verschieben Sie die zugeordnete Linie nach unten (oder nach rechts), bis sich der gesamte Bereich der Spaltenbeschriftungen (Zeilenbeschriftungen) oberhalb (links) der Linie befindet. Über *Optionen —> Fenster fixieren* legen Sie die Teilung fest. Die Teilung kann über *Optionen —> Fensterfixierung aufheben* rückgängig gemacht werden.

14.3 Datenbank definieren

Noch liegt für Excel eine "ganz normale" Tabelle vor, die noch nichts mit einer Datenbank zu tun hat. Um Excel mitzuteilen, daß daraus eine Datenbank werden soll, gehen Sie wie folgt vor:

So legen Sie den Datenbank-Bereich fest:

---

1. Markieren Sie die per [Dauerklick] die Felder einschließlich der Spaltenüberschriften, die zur Datenbank gehören sollen.

- In A3:H3 stehen die Spaltenüberschriften, die zu den Feldnamen werden.

- In A5:H21 (oder entsprechend weiter, wenn Sie weitere Zeilen ausgefüllt haben) stehen die eigentlichen Daten.

  Der gesamte Bereich, der markiert werden muß, ist in unserem Fall demnach A3:H21.

Ihre weitere Vorgehensweise

2. *Daten —> Datenbank festlegen*
   Damit ist der markierte Bereich für Excel nunmehr keine normale Tabelle, sondern eine Datenbank in tabellarischer Darstellung.

☞ **Hinweis**

Achten Sie bei der Markierung unbedingt darauf, daß keine Teile der Überschrift oder sonstige, nicht zur Datenbank gehörende Bereich markiert werden.
Die erste Zeile des Datenbankbereiches muß immer die Zeile mit den Feldnamen sein.
Achten Sie darauf, daß sich zwischen der Zeile mit den Feldnamen und der ersten Datenbankzeile keine Leerzeile befinden. Dies könnte später zu Fehlern in der Datenbank führen.

Bei der Festlegung des Datenbankbereichs weist Excel diesem Bereich automatisch den Namen **Datenbank** zu. Sie können somit mit Hilfe des Menüs *Formel —> Namen festlegen* jederzeit überprüfen, ob sich in dem aktuellen Arbeitsblatt ein als Datenbank markierter Bereich befindet.

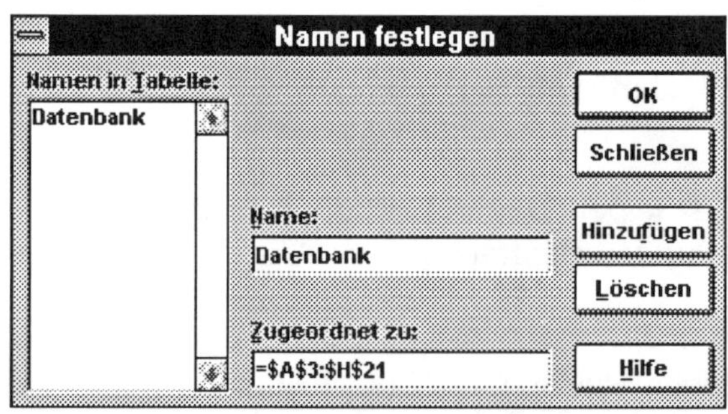

Abb. 14-6 Datenbankbereich mit Namen ***Datenbank***

Der Name *Datenbank* ist eindeutig, wie sämtliche anderen Namen auch. Aus diesem Grund kann auch immer nur ein einziger Tabellenbereich als Datenbank definiert sein. Mehrere Datenbank-Bereiche pro Arbeitsblatt sind nicht möglich.

Nachdem Sie den Tabellenbereich mit Ihren Daten zur Datenbank erklärt haben, stehen Ihnen umfangreiche Organisationsmittel zur Verfügung, die anhand von Fallbeispielen dargestellt werden.

14.4 Datenbankstruktur verändern

Trotz sorgfältigster Planung kann sich nach einer gewissen Zeit die Notwendigkeit ergeben, eine bestehende Datenbank um weitere Felder zu erweitern. Diesen Vorgang wollen wir in unserer Datenbank dadurch vornehmen, daß ein Feld eingefügt wird, dem das Alter eines Vertriebsbeauftragten zu entnehmen ist. Dabei soll das jeweils aktuelle Datum berücksichtigt werden.

So fügen Sie ein weiteres Feld in die Datenbank ein:

---

1. Fügen Sie zwischen den beiden Feldern **GEBDAT** und **STRASSE** eine neue Spalte ein.
   Spalte D gesamt markieren, dann [Strg]+[+]

2. In der neuen, leeren Spalte D schreiben Sie in die Zeile mit den Feldnamen **ALTER**.

Der Datenbankbereich wird durch das Einfügen innerhalb des definierten Datenbankbereiches erweitert, wie Sie sich über *Formel —> Namen festlegen* überzeugen können. Dort ist jetzt der Bereich *$A$3:$H$21* als aktueller Datenbankbereich eingetragen.
Hätten Sie das Feld am Ende der Datenbank - und damit außerhalb des definierten Datenbankbereiches - ergänzt, so müßten Sie jetzt den Datenbankbereich neu definieren, da das neue Feld in jenem Fall nicht mehr zu Ihrer Datenbank gehörte (vgl. Kapitel 8, S. 106).
Nun bestimmen Sie die Formel, nach der man das aktuelle Alter berechnen kann. Allgemein ausgedrückt, muß man vom heutigen Datum das Geburtsdatum abziehen, um das Alter zu bestimmen. Das heutige Datum wird mittels der Funktion *JETZT()* bestimmt.

Das Ergebnis dieser Funktion ist die serielle Datumszahl, die Sie bereits in Kapitel 10.2 kennengelernt haben.

So berechnen Sie das Alter:

---

1. In der Zelle D4 tragen Sie *=JETZT()-C4* ein.

2. Kopieren Sie diese Formel in den Bereich D5:D21.

3. Markieren Sie den Bereich D4:D21.

4. Vergeben Sie das Format *JJ*, um das Alter in Jahren anzuzeigen.

Das Ergebnis könnte folgendermaßen aussehen.

VERKAUF.XLS

	A	B	C	D	E	F	G	H
1	**Vertriebsbeauftragte der Brabant-Werke**							
2								
3	**VORNAME**	**NAME**	**GEBDAT**	**ALTER**	**STRASSE**	**PLZ**	**ORT**	**Gehalt**
4	Karl-Heinz	Bruch	20.12.51	40	Alte Gasse 31	1200	Frankfurt/Oder	5.215,00 DM
5	Gisela	Ernst	10.10.59	32	Stepper Landstr. 1	6504	Gau-Bischofsheim	4.900,00 DM
6	Werner	Fetters	19.12.58	33	Permagasse 12	6100	Darmstadt	4.135,00 DM
7	Josef	Geige	04.06.46	46	Franz-Josef-Weg 5	8000	München	4.131,00 DM
8	Désirée	Greiff-Knethe	25.10.56	35	Geldmacherstr. 12	6200	Wiesbaden	3.591,00 DM
9	Egon	Kranz	10.09.40	51	Prager Str. 10	8010	Dresden	1.200,00 DM
10	Christa	Marx	11.11.42	49	Wartburg-Allee 22	5900	Eisenach	3.419,00 DM
11	Kevin	Mehlhose	26.07.43	48	Plönzkowstr. 27-33	1000	Berlin 52	3.214,00 DM
12	Mizzi	Muxeneder	12.05.53	39	Donauallee 97	8022	Rottach-Egern	3.561,00 DM
13	Theodor	Panzer	05.12.53	38	Am Heerlager 12	3042	Munster	3.901,00 DM
14	Michael	Pohlenz	09.03.43	49	Bahnstr. 27-33	3300	Braunschweig	2.134,00 DM
15	Fritz	Prochnow	10.02.41	51	Dessauer Str. 47	7000	Leipzig	2.345,00 DM
16	Rosalie	Römer	22.10.51	40	Holundergasse 7	6500	Mainz 42	3.680,00 DM
17	Willy	Sickel	23.04.46	46	Hainer Berg 12	3250	Hameln	5.123,00 DM
18	Jakob	Staniek	31.08.49	42	Ulmenstr. 35	1000	Berlin 31	7.819,00 DM
19	Jost	van Hanegen	21.03.34	58	Rembrandtstr. 1	5000	Köln	3.567,00 DM
20	Walther	von Schoten	25.03.57	35	Chinesenweg 3	3400	Göttingen	7.890,00 DM
21	Karl	Winter	31.03.39	53	Forststr. 9	4700	Hamm	6.891,00 DM
22								

Abb. 14-7 Datenbank mit Alter in Jahren

Neben dem Einfügen einer neuen Spalte verändert auch das Entfernen einer Spalte den Datenbankbereich. Wenn Sie beispielsweise das Feld ANZAHL am rechten Ende des Datenbankbereichs löschen, wird der Bereich unmittelbar an diese Veränderung angepaßt. Die Spalte I gehört dann nicht mehr zum Datenbankbereich.

14.5 Datenbank sortieren

Da normalerweise die Eingaben in einer Datenbank nicht alphabetisch vorgenommen werden, sondern eher chronologisch je nach anfallenden Daten, ergibt sich bereits früh der Wunsch, die Datensätze nach verschiedenen Kriterien zu sortieren.
In unserer Übungsdatenbank soll nach dem Nachnamen aufsteigend sortiert werden.

So sortieren Sie die Datei:

---

1. Markieren Sie **alle** Datensätze, die sortiert werden sollen. Hier ist das Bereich A4:H21.
   Achten sie unbedingt darauf, daß alle Zeilen und Spalten, das sind alle Sätze mit allen Feldern aber **ohne Feldnamen**, markiert werden. Andernfalls werden zusammengehörende Daten auseinandergerissen.

2. *Daten —> Sortieren*
   Es öffnet sich folgende Dialogbox:

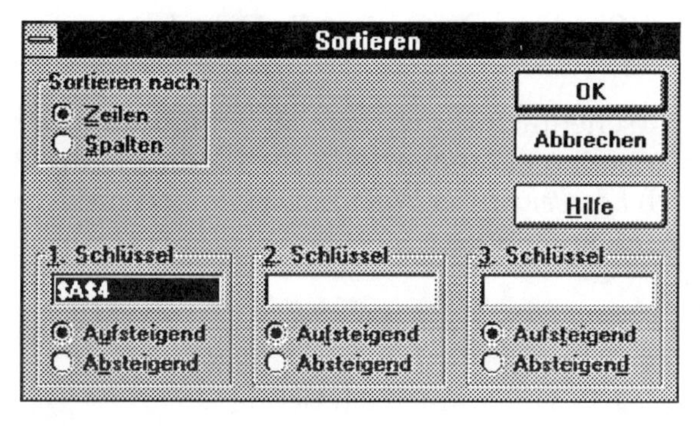

Abb. 14-8 Daten sortieren

Hier können Optionen eingegeben werden, die die Sortierung betreffen.

- *Sortieren nach* bezeichnet das Tabellenelement, das als unteilbare Einheit betrachtet werden soll. Zumeist sind die Datensätze zeilenweise angelegt, so daß nach diesen Zeilen sortiert werden soll. Die Daten einer Zeile bleiben danach immer zusammen.

Ihre weitere Vorgehensweise

---

3. In unserem Fall ist die Vorgabe *Zeilen* richtig.

- *1. Schlüssel* bis *3. Schlüssel* bestimmt das eigentliche Sortierkriterium. Am einfachsten klickt man eine beliebige Zelle der Spalte an, die das Hauptsortierkriterium enthält.

4. In unserem Fall soll nach dem Nachnamen sortiert werden. Die Nachnamen befinden sich in Spalte *B*. Klicken Sie beispielsweise auf Zelle *B4*. Die Zelle wird mit einem Laufrahmen umgeben und im Schlüsselfeld wird *$B$4* eingetragen.

- *Aufsteigend/Absteigend* läßt die Auswahl zu, in richtiger numerischer oder alphabetischer Reihenfolge (aufsteigend) oder umgekehrt (absteigend) zu sortieren.

5. In unserem Fall ist die Vorauswahl *Aufsteigend* akzeptabel.

6. [↵] oder [Klick] auf *OK* sortiert die Datenbank.

Sollte mal versehentlich durch eine fehlerhafte Markierung alles durcheinandergekommen sein, so ist dies kein "Beinbruch". Durch *Bearbeiten —> Widerrufen: Ordnen* läßt sich eine Sortierung zurücknehmen.

- **Regel**
  Es wird in folgender Reihenfolge aufsteigend sortiert:
  1.: 0 1 2 ... 9 10 11 ... numerisch richtig
  2.: Leer
  3.: ! # $ % & ( ) * + , - . : ; < = > ? @ [ ] { | } ~ ° ^{2} ^{3} ´
  4.: a A ä Ä b B c C ... alphabetisch richtig

  Die absteigende Sortierung erfolgt in umgekehrter Reihenfolge.

Nach der Sortierung hat Ihre Datenbank folgendes Aussehen:

Microsoft Excel - VERKAUF.XLS

Datei Bearbeiten Formel Format Daten Optionen Makro Fenster ?

Standard

H41

	A	B	C	D	E	F	G	H	I
1	**Vertriebsbeauftragte der Brabant-Werke**								
2									
3	**VORNAME**	**NAME**	**GEBDAT**	**ALTER**	**STRASSE**	**PLZ**	**ORT**	**Gehalt**	
4	Karl-Heinz	Bruch	20.12.51	40	Alte Gasse 31	1200	Frankfurt/Oder	5.215,00 DM	
5	Gisela	Ernst	10.10.59	32	Stepper Landstr. 1	6504	Gau-Bischofsheim	4.900,00 DM	
6	Werner	Fetters	19.12.58	33	Permagasse 12	6100	Darmstadt	4.135,00 DM	
7	Josef	Geige	04.06.46	46	Franz-Josef-Weg 5	8000	München	4.131,00 DM	
8	Désirée	Greiff-Knethe	25.10.56	35	Geldmacherstr. 12	6200	Wiesbaden	3.591,00 DM	
9	Egon	Kranz	10.09.40	51	Prager Str. 10	8010	Dresden	1.200,00 DM	
10	Christa	Marx	11.11.42	49	Wartburg-Allee 22	5900	Eisenach	3.419,00 DM	
11	Kevin	Mehlhose	26.07.43	48	Plönzkowstr. 27-33	1000	Berlin 52	3.214,00 DM	
12	Mizzi	Muxeneder	12.05.53	39	Donauallee 97	8022	Rottach-Egern	3.561,00 DM	
13	Theodor	Panzer	05.12.53	38	Am Heerlager 12	3042	Munster	3.901,00 DM	
14	Michael	Pohlenz	09.03.43	49	Bahnstr. 27-33	3300	Braunschweig	2.134,00 DM	
15	Fritz	Prochnow	10.02.41	51	Dessauer Str. 47	7000	Leipzig	2.345,00 DM	
16	Rosalie	Römer	22.10.51	40	Holundergasse 7	6500	Mainz 42	3.680,00 DM	
17	Willy	Sickel	23.04.46	46	Hainer Berg 12	3250	Hameln	5.123,00 DM	
18	Jakob	Staniek	31.08.49	42	Ulmenstr. 35	1000	Berlin 31	7.819,00 DM	
19	Jost	van Hanegen	21.03.34	58	Rembrandtstr. 1	5000	Köln	3.567,00 DM	
20	Walther	von Schoten	25.03.57	35	Chinesenweg 3	3400	Göttingen	7.890,00 DM	
21	Karl	Winter	31.03.39	53	Forststr. 9	4700	Hamm	6.891,00 DM	

Bereit

Abb. 14-9 Datenbank nach der Sortierung

Die Sortiermöglichkeit ist übrigens nicht auf die Datenbank beschränkt. Auch "ganz normale" Tabellen können so sortiert werden. Man muß nicht vorher einen Datenbankbereich definieren.

14.6 Die Datenmaske nutzen

Die Tabellensicht der Datenbank ist zweifellos die Darstellungsweise, bei der man am schnellsten einen Überblick über die gesamte Datenbank bekommt. Dennoch ist es manchmal erforderlich, sämtliche zu einem einzigen Datensatz (= Zeile) gehörenden Informationen auf einen Blick zu sehen. Hier bietet sich die Karteikartendarstellung an. Diese Karteikartensicht stellt alle zusammengehörenden Daten eines Datensatzes in einer Dialogbox dar, die man **Datenmaske** nennt.

- Regel
  Die Maskendarstellung wird aktiviert über *Daten —> Maske.*

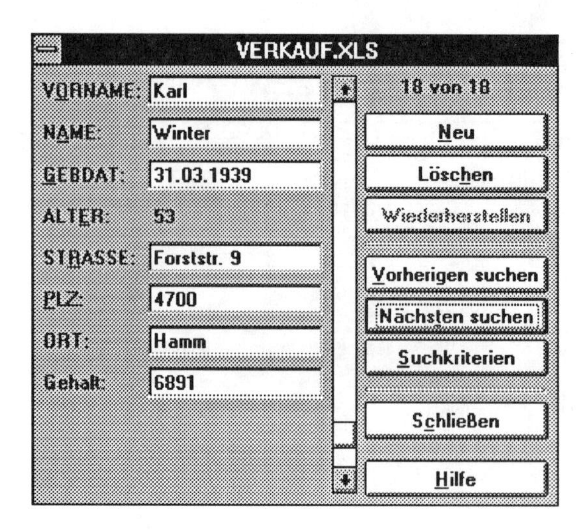

Abb. 14-10 Die Datenmaske

Unabhängig von der aktuellen Zelle wird beim Aufrufen der Datenmaske der erste Datensatz der Datenbank angezeigt (vgl. Abbildung 14-10).
In dieser Maskendarstellung ist es möglich, in der Datei zu blättern (Bildlaufleiste oder Schaltfelder *Vorherigen suchen* und *Nächsten suchen*), neue Datensätze einzugeben (Schaltfeld *Neu*), den angezeigten Datensatz zu löschen (Schaltfeld *Löschen*), Daten zu ändern und nach einer Änderung die alte Version wiederherzustellen (Schaltfläche *Wiederherstellen*).
Darüber hinaus lassen sich für jedes Datenbankfeld Kriterien festlegen, die die Anzeige nur bestimmter, diesen Kriterien entsprechender Datensätze bewirkt (Schaltfläche *Suchkriterien*).
Die Bildlaufleiste teilt die Datenbankmaske in zwei Hälften. Die linke Hälfte zeigt die Datenfelder und die Feldinhalte an. Im rechten Teil liegen die Schaltflächen. Mit der Bildlaufleiste kann entweder satzweise (Pfeile am Ende der Bildlaufleiste) oder in Zehnerschritten ([Klick] in die Bildlaufleiste) in der Datenbank geblättert werden.
Die Arbeit mit der Datenmaske bietet insbesondere bei der Neuanlage, dem Löschen und der selektierten Anzeige von Datensätzen unschätzbare Vorteile, da Excel dann den Datenbankbereich den veränderten Gegebenheiten automatisch anpaßt.

Die Datenmaske kann geschlossen werden, indem man [Esc] drückt, auf die Schaltfläche *Schließen* klickt, über *Systemmenü —> Schließen* oder über die Tastenkombination [Alt]+[F4].

Im folgenden wird an Fallbeispielen die Arbeit mit der Datenbankmaske gezeigt.
Zunächst soll das Gehalt von *Karl Winter* seinem großen Verkaufserfolg angepaßt werden, indem es von derzeit 6891,00 DM auf 7890,00 DM angehoben wird. Diese Anpassung muß selbstverständlich ihren Niederschlag auch in der Datenbank finden.
Die Veränderung des Gehalts setzt jedoch voraus, daß in der Maske auch der richtige Datensatz angezeigt wird.

So lokalisieren Sie den richtigen Datensatz:

---

1. *Daten —> Maske*
   Sie rufen die Maskendarstellung auf. Es wird der erste Datensatz angezeigt (*Karl-Heinz Bruch*).

2. [Klick] auf Schaltfläche *Suchkriterien.*
   Die Maske wird geleert.

3. [Klick] im Feld *Name.*

4. Sie geben den gesuchten Nachnamen ein: *Winter.*
   Die Schreibweise ist dabei unerheblich. Für Excel macht es **keinen** Unterschied, ob Sie *winter, WINTER, Winter* oder gar *WiNtEr* eingeben.

5. [Klick] auf dem Schalter *Nächsten suchen.*
   Der gefundene Datensatz wird in der Maske angezeigt und es ertönt ein kurzer Signalton.

Sie werden berechtigterweise sagen, daß man den Datensatz von Karl Winter sehr viel schneller direkt in der tabellarischen Darstellung gefunden hätte. Das ist richtig. Doch stellen Sie sich eine Datenbank mit 5000 Datensätzen vor, in der Sie die Information suchen. Mit Blättern hätten Sie doch erheblich länger gebraucht.

Zur Maskendarstellung kommen Sie über den Schalter ***Maske*** zurück, der statt des Schalters *Suchkriterien* erscheint, wenn man in der Eingabemaske für die Suchkriterien ist.
Sollten in Ihrer Datenbank mehrere Verkäufer mit Namen *Winter* eingetragen sein, so können Sie durch Spezifizierung des Vornamens und weiterer Angaben den Gesuchten finden.
Außerdem können Sie mit den Schaltflächen *Nächsten suchen* und *Vorherigen suchen* auch solange Excel in der Datenbank suchen lassen, bis der richtige Datensatz gefunden wurde.
Dabei gilt, daß mit *Nächsten suchen* von der aktuellen Stelle in der Datenbank zum Ende und mit *Vorherigen suchen* von der aktuellen Stelle zum Anfang gesucht wird.
Wenn sie nicht mehr genau wissen, wie der gesuchte Verkäufer eigentlich hieß, oder die exakte Schreibweise des Namens Ihnen entfallen ist, so können mit Hilfe sog. Platzhalterzeichen oder Jokern unbekannte Teile des Suchbegriffs ersetzt werden.
In Excel stehen Ihnen dafür zwei Platzhalter zur Verfügung: Sternchen und Fragezeichen.

✗ **Beispiel für den Gebrauch des Sternchens**
Sie suchen einen Verkäufernamen, der mit *P* beginnt. Die genaue Schreibweise kennen Sie aber nicht.
Im Feld *Name* geben sie ein: *P**
Nachdem Sie *Nächsten suchen* gedrückt haben, wird der erste Eintrag der Datenbank angezeigt, der mit P beginnt; dies ist *Fritz Prochnow.*
Über *Nächsten suchen* wird der nächste Datensatz (*Michael Pohlenz*) angezeigt. Ein erneutes Suchen bringt den Datensatz von *Theodor Panzer.*

Wird mit dem Sternchen als Globalzeichen gearbeitet, werden sämtliche Datensätze übersprungen und nicht angezeigt, die nicht dem eingegebenen Kriterium entsprechen.
Neben dem Globalzeichen * steht auch das Fragezeichen als "Joker" zur Verfügung, das in Excel in der aus dem DOS bekannten Art und Weise benutzt werden kann.

✗ **Beispiel für den Gebrauch des Fragezeichens**
Sie suchen nach solchen Verkäufern und Verkäuferinnen, deren Vornamen *Willy* oder *Wally* ist. Um auszuschließen, daß auch *Willi* oder *Walli* angezeigt werden, geben Sie als Suchkriterium ein: *W?lly.*

Ihr Wissen im Umgang mit Suchkriterien werden Sie komplettieren, wenn es um Datenbankauszüge geht (vgl. Kapitel 14.8).

Sie haben den richtigen Datensatz von *Karl Winter* gefunden und können jetzt das Gehalt wie gewünscht aktualisieren:

So ändern Sie Feldinhalte:

---

1. In der Datenbankmaske bewegen Sie den Mauszeiger in das umrahmte Feld GEHALT. Der Mauszeiger verändert sich in den Textzeiger (senkrechter Strich).

2. [Doppelklick] auf der Zahl, die zum Gehalt gehört. Das gesamte Feld wird invers dargestellt.

3. *7890* eingeben. Dies ist der neue Betrag.

Wenn Sie jetzt die Maske schließen, können Sie in der Excel-Datenbank die Änderung überprüfen.

- **Regel**
  Feldinhalte können in der Datenbankmaske nur dann geändert werden, wenn es sich um eingerahmte Felder handelt. Andere Angaben sind berechnete Felder, deren Inhalt nicht in der Maskendarstellung verändert werden kann, da ihnen eine Formel zugrunde liegt.

Mit Hilfe des Schalters *Löschen* läßt sich der jeweils in der Maske angezeigte Datensatz löschen. Da die Löschung endgültig ist und nicht mehr rückgängig gemacht werden kann, erscheint eine Infobox **Angezeigter Datensatz wird endgültig gelöscht**. Erst nach [Klick] auf **OK** wird der Datensatz **endgültig** aus der Tabelle entfernt.

14.7 Kriterienbereich definieren

Neben der Suchmöglichkeit nach Daten mit Hilfe der Datenbankmaske kann auch in der Tabelle ein Datenbankauszug erstellt werden. Dazu muß in einem anderen Bereich des

Arbeitsblattes - also außerhalb der eigentlichen Datenbank - eine Art Kopie eines Teils Ihrer Datenbank erstellt werden. Dieser Bereich wird *Kriterienbereich* in Abgrenzung zum Datenbankbereich genannt. Der Kriterienbereich muß nicht alle Feldnamen enthalten, sondern nur diejenigen, die für die spätere Suche relevant sind.

Die Definition des Kriterienbereiches erfolgt in drei Schritten:
1. Schritt: Ablegen einer Kopie der Zeile mit den benötigten Feldnamen.
2. Schritt: Markierung der zuvor kopierten Feldnamen und eines Bereichs unmittelbar darunter, der später zur Eingabe der Kriterien dient.
3. Schritt: Über die Befehlsfolge *Daten —> Suchkriterien festlegen* wird dem im zweiten Schritt markierten Bereich der Name *Suchkriterien* zugewiesen. Dieser Name teilt Excel mit, wo Suchkriterien definiert sind.
Da im Laufe der Zeit Ihre Datenbank immer größer wird, empfiehlt es sich, den Kriterienbereich vor die eigentliche Datenbank zu legen. Man hat so schnelleren Zugriff auf die Kriterien, um sie rasch zu ändern.
Die folgende tabellarische Übersicht zeigt die Definition eines Kriterienbereiches in unserer Übungsdatenbank.

So definieren Sie einen Kriterienbereich:

---

1. Markieren Sie die Zeilenköpfe der Zeilen 2 bis 6.

2. [Strg]+[+] fügt fünf neue, leere Zeilen ein.
   Dieser Platz sollte ausreichend für die Definition eines Kriterienbereichs sein.

3. [Dauerklick] A8:H8
   Sie markieren die nach unten verschobene Zeile mit den Feldnamen.

4. [Strg]+[Dauerklick] auf dem umgebenden Rahmen, um den markierten Bereich zu kopieren. Verschieben Sie den leeren Rahmen bis in den Bereich A3:H3.
   Dort soll der kopierte Bereich beginnen.

Ihre weitere Vorgehensweise:

5. Markieren Sie unterhalb der zuvor kopierten Feldnamen eine weitere Zeile, so daß insgesamt der Bereich A3:H4 markiert ist.

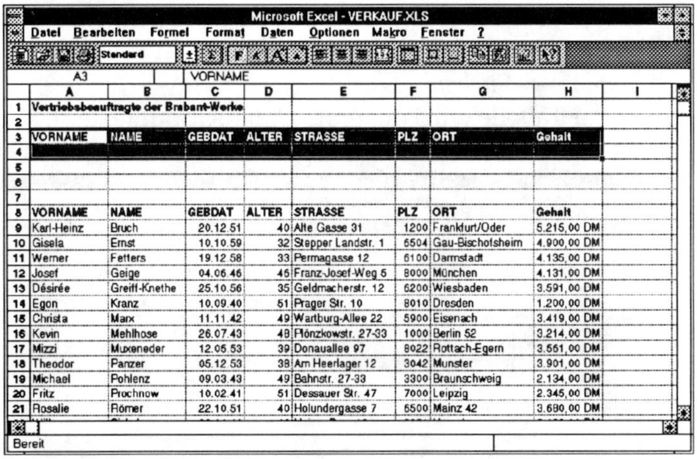

Microsoft Excel - VERKAUF.XLS

Datei Bearbeiten Formel Format Daten Optionen Makro Fenster ?

Standard

A3 VORNAME

	A	B	C	D	E	F	G	H	I
1	Vertriebsbeauftragte der Brabant-Werke								
2									
3	VORNAME	NAME	GEBDAT	ALTER	STRASSE	PLZ	ORT	Gehalt	
4									
5									
6									
7									
8	VORNAME	NAME	GEBDAT	ALTER	STRASSE	PLZ	ORT	Gehalt	
9	Karl-Heinz	Bruch	20.12.51	40	Alte Gasse 31	1200	Frankfurt/Oder	5.215,00 DM	
10	Gisela	Ernst	10.10.59	32	Stepper Landstr. 1	6504	Gau-Bischofsheim	4.900,00 DM	
11	Werner	Fetters	19.12.58	33	Permagasse 12	6100	Darmstadt	4.135,00 DM	
12	Josef	Geige	04.06.46	46	Franz-Josef-Weg 5	8000	München	4.131,00 DM	
13	Désirée	Greiff-Knethe	25.10.56	35	Geldmacherstr. 12	6200	Wiesbaden	3.591,00 DM	
14	Egon	Kranz	10.09.40	51	Prager Str. 10	8010	Dresden	1.200,00 DM	
15	Christa	Marx	11.11.42	49	Wartburg-Allee 22	5900	Eisenach	3.419,00 DM	
16	Kevin	Mehlhose	26.07.43	48	Plönzkowstr. 27-33	1000	Berlin 52	3.214,00 DM	
17	Mizzi	Muxeneder	12.05.53	39	Donauallee 97	8022	Rottach-Egern	3.561,00 DM	
18	Theodor	Panzer	05.12.53	38	Am Heerlager 12	3042	Munster	3.901,00 DM	
19	Michael	Pohlenz	09.03.43	49	Bahnstr. 27-33	3300	Braunschweig	2.134,00 DM	
20	Fritz	Prochnow	10.02.41	51	Dessauer Str. 47	7000	Leipzig	2.345,00 DM	
21	Rosalie	Römer	22.10.51	40	Holundergasse 7	6500	Mainz 42	3.680,00 DM	

Bereit

Abb. 14-11 Markierter Kriterienbereich

8. *Daten —> Suchkriterien festlegen* legt den Bereich fest, dem Excel zukünftig die Suchkriterien entnimmt. Er erhält den Namen *Suchkriterien.*

Nachdem der Bereich des Arbeitsblattes festgelegt ist, in dem die Suchkriterien abgelegt werden können, wollen wir dies anhand unserer kleinen Übungsdatenbank ausprobieren.

Es sollen alle "schlechten" Verkäufer der Brabant-Werke herausgefunden werden. "Schlechte Verkäufer" sind solche, deren Gehalt geringer als 3000 DM ist.

So geben Sie Suchkriterien ein:

1. [Klick] auf H4, denn Sie möchten als Kriterium ein Gehalt kleiner als 3000 DM eingeben.

Ihre weitere Vorgehensweise:

2. Sie geben das Kriterium ein: *<3000*
   Der Vergleichsoperator < bedeutet "kleiner als".

3. Mit [↵] schließen Sie die Eingabe des Suchkriteriums ab.

4. *Daten —> Suchen*
   In der Tabelle wird der erste Datensatz angezeigt, auf den das Kriterium zutrifft. Die gesamte Zeile wird markiert.

Microsoft Excel - VERKAUF.XLS

Datei Bearbeiten Formel Format Daten Optionen Makro Fenster ?

Standard

A14 Egon

	A	B	C	D	E	F	G	H	I
8	VORNAME	NAME	GEBDAT	ALTER	STRASSE	PLZ	ORT	Gehalt	
9	Karl-Heinz	Bruch	20.12.51	40	Alte Gasse 31	1200	Frankfurt/Oder	5.215,00 DM	
10	Gisela	Ernst	10.10.59	32	Stepper Landstr. 1	6504	Gau-Bischofsheim	4.900,00 DM	
11	Werner	Fetters	19.12.58	33	Permagasse 12	6100	Darmstadt	4.135,00 DM	
12	Josef	Geige	04.06.46	46	Franz-Josef-Weg 5	8000	München	4.131,00 DM	
13	Désirée	Greiff-Knethe	25.10.56	35	Geldmacherstr. 12	6200	Wiesbaden	3.591,00 DM	
14	Egon	Kranz	10.09.40	51	Prager Str. 10	8010	Dresden	1.200,00 DM	
15	Christa	Marx	11.11.42	49	Wartburg-Allee 22	5900	Eisenach	3.419,00 DM	
16	Kevin	Mehlhose	26.07.43	48	Plönzkowstr. 27-33	1000	Berlin 52	3.214,00 DM	
17	Mizzi	Muxeneder	12.05.53	39	Donauallee 97	8022	Rottach-Egern	3.561,00 DM	
18	Theodor	Panzer	05.12.53	38	Am Heerlager 12	3042	Munster	3.901,00 DM	
19	Michael	Pohlenz	09.03.43	49	Bahnstr. 27-33	3300	Braunschweig	2.134,00 DM	
20	Fritz	Prochnow	10.02.41	51	Dessauer Str. 47	7000	Leipzig	2.345,00 DM	
21	Rosalie	Römer	22.10.51	40	Holundergasse 7	6500	Mainz 42	3.680,00 DM	
22	Willy	Sickel	23.04.46	46	Hainer Berg 12	3250	Hameln	5.123,00 DM	
23	Jakob	Staniek	31.08.49	42	Ulmenstr. 35	1000	Berlin 31	7.819,00 DM	
24	Jost	van Hanegen	21.03.34	58	Rembrandtstr. 1	5000	Köln	3.567,00 DM	
25	Walther	von Schoten	25.03.57	35	Chinesenweg 3	3400	Göttingen	7.890,00 DM	
26	Karl	Winter	31.03.39	53	Forststr. 9	4700	Hamm	6.891,00 DM	
27									
28									

Datensätze anschauen (Richtungstasten verwenden)

Abb. 14-12 Erster Datensatz ist invers dargestellt

- Die Bildlaufleisten haben ihr Aussehen ein wenig geändert, denn Excel befindet sich jetzt im Suchmodus. Die Bildlaufleisten dienen augenblicklich nur dazu, in den Datensätzen zu blättern, die die Kriterien erfüllen.

5. [Pfeil unten] zeigt den nächsten Datensatz an.
   Insgesamt erfüllen drei Datensätze das Kriterium *Gehalt kleiner als 3000 DM.*
   Mit [Pfeil oben] können Sie den vorherigen Datensatz anzeigen lassen, sofern die Kriterien erfüllt sind.

Daten —> Suche abbrechen oder [Esc] schaltet wieder in den normalen Tabellenmodus von Excel zurück. Hier können Sie jetzt weitere Kriterien definieren und die Suche fortsetzen.

- **Regeln**
  Bei der Angabe der Suchkriterien können folgende Vergleichsoperatoren verwendet werden:

  = (Gleich)
  Nur bei Übereinstimmung des Eintrags der Datenbank und des Suchkriteriums erfolgt eine Ausgabe. Der Operator kann auch weggelassen werden, da Excel standardmäßig davon ausgeht, daß Gleichheit vorliegen soll.

  >= (Größer als oder gleich)
  Die angegebene Grenze wird mit eingeschlossen. Die Angabe >=*3000* schließt den Wert von 3000 mit ein.

  > (Größer als)
  Der angegebene Grenzwert gehört nicht mit zum überprüften Intervall.

  <= (Kleiner als oder gleich)
  wie **>=**, nur daß der gesuchte Wert kleiner oder gleich der angegebenen Grenze sein muß, um angezeigt zu werden. Der angegebene Grenzwert wird mit in das Intervall eingeschlossen.

  < (Kleiner als)
  Nur Werte, die kleiner als der angegebene Grenzwert sind, werden gefunden.

  <> (Ungleich)
  Werte, die dem angegebenen Wert gerade nicht entsprechen, werden lokalisiert.

Die Vergleichsoperatoren können auch auf alphabetische Felder angewandt werden. So bedeutet beispielsweise die Angabe **<C**, daß nur solche Datensätze lokalisiert werden, deren Feldinhalte mit **A** oder **B** beginnen. Alle anderen Datensätze sind - logisch gesehen - nicht vorhanden.

Möchte man Datensätze anzeigen lassen, die im entsprechenden Feld den Suchbegriff exakt enthalten, muß die Form **="=*Suchbegriff*"** verwendet werden.

✗ **Tip**
Löschen Sie vor der Eingabe neuer Suchkriterien im Kriterienbereich immer sorgfältig die zuvor eingetragenen Kriterien. Löschen Sie die Kriterien aber **niemals** durch Überschreiben mit Leertasten, da dies von Excel als Suchbegriff interpretiert würde.

☞ **Hinweis**
Achten Sie darauf, daß Sie innerhalb des Kriterienbereiches keine Leerzeilen einbinden. Solche Leerzeilen führen immer zur Anzeige sämtlicher Datensätze!

Alle Kriterien, die **in einer Zeile** stehen, werden durch ein logisches *UND* verknüpft und müssen somit **alle** gültig sein. Ist nur eines der Kriterien nicht gültig, so erfolgt keine Anzeige. Wenn **in mehreren Zeilen** Suchkriterien eingegeben werden, so muß **nur eines der Kriterien** erfüllt sein. Solche Kriterien sind über ein logisches *ODER* miteinander verknüpft.

14.8 Datenbankauszug erstellen

Eigentlich kann man bereits bei dem zuvor beschriebenen Verfahren von einem Datenbankauszug sprechen. Wenn man aber beispielsweise die gefunden Datensätze ausdrucken möchte, ist das mit dieser Methode schon nicht mehr möglich. In einem solchen Fall müssen die Datensätze, die den Kriterien entsprechen, in einem eigenen Bereich des Arbeitsblattes zusammengefaßt werden. Diesen Bereich kann man dann als Druckbereich festlegen (vgl. Kapitel 11).

So erstellen Sie einen Datenbankauszug:

---

1. Markieren Sie die Feldnamen Ihrer Datenbank. Hier ist dies der Bereich A8:H8.

2. Mit [Strg]+[Dauerklick] kopieren Sie den markierten Bereich nach A100:H100, da dieser Bereich vollkommen datenfrei ist.

Ihre weitere Vorgehenseise

3. Damit Excel weiß, wohin die gefundenen Datensätze kopiert werden sollen, markieren Sie die zuvor kopierten Feldnamen in A100:H100.

4. *Daten —> Zielbereich festlegen* definiert sämtliche Zellen unterhalb der markierten Zeile als Zielbereich. Eventuelle dort vorhandene Zellinhalte würden gelöscht bzw. von den gefundenen Datensätzen überschrieben.

5. Wechseln Sie über *Formel --> Gehezu —> Suchkriterium* in den Kriterienbereich, um die Suchkriterien für den Datenbankauszug einzugeben.

6. Geben Sie beispielsweise im Feld H4 das Kriterium *<3000* an, um alle "schlechten" Verkäufer, deren Gehalt weniger als 3000 DM beträgt, in den Zielbereich zu kopieren.

7. *Daten —> Suchen und kopieren*
   Es öffnet sich eine Dialogbox, in der Sie festlegen können, ob auch doppelt in der Datenbank vorhandene Datensätze im Zielbereich abgelegt werden sollen oder nicht.

8. [Klick] auf *OK*.
   Nach kurzer Wartezeit, in der sich scheinbar nichts getan hat, können Sie zum Ausgabebereich wechseln.

9. *Formel —> Gehe zu —> Zielbereich*
   Die drei gefundenen Datensätze sind markiert (vgl. Abbildung 14-13).

VERKAUF.XLS

	A	B	C	D	E	F	G
97							
98							
99							
100	VORNAME	NAME	GEBDAT	ALTER	STRASSE	PLZ	ORT
101	Egon	Kranz	10.09.40	50	Prager Str. 10	8010	Dresden
102	Michael	Pohlenz	09.03.43	47	Bahnstr. 27-33	3300	Braunschweig
103	Fritz	Prochnow	10.02.41	49	Dessauer Str. 47	7000	Leipzig
104							
105							
106							
107							
108							

Abb. 14-13 Datenbankauszug

Sie können jetzt den markierten Ausgabebereich direkt über *Optionen —> Druckbereich festlegen* als Druckbereich definieren.

14.9 Generelles zu Q+E

Sicher ist es nicht Ziel der Macher des Tabellenkalkulationsprogramms MS-Excel, den zahlreichen, guten Datenbankprogrammen Konkurrenz zu machen. Aber die Informationsverarbeitung kennt heute nicht mehr so scharfe Trennungen zwischen Kalkulationsdaten und Datenbankdaten. Die Integration beider Bereiche ist über Q+E möglich.
Mußte man bei der Excel-Version 2.* Q+E noch getrennt bestellen, so gehört Q+E 3.0 seit Excel-Version 3.0 zum Lieferumfang.

Was ist Q+E?

Q+E ist ein komfortables Datenbank-Retrieval-Programm. Über Q+E ist der Zugriff auf externe Datenbanken leicht möglich. Als externe Datenbanken gelten dabei Dateien, die von Programmen wie dBASE, dem Database-Manager von OS/2 Extended Edition oder SQL-Servern zur Verfügung gestellt werden. Dabei wird der ANSI-Standard von SQL- unterstützt. Insbesondere wer die Arbeit mit dBASE-Dateien gewohnt ist, findet in Q+E eine nützliche Hilfe. Sämtliche Features der dBASE-Dateien werden genutzt. Dazu gehören
- MDX-Dateiverwaltung *.MDX,
- Memofeld-Dateien *.DBT,
- Anzeigen markierter/gelöschter Datensätze.

Ferner lassen sich sämtliche klassischen Datenbankfunktionen in Q+E realisieren:
- Definition der Datenbank-Struktur, vergleichbar mit dBASE.
- Eingabe und Veränderung von Datensätzen.
- Sortieren.
- Selektieren.
- Formulieren von SQL-Statements.
- Einloggen auf SQL-Server.
- Erstellen von SQL-Statements zur Abfrage entsprechender SQL-Datenbanken.
- Verbindungen direkt in das Excel-Arbeitsblatt.
- Einfacher Datenaustausch über Zwischenablage.
- Öffnen mehrerer Dateien unter Q+E.

Nach dem Aufruf von Q+E können Sie entweder auf eine bereits vorhandene Datei zugreifen (*Datei —> Öffnen*) oder eine neue Datenbankdatei definieren (*Datei —> Definieren*).
Die folgende Abbildung zeigt die diesem Kapitel zugrundeliegende Datei als dBASE IV-Datei VERKAUF.DBF in Q+E.

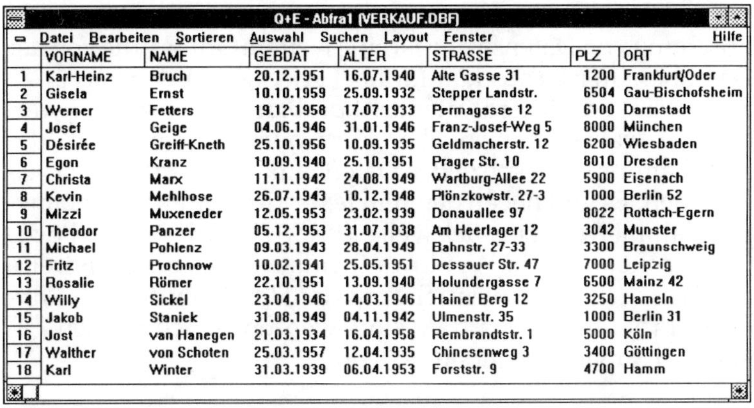

Q+E - Abfra1 (VERKAUF.DBF)

Datei Bearbeiten Sortieren Auswahl Suchen Layout Fenster Hilfe

	VORNAME	NAME	GEBDAT	ALTER	STRASSE	PLZ	ORT
1	Karl-Heinz	Bruch	20.12.1951	16.07.1940	Alte Gasse 31	1200	Frankfurt/Oder
2	Gisela	Ernst	10.10.1959	25.09.1932	Stepper Landstr.	6504	Gau-Bischofsheim
3	Werner	Fetters	19.12.1958	17.07.1933	Permagasse 12	6100	Darmstadt
4	Josef	Geige	04.06.1946	31.01.1946	Franz-Josef-Weg 5	8000	München
5	Désirée	Greiff-Kneth	25.10.1956	10.09.1935	Geldmacherstr. 12	6200	Wiesbaden
6	Egon	Kranz	10.09.1940	25.10.1951	Prager Str. 10	8010	Dresden
7	Christa	Marx	11.11.1942	24.08.1949	Wartburg-Allee 22	5900	Eisenach
8	Kevin	Mehlhose	26.07.1943	10.12.1948	Plönzkowstr. 27-3	1000	Berlin 52
9	Mizzi	Muxeneder	12.05.1953	23.02.1939	Donauallee 97	8022	Rottach-Egern
10	Theodor	Panzer	05.12.1953	31.07.1938	Am Heerlager 12	3042	Munster
11	Michael	Pohlenz	09.03.1943	28.04.1949	Bahnstr. 27-33	3300	Braunschweig
12	Fritz	Prochnow	10.02.1941	25.05.1951	Dessauer Str. 47	7000	Leipzig
13	Rosalie	Römer	22.10.1951	13.09.1940	Holundergasse 7	6500	Mainz 42
14	Willy	Sickel	23.04.1946	14.03.1946	Hainer Berg 12	3250	Hameln
15	Jakob	Staniek	31.08.1949	04.11.1942	Ulmenstr. 35	1000	Berlin 31
16	Jost	van Hanegen	21.03.1934	16.04.1958	Rembrandtstr. 1	5000	Köln
17	Walther	von Schoten	25.03.1957	12.04.1935	Chinesenweg 3	3400	Göttingen
18	Karl	Winter	31.03.1939	06.04.1953	Forststr. 9	4700	Hamm

Abb. 14-14 Die Datei VERKAUF.DBF in Q+E

Insbesondere bei Anwendung von Excel unter dem Betriebssystem OS/2 zeigen sich die Stärken von Q+E in der Erzeugung von SQL-Statements zur Abfrage von Dateien des Database Managers oder auf einen SQL-Server im Netzwerk.
Die Beschreibung der umfangreichen Datenbankmanipulationen müssen sicher einer weiterführenden Literatur vorbehalten bleiben. Der inhaltliche Rahmen dieses Excel-Einführungsbuches würde bei weitem gesprengt, wollte man Q+E detailliert behandeln.

14.10 Zusammenfassung

Sie wissen nun, wie man in MS-Excel 4.0 eine kleine Datenbank anlegt, pflegt und auswertet.
In diesem Zusammenhang haben Sie gelernt, wie man Daten eingibt und wie man den Tabellenbereich, der Ihre Daten enthält, als Datenbank deklariert. Dieser Bereich wird in Excel als *Datenbankbereich* bezeichnet.
Um Daten aus der Datenbank zu extrahieren, müssen Auswahlkriterien festgelegt werden. Dafür wird in Excel ein frei wählbarer Arbeitsblattbereich zum *Kriterienbereich* erklärt. Dort können die Kriterien zur Auswertung der Datenbank eingegeben werden.
Um Daten in der Zusammenschau oder für den späteren Ausdruck in einer zusammenhängenden Form aus der Datenbank zu extrahieren, wird der *Ausgabebereich* an einer beliebigen Stelle der Tabelle definiert. Dorthin schreibt Excel die Datensätze, die den Kriterien im Kriterienbereich entsprechen.
Über die *Datenbankmaske* ist ein übersichtlicher Zugang zu Ihren Daten möglich. Dort können über Suchkriterien bestimmte Datensätze angezeigt und verändert werden. Die Löschung von Datensätzen ist eine weitere Option, die von der Datenbankmaske aus komfortabel erledigt werden kann.
Sollten sie komplexere Datenbankprobleme lösen wollen, werden sie wahrscheinlich über kurz oder lang nicht an der Anschaffung eines speziellen Datenbank-Programmes vorbeikommen. Es gibt neben den rein text-orientierten Datenbankprogrammen wie beispielsweise *dBASE IV* auch solche, die die Oberfläche von MS-Windows 3 nutzen wie beispielsweise *Superbase 4*. Gerade wenn Sie mit der Handhabung von Windows-Programmen vertraut sind, werden Sie schnell den Zugang zu Superbase finden.

14.11 Aufgaben, Fragen und Übungen

Aufgabe 1
Sofern Sie ein Liebhaber cineastischer Meisterwerke sind und derer zahlreiche auf Videokassette gespeichert haben, können Sie sich eine Datenbank in Excel erstellen, die Ihre Videos katalogisiert.
Durch geschickte Wahl von Suchkriterien können Sie dann schnell einen Streifen mit **Bogart** UND **Bergmann** finden!

Aufgabe 2
Drucken Sie eine Liste aller Verkäufer aus, die wegen ihrer großen Verkaufserfolge eine zusätzliche Belobigung verdient haben.
Übrigens, wirklich gute Verkäufer erkennen Sie an einem astronomischen Gehalt!

Aufgabe 3
Verändern Sie Ihre Übungsdatei in der Weise, daß Sie trotz gleicher Postleitzahlen Orte in den alten und neuen Bundesländern unterscheiden können.

Aufgabe 4
Wie werden die deutschen Umlaute und das *ß* in der deutschen Version von MS-Excel 4.0 sortiert?

- Die Umlaute und das ß werden ihrem ASCII-Code entsprechend ganz an den Schluß der Sortierreihenfolge gestellt.

- Die Umlaute und das ß werden dem jeweiligen Buchstaben zugeordnet; also das Ä dem A, das Ö dem O, das Ü dem U und das ß dem S.

Die Aufgabenlösungen finden Sie im **Anhang 2: Aufgabenlösungen**.

15 Makros erleichtern die Arbeit

15.1 Allgemeines zu Makros

Bei der Arbeit mit einer Tabellenkalkulation werden Sie bald feststellen, daß sich bestimmte Arbeitsschritte häufig wiederholen. Solche routinemäßigen Arbeiten kann man in Excel recht einfach mit Hilfe sog. Makros automatisieren. Da Excel über eine eigene Makro-Programmiersprache verfügt, sind aber auch komplexere Problemlösungen bis hin zu kompletten interaktiven Programmen mit eigenen Menüs möglich. Es würde den Rahmen dieses Einführungsbuches bei weitem sprengen, wollte man die Makro-Programmierung in allen Einzelheiten darlegen. Hier kann es nur darum gehen, Ihnen eine kurzen Einblick in die Erstellung von Makros zu geben und damit Ihre Neugierde zu wecken, darauf aufbauend selbst mit Makros weiter zu experimentieren.

- Was ist ein Makro?
  Ein Makro ist eine Folge von Anweisungen bzw. Formeln, die sich der Anwender zur Erledigung einer bestimmten Aufgabe zusammenstellen kann.

Man unterscheidet zwei Arten von Makros:

- Befehlsmakros
  Sie führen eine Folge von Excel-Befehlen aus. In einer einfachen Form könnte ein Befehlsmakro z.B. die Seitenansicht aufrufen, bestimmte Layouteinstellungen vornehmen und das Drucken einleiten.

- Funktionsmakros
  Sie führen Berechnungen aus und liefern als Ergebnis einen Wert. So könnte ein Funktionsmakro beispielsweise Formeln enthalten, die komplexe Provisionsberechnungen ermöglichen.

Im Gegensatz zu vielen anderen Tabellenkalkulationsprogrammen werden in Excel Makros unabhängig von Arbeitsblättern in sog. Makrovorlagen gespeichert. Somit können die Makros einer Makrovorlage auf jede beliebige Datei wirken, vorausgesetzt, die Makrovorlage wurde geladen. Zwar kann eine Makrovorlage nahezu beliebig viele Makros enthalten, doch faßt man in der Regel all jene Makros in einer Makrovorlage zusammen, die man entweder ständig oder für eine spezifische Arbeit benötigt.

- **Regel**
  Eine Makrovorlage wird über die Option *Makrovorlage* des Menüs *Datei* —> *Neu* erzeugt.

15.2 Makros erstellen

Nehmen wir einmal an, Sie erstellen oft Tabellen, die als Spaltentitel Monatsnamen benötigen wie in Ihrer Umsatztabelle. Im folgenden soll ein Befehlsmakro erstellt werden, das für Sie diese Aufgabe per Tastendruck ausführt: das Datum 1.1.1991 wird eingegeben, eine Monats-Datenreihe erstellt und anschließend so formatiert, daß lediglich die Monatsnamen angezeigt werden.
Makros können auf zweierlei Art erstellt werden:
- Sie zeichnen ein Makro mit dem Makro-Recorder auf.
- Sie schreiben die Befehle für das Makro in die Makrovorlage.

Befehlsmakros können **aufgezeichnet** werden, Funktionsmakros müssen **geschrieben** werden.
Die einfachste Art der Makroerstellung ist die mit Hilfe des **Makro-Recorders**. Ähnlich wie bei einem Tonband starten Sie die Aufzeichnung und führen dann die Aktionen durch, die das Makro später für Sie übernehmen soll. Dies ist der gleiche Vorgang wie die Aufzeichnung eines Makros mit dem Windows-Makrorekorder.
Bevor Sie die Aufzeichnung Ihres Makros starten, schließen Sie alle Arbeitsblätter, öffnen eine neue Tabelle und eine Makrovorlage. Damit Sie genau verfolgen können, wie Excel die von Ihnen ausgeführten Aktionen als Anweisungen in der Makrovorlage ablegt, ordnen Sie die Makrovorlage und das leere Arbeitsblatt über die Befehlsfolge *Fenster* —> *Anordnen* --> *Vertikal* --> *OK* zu gleichen Teilen auf dem Bildschirm an.

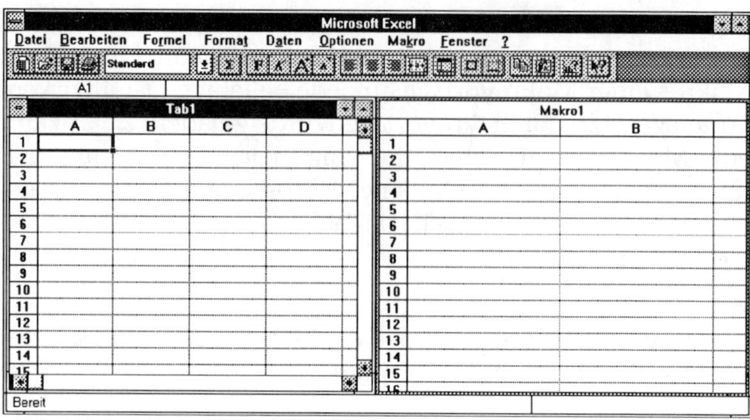

Abb. 15-1 Arbeitsblatt u. Makrovorlage nebeneinander angeordnet

---

So zeichnen Sie Makros auf:

---

1. Sie legen - falls gewünscht - über die Befehle *Makro —> Aufzeichnung festlegen* in einer Makrovorlage den Aufzeichnungsbereich fest. Das ist der Bereich, in dem Excel die Makroanweisungen ablegen soll. Führen Sie diesen Schritt nicht durch, schreibt Excel die Anweisungen automatisch in die erste leere Spalte der Makrovorlage.

2. Sie starten die Aufzeichnung über den Befehl *Aufzeichnung beginnen* des Menüs *Makro*. Ist noch keine Makrovorlage geladen, öffnet Excel automatisch eine leere Vorlage.

3 Sie vergeben in der eingeblendeten Dialogbox einen Namen für das Makro sowie einen Buchstaben, den Sie zusammen mit der [Strg]-Taste als Tastenschlüssel für die Ausführung des Makros verwenden können.

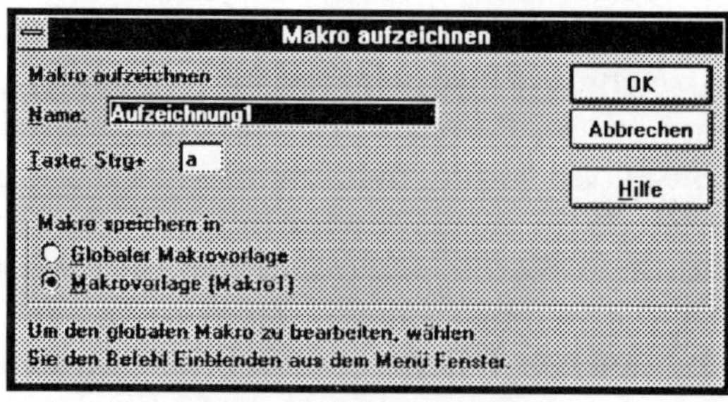

Abb. 15-2 Dialogbox ***Makro —> Aufzeichnung beginnen***

So zeichnen Sie Makros auf (Fortsetzung):

4. Sie führen die Aktionen aus, die Excel aufzeichnen soll.
5. Sie beenden die Aufzeichnung mit der Befehlsfolge *Makro —> Aufzeichnung* **beenden**.

Um die Erstellung Ihrer Monatsübersicht als Makro festzuhalten, gehen Sie somit wie folgt vor:

Beispielmakro: Monatsnamen als Überschrift

1. Damit Excel bei Beginn der Aufzeichnung nicht automatisch eine neue Makrovorlage öffnet, sondern die Anweisungen in der bereits geladenen Vorlage ablegt, wählen Sie im Makroblatt die Zelle A1 aus und legen über die Befehlsfolge *Makro —> Aufzeichnung festlegen* diese Zelle als Aufzeichnungsbereich fest.
2. Sie machen das Tabellenfenster zum aktiven Fenster, bevor Sie mit dem Befehl **Aufzeichnung beginnen** den Makrorecorder einschalten. Klickten Sie erst nach Aktivierung des Recorders die Tabelle an, würde Excel auch diese Aktion mit aufzeichnen, was sicherlich nicht gewollt wäre!
3. In der Dialogbox geben Sie als Namen **Monatsreihe** und als Schlüssel **m** ein. Beachten Sie, daß bei der Vergabe der Tastenschlüssel Excel zwischen Groß- und Kleinbuchstaben unterscheidet!

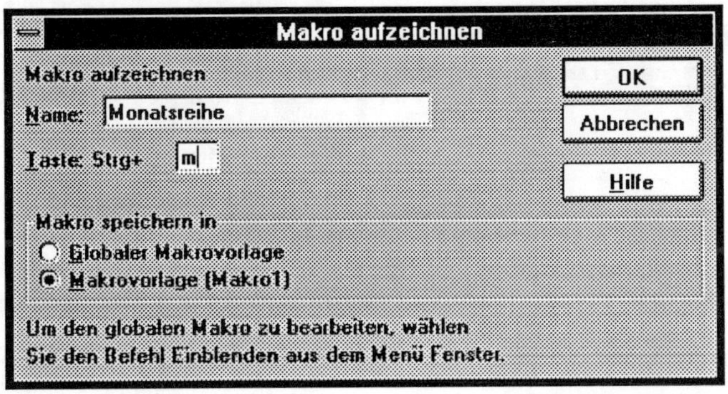

Abb. 15-3 Selbst gewählter Makroname und Tastenschlüssel

Beispielmakro (Fortsetzung)

4. Sie geben in die momentan aktive Zelle des Arbeitsblattes (A1) das Datum *1.1.1992* ein und schließen die Eingabe durch [Klick] auf dem Häkchen neben der Bearbeitungszeile ab.

5. [Dauerklick] A1:L1

6. Sie wählen die Befehlsfolge *Daten —> **Reihe berechnen*** und aktivieren in der Dialogbox als Zeiteinheit die Option **Monat**.

7. [↵] oder [Klick] auf **OK**.

8. Sie formatieren die markierte Zahlenreihe mit dem Zahlenformat *MMM*.

9. Sie schalten mit dem Befehl *Aufzeichnung beenden* den Makrorecorder wieder aus.

Damit haben Sie Ihr erstes Befehlsmakro erstellt und konnten bei der Erstellung im Fenster der Makrovorlage verfolgen, wie Excel die Aktionen in Makroanweisungen umgesetzt hat. Diese Anweisungen wollen wir uns einmal etwas näher anschauen.

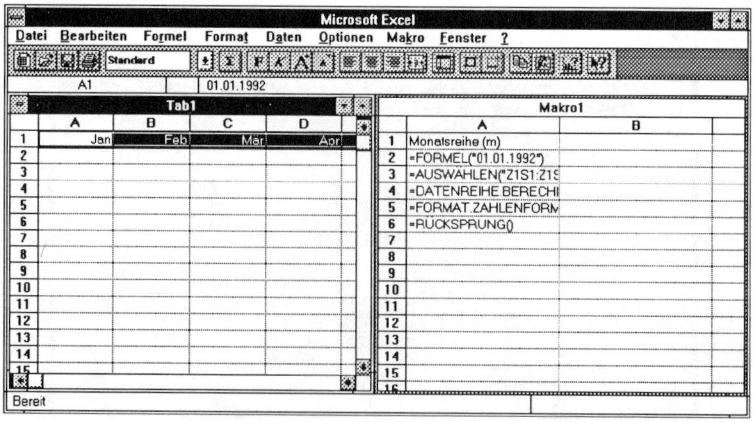

Abb. 15-4 Datenreihe in Arbeitsblatt und Makroanweisungen

Excel hat die Anweisungen ab der als Aufzeichnungsbereich festgelegten Zelle in der Spalte A abgelegt. In der ersten Zelle wurden der Makroname sowie in Klammern der Tastenschlüssel eingetragen. Darunter folgen die einzelnen Instruktionen, die alle mit einem Gleichheitszeichen beginnen, da es sich um Formeln handelt. Sie erkennen auch, daß diese Anweisungen den "normalen" Excel-Befehlen doch sehr ähnlich sind, so daß selbst "Anfänger" schnell den Einstieg in die Makrosprache schaffen:

=FORMEL("1.1.92")
Die Funktion *FORMEL()* ermöglicht Ihnen, Text, Zahlen oder Formeln in die aktive Zelle einzugeben.

=AUSWÄHLEN("Z1S1:Z1S12")
Über die Funktion *AUSWÄHLEN()* können Zellen markiert werden. Interessant ist, daß hierbei Excel Zellbezüge im Z1S1-Format aufzeichnet, wie es in MS-Multiplan genutzt wird. Diese Angabe liest sich wie *Zeile 1 Spalte 1 bis Zeile 1 Spalte 12.*

=DATENREIHE.BERECHNEN(1;3;3;1)
Sie erkennen sofort, daß es sich hier um die Umsetzung des Befehls *Datenreihe berechnen* handelt, wobei die Argumente folgende Bedeutung haben:
- erste Option im Feld *Reihe in* (= Zeile)
- dritte Option im Feld *Reihentyp* (= Datum)
- dritte Option im Feld *Zeiteinheit* (= Monat)
- *Inkrement* 1

=FORMAT.ZAHLENFORMAT("MMM")
Der Befehl *Format —> Zahlenformat* formatiert die markierten Zellen mit dem speziellen Format *MMM.*

=RÜCKSPRUNG()
Jedes Makro muß mit dieser Anweisung beendet werden.

Nun ist unser Makro zwar fertig, aber es würde beim Einsatz in der Praxis wenig Freude bereiten. Beim Aufzeichnen hat Excel die vorgenommene Markierung in absoluten Bezügen aufgezeichnet, so daß beim Ablauf des Makros die Erstellung der Monatsreihe immer nur in der ersten Zeile funktionieren würde (Z1S1:Z1S12). Damit die Monatsreihe an einer beliebigen Stelle des Arbeitsblattes erstellt werden kann, muß die Funktion *AUSWÄHLEN()* relative Bezüge als Argument enthalten.

- Über den Befehl *Relative Aufzeichnung* bzw. *Absolute Aufzeichnung* des Menüs *Makro* kann (auch während des Aufzeichnungsvorgangs) die Bezugsart gewechselt werden.

15.3 Makros verändern

Natürlich könnte die Anweisung **AUSWÄHLEN()** einfach editiert und die Bezüge von Hand relativ gesetzt werden. Trotzdem soll an dieser Stelle das Markieren der Zeile für die Erstellung der Datenreihe neu aufgezeichnet werden, da sich daran ein interessanter Aspekt der Makroerstellung aufzeigen läßt: die Möglichkeit, auch beim Schreiben von Makros an beliebiger Stelle bestimmte Aktionen aufzeichnen zu können. Immer dann, wenn Excel die Makroanweisungen an einer bestimmten Stelle ablegen soll, kann über die Befehlsfolge *Makro —> Aufzeichnung festlegen* der Aufzeichnungsbereich festgelegt werden. Markieren Sie vor Auswahl dieses Befehls einen Zellbereich, benutzt Excel nur diesen Bereich. Besteht die Auswahl aus einer einzigen Zelle, werden alle Felder unterhalb dieser Zelle zum Aufzeichnungsbereich, soweit sie frei sind (siehe oben).

So verändern Sie das Makro:

---

1. Da Excel Zellen, die Makroanweisungen enthalten, nicht überschreibt, muß zuerst die Anweisung **AUSWÄHLEN()** aus der Makrovorlage gelöscht werden.

2. Über die Befehlsfolge **Makro —> Aufzeichnung festlegen** definieren Sie die markierte Zelle als Aufzeichnungsbereich.

3. Sie klicken irgendeine Zelle im Arbeitsblatt an. Machten Sie diesen Schritt bei eingeschaltetem Makrorecorder, würde Excel dies natürlich aufzeichnen (siehe oben). Erst die korrekte Ausgangssituation schaffen, bevor der Recorder aktiviert wird!

So verändern Sie das Makro (Fortsetzung)

4. Sie wählen im Menü **Makro** den Befehl *Relative Aufzeichnung.*

5. Sie beginnen die Aufzeichnung über den Befehl *Aufzeichnung ausführen.* Immer dann, wenn Sie innerhalb eines bestehenden Makros Teile (neu) aufzeichnen möchten, müssen Sie diesen Befehl benutzen. Der Befehl *Aufzeichnung beginnen* wird nur dann ausgewählt, wenn Sie ein **neues** Makro mit **neuem** Namen und **neuem** Schlüssel erstellen wollen.

6. Mit [Dauerklick] markieren Sie im Arbeitsblatt ab der aktiven Zelle einen 12 Spalten breiten Zellbereich in der gleichen Zeile. Unmittelbar darauf macht Sie Excel mit einer Meldung darauf aufmerksam, daß kein Platz mehr für weitere Anweisungen vorhanden ist, und beendet automatisch die Aufzeichnung ("Aufzeichnungsbereich ist voll").

Die Funktion *AUSWÄHLEN()* weist nun relative Bezüge als Argument auf: *ZS:ZS(11)* - gleiche Zeile gleiche Spalte bis gleiche Zeile 11 Spalten nach rechts. Im Z1S1-Format sind relative Bezüge an der fehlenden Zeilen- oder Spaltennummer bzw. an der in einer Klammer stehenden Spalten- oder Zeilennummer zu erkennen.
Damit Sie sich nun davon überzeugen können, daß das Makro die gewünschten Aktionen korrekt ausführt, soll es zur Ausführung gebracht werden.

- **Regel**
  Speichern Sie stets die Makrovorlage ab, bevor Sie ein Makro ausführen. Gerade bei handgeschriebenen Makros treten immer wieder Fehler auf, die unter Umständen auf die Makrovorlage selbst wirken und dort Makroanweisungen überschreiben können.
  Makrovorlagen werden wie "normale" Dateien gespeichert und sind an der Erweiterung .XLM zu erkennen.

15.4 Makros ausführen

Grundvoraussetzung für den Einsatz von Makros ist, daß die Makrovorlage geladen wurde, die das entsprechende Makro enthält. Ist dies der Fall, können Makros auf zweierlei Art ausgeführt werden:

- Haben Sie einen Tastenschlüssel vergeben, starten Sie es über diesen Schlüssel: [Strg]+[*Buchstabe*] (Groß- und Kleinschreibung beachten!).
- Wenn Sie sich nicht mehr an den Schlüssel erinnern, aktivieren Sie ein Makro über die Befehlsfolge *Makro —> Ausführen*.

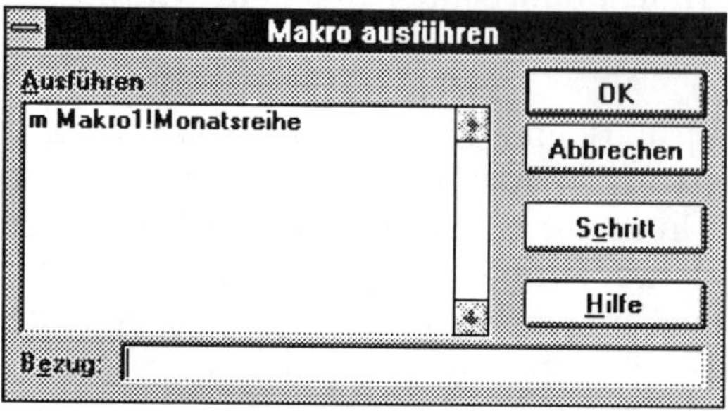

Abb. 15-4 Dialogbox ***Makro —> Ausführen***

In der Dialogbox werden alle momentan sich im Hauptspeicher befindenden Makros angezeigt. Mit [Doppelklick] auf dem Makronamen wird das Makro gestartet. Sie können auch im Feld *Bezug* eine Zelladresse angeben, wenn Sie z.B. ein Makro lediglich ab einer bestimmten Stelle ablaufen lassen möchten.

Na, ist das nicht faszinierend!? So schnell wie diesmal haben Sie sicherlich bisher noch keine Reihe mit Monatsnamen erstellt. Und es kommt noch besser. Als I-Tüpfelchen auf dem Ganzen sollen Sie abschließend die komfortabelste Möglichkeit kennenlernen, Makros auszuführen: per [Klick] auf einem Schaltknopf.

15.5 Makros graphischen Objekten zuordnen

Ab der Version 3.0 bietet Excel die Möglichkeit, graphischen Objekten wie Diagrammen oder einem selbst zu definierenden Schaltknopf ein Makro zuzuordnen, so daß per [Klick] auf diesem Objekt das Makro zur Ausführung gelangt.

So ordnen Sie Ihr Makro einer Schaltfläche zu:

1. Sie klicken in der Werkzeugleiste das Symbol für Schaltflächen an. Der "normale" Zeiger wird darauf als +-Zeichen dargestellt.

2. Mit [Dauerklick] ziehen Sie an einer beliebigen Stelle des Arbeitsblattes einen Rahmen auf. Sobald Sie die Maustaste loslassen, erscheint eine Dialogbox mit den momentan zur Verfügung stehenden Makros.

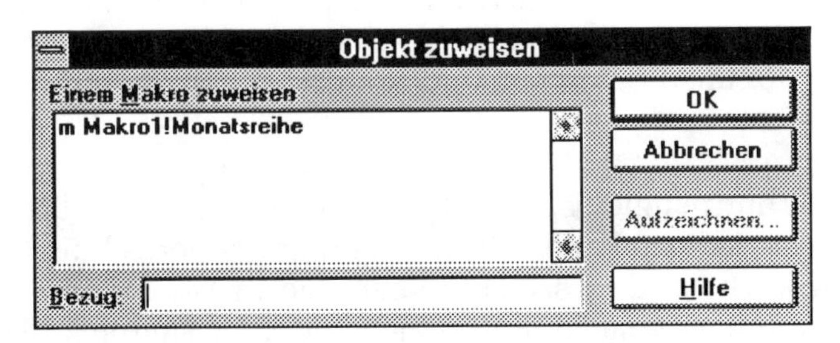

Abb. 15-5, Schaltfläche einem Makro zuordnen

3. Mit [Doppelklick] auf dem gewünschten Makro ordnen Sie ein Makro dem Schaltknopf zu, und die Dialogbox wird geschlossen.

4. So lange der Schaltknopf noch die Aktivierungskennzeichen aufweist, können Sie noch folgende Veränderungen vornehmen:

- Schaltfläche per [Dauerklick] auf dem Aktivierungsrahmen an eine andere Position schieben.
- Schaltfläche per [Dauerklick] auf den Anfassern in der Größe verändern.
- Stellvertretertext **Schaltknopf 1** per [Dauerklick] markieren und durch eigenen Text überschreiben.

Sobald Sie eine beliebige Zelle des Arbeitsblattes anklicken, wird die Aktivierung der Schaltfläche aufgehoben. Wenn Sie nun den Zeiger auf die Schaltfläche bewegen, erscheint statt des normalen Kreuzsymbols eine Hand, deren Zeigefinger per

[Klick] den Schaltknopf eindrückt, wodurch das mit der Schaltfläche verbundene Makro zur Ausführung gelangt.
Probieren Sie es aus. Wählen Sie sich eine beliebige Zelle in Ihrem Arbeitsblatt und starten Sie das Makro durch Drücken des Schaltknopfes. Viel einfacher kann man Routinearbeiten nicht mehr erledigen.

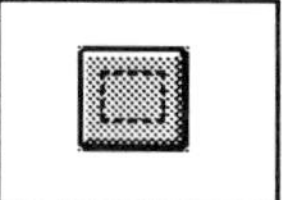

Wenn Sie den Schaltknopf wieder entfernen möchten, müssen Sie zuerst in der Werkzeugleiste für Zeichenwerkzeuge das Aktivierungswerkzeug per Schaltknopf (Rechteck mit gepunkteter Linie) auswählen. Mit Dauerklick ziehen Sie dann einen rechteckigen Rahmen um die Schaltfläche. Sobald Sie die Maustaste loslassen, sind alle graphischen Objekte innerhalb dieses Rahmens aktiviert und können durch Drücken der [Entf]-Taste entfernt werden.

Sind Sie nun neugierig geworden, was man sonst noch alles mit Makros erledigen kann? Mit etwas programmiertechnischem Engagement und Geschick können Sie in Excel komplette Anwendungen erstellen mit speziellen Menüleisten einschließlich Befehlen und kontextsensitiver Hilfe, die kaum noch erkennen lassen, daß man mit Excel arbeitet.

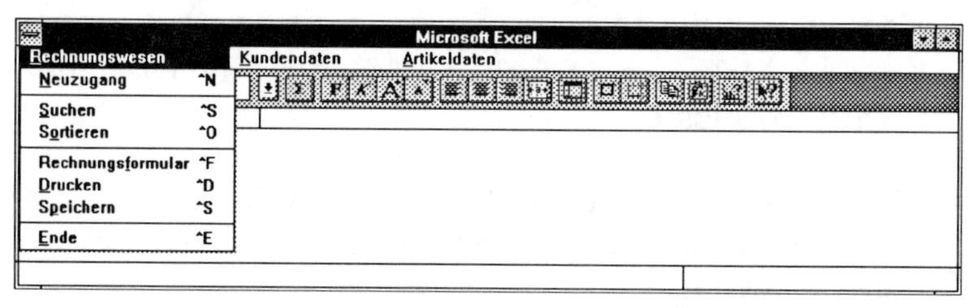

Abb. 15-6 Anwenderspezifische Menüleiste mit Befehlen

Excel bietet auch die Möglichkeit, in Makros selbstgestaltete Dialogboxen oder Datenbank-Masken einzubeziehen, die recht einfach mit Hilfe des sog. Dialogboxeditors erstellt werden können. Aber es müssen ja nicht gleich komplette Programme sein, die Sie schreiben. Oft sind es gerade ganz einfache Makros, die man komplett aufzeichnen kann, die die tägliche Arbeit wesentlich erweitern.

Mit Excel 4.0 werden bereits eine Reihe fertiger Makros mitgeliefert, die alle im Verzeichnis MAKRO abgelegt sind. Bei diesen Makros handelt es sich um sog. *Add-In-Makros* (Erweiterung XLA), die integrale Bestandteile von Excel zu sein scheinen, da sie zwar nach dem Aufruf nicht angezeigt werden, aber jederzeit per Menübefehl abrufbar sind.

Makroname	Funktion
ADDINMGR.XLA	Add-in-Manager Ermöglicht es, beliebig viele Add-Ins automatisch zu laden, ohne diese ins Verzeichnis XLSTART ablegen zu müssen.
ALTSTART.XLA	Statt XLSTART kann ein alternatives Startverzeichnis angegeben werden. Ermöglicht es, beliebig viele Add-Ins automatisch zu laden, ohne diese ins Verzeichnis XLSTART ablegen zu müssen.
ANALYSE.XLA	Erzeugt Arbeitsblattreport zur Fehleranalyse.
ANSICHT.XLA	Ansichten-Manager Ermöglicht unterschiedliche Ansichten der gleichen Tabelle und das Umschalten zwischen diesen Ansichten auf Tastendruck.
AUTOSAVE.XLA	Autosave speichert alle Fenster automatisch nach definierbarem Zeitintervall (hoch, niedrig, mittel).
BERICHT.XLA	Bericht-Manager Ermöglicht Ausdruck verschiedener Ansichten einer Tabelle auf Knopfdruck; im Zusammenhang mit Szenarien und Ansichten interessant.
DEBUG.XLA	Makro-Debugger Hilfs-Funktion zur Fehlersuche in Makros.

Makroname	Funktion
DIA.XLA	Gibt ausgewählte Tabellen und Diagramme in einem bestimmbaren Zeitzyklus auf dem Bildschirm aus. Diaschau mit Elementen wie der Festlegung individueller Stand- und Überblendzeiten für jedes Dia oder zusätzliche Toneffekte (in eigenem Unterverzeichnis).
FILEFNKT.XLA	Erweitert Excel um Datei-Verwaltungsfunktionen wie z.B. Verzeichnis erstellen oder löschen.
FUNKTION.XLA	Erweiter Excel um diverse arithmetische und trigonometrische Funktionen.
IMEXPORT.XLA	Hilft beim Im- und Export von Textdateien.
INFO.XLA	Dateiinformation Speichert zusätzliche Angaben über das Arbeitsblatt.
NAMEN.XLA	Ermöglicht das Ändern bereits vergebener und angewendeter Zellnamen.
PALETTEN.XLA	Ermöglicht das Zusammenstellen individueller Farbpaletten und deren Abruf über eine Liste (in eigenem Unterverzeichnis).
SZENARIO.XLA	Szenario-Manager Vereinfacht das Durchspielen von "Was-wäre-wenn"- Analysen, indem er einen oder mehrere Parameter in definierten Schritten variiert und die jeweils sich ergebenden Veränderungen anzeigt.

Makroname	Funktion
SYSCHECK.XLM	Zeigt technische Informationen über Excel und die Systemumgebung (in eigenem Unterverzeichnis).
TEXTBST.XLA	Textbaustein-Funktion Speichert häufig benötigte Zellinhalte und Formeln in einer Art Wörterbuch. Von dort können die Einträge in Zellen eingefügt werden.
VGLEICH.XLA	Vergleicht das aktuelle Arbeitsblatt mit einem anderen und erstellt eine Liste mit den Unterschieden.
WASWENN.XLA	Hilft dabei, diverse Szenarios durchzuspielen, um Ergebnisse in "Was-Wäre-Wenn"-Tabellen zu erzeugen. Erweitert Szenario-Manager.
WECHSELN.XLA	Ermöglicht den Wechsel zu anderen Anwendungen wie WinWord oder PowerPoint über das Anklicken eines entsprechenden Symbols.

Sie können selbst erstellte Makros ebenfalls als Add-In-Makros ablegen, wenn Sie beim Speichern als Dateiformat **Intl. Zusatz** wählen. Um den Aufruf Ihres Add-In-Makros per Menüauswahl ausführen zu können, müssen Sie allerdings in dem Makro dafür sorgen, daß das Standardmenü um einen entsprechenden Befehl erweitert wird.
Möchten Sie ein Add-In-Makro jedes Mal laden, wenn Excel gestartet wird, speichern Sie es in dem Verzeichnis XLSTART unterhalb Ihres Excel-Verzeichnisses.

- Alle Dateien, die im Verzeichnis XLSTART gespeichert sind, werden beim Aufruf von Excel automatisch geladen. Das Verzeichnis XLSTART wird bei der Installation unterhalb des Verzeichnisses angelegt, in dem sich die Programmdatei EXCEL.EXE befindet.

15.6 Zusammenfassung

In diesem letzten Kapitel wurde Ihnen ein kurzer Blick in die faszinierende Welt der Makroprogrammierung ermöglicht. Sie haben anhand eines einfachen Makros gelernt, wie man Makros erstellt, sie editiert (= bearbeitet und verändert) und wie sie ausgeführt werden.
Die Möglichkeit, eigene Schaltflächen in eine Tabelle als aktives Grafikobjekt zu integrieren, machen sicher einen ganz besonderen Reiz von MS-Excel 4.0 aus. Übrigens können Sie nicht nur einer Schaltfläche ein Makro zuordnen. Jedes auf Tabellenfläche vorhandene Grafikobjekt - also auch ein Diagramm - kann mit einem Makro verbunden werden.

15.7 Aufgaben, Fragen und Übungen

Aufgabe 1
Zahlreiche Programme erlauben es, durch die Tastenkombination [Strg]+[S] den Inhalt des aktuellen Dokumentenfensters zu speichern. Erstellen Sie ein Makro, mit dessen Hilfe dies auch in MS-Excel möglich ist. Sie müssen dann weniger umdenken und sparen sich den Weg über das Menü.
Ordnen Sie dieses Makro einer Schaltfläche mit der Aufschrift **Speichern** zu. Besonders beim Aufbau einer Tabelle können Sie darüber schnell zwischendurch speichern.

Aufgabe 2
Was bedeutet in einem Makro die Angabe **Z12S34**?

- Angabe von Zeilen und Spalten im "Multiplan-Format". Hier ist Zeile 12 und Spalte 34 gemeint.

- Diese Angabe gibt es nicht in Excel-Makros, sondern **nur** in Multiplan-Makros. Diese muß man erst mit dem Makro-Übersetzer in eine Excel-verständliche Form übersetzen.

- Es handelt sich um die Angabe von Zeilen und Spalten im "Lotus 1-2-3-Format", die von Excel leider nicht verstanden wird.

Aufgabe 3
Empfinden Sie die Funktionsweise des Autosum-Werkzeuges aus der Symbolleiste nach, indem Sie ein Makro mit ähnlicher Funktionsweise herstellen.
Verändern Sie die Funktion so, daß auch Mittelwerte berechnet werden können. Am besten auf Knopfdruck!

Anhang 1: Installation

Bei der im folgenden beschriebenen Installation von MS-Excel 4.0 wird von folgenden Voraussetzungen ausgegangen:
- MS-Windows 3.1 ist in dem Verzeichnis \WIN auf der Festplatte C: installiert
- Die Installationsdisketten von MS-Excel 4.0 werden in das Diskettenlaufwerk A: eingelegt.

So installieren Sie MS-Excel 4.0:

---

1. MS-Windows 3.1 aufrufen.
3. Installationsdiskette (= Diskette 1) in Laufwerk A: einlegen.
4. Im Programm Manager von Windows wählen Sie *Datei --> Ausführen.*
   Es öffnet sich eine Dialog-Box.
5. Geben Sie *A:\SETUP* ein.
   Groß- oder Kleinschreibung ist ohne Bedeutung.
6. [↵] oder [Klick] auf *OK* starten das Installationsprogramm SETUP.EXE.
7. Abfrage des Verzeichnisses, in dem Excel installiert werden soll.

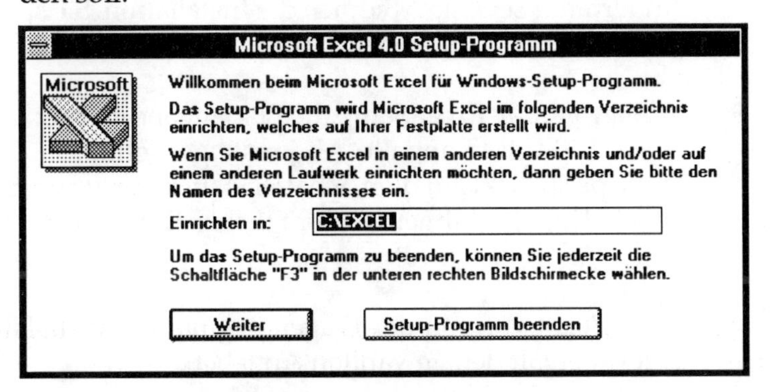

8. Bestätigung mit [Klick] auf *Weiter.*

Ihre weitere Vorgehensweise:

- Sofern das angegebene Verzeichnis nicht vorhanden ist, werden Sie gefragt, ob es von Excel-Setup angelegt werden soll.
  Beantworten Sie die Frage per [Klick] auf *Ja*.

4. In der folgenden Dialog-Box haben Sie die Auswahl zwischen verschiedenen Installationsarten:
   - Vollständige Installation
   - Benutzerdefinierte Installation
   - Minimal-Installation

   Beantworten Sie die Frage entsprechend Ihres Installationswunsches.

- Je nach freier Speicherkapazität Ihrer Festplatte und Ihrer Installationserfahrung wählen Sie zwischen den Angeboten. Wenn Sie noch unerfahren sind, jedoch mindestens noch 12 MB auf Ihrer Festplatte freien Platz haben, dann sollten Sie die Option *Vollständige Installation* wählen. Dort werden die wenigsten Eingriffe notwendig.

5. Je nach gewählter Installationsart werden Ihnen in der Folge verschiedene Fragen gestellt:

- Sind Sie Umsteiger von Lotus 1-2-3? Dann sollten Sie das angebotene Lernprogramm für Umsteiger installieren. Andernfalls schenken Sie sich die Installation. Sie sparen dann wertvollen Speicherplatz auf Ihrer Festplatte.

- Wollen Sie, daß Excel-Setup die Pfadangabe in Ihrer Datei AUTOEXEC.BAT anpaßt? Als Einsteiger sollten Sie diese Frage per [Klick] auf dem Schalter *Aktualisieren* anpassen lassen. Das spart Ihnen nachträgliches Editieren.

Nach Beantwortung der Fragen beginnt die Installation von Excel mit den gewählten Angaben.

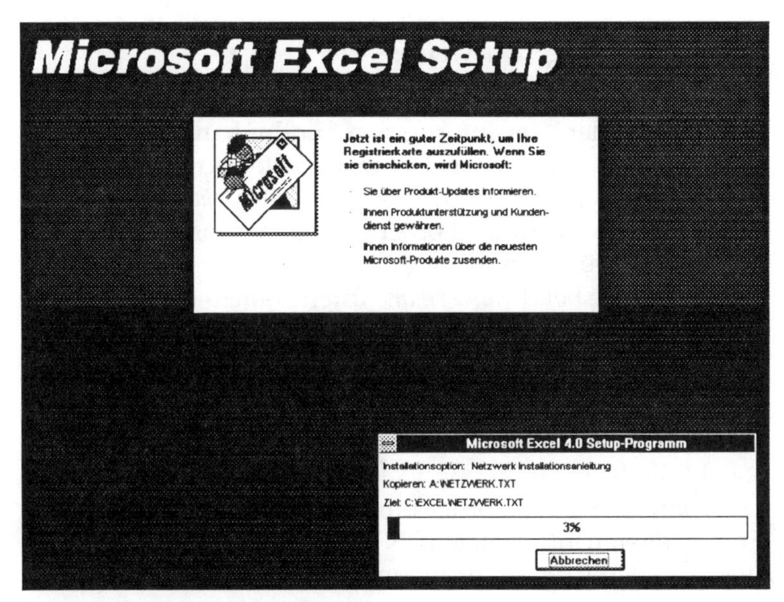

Excel während der Installation

☞ **Hinweis**

Die Installation von Excel kann auch im Hintergrund geschehen (Multitasking auf 386er Rechnern). Nur wenn Sie aufgefordert werden, eine neue Diskette in das Laufwerk A: einzulegen, meldet sich Excel-Setup wieder bei Ihnen im Vordergrund.

Ihre weitere Vorgehensweise:

---

5. Legen Sie nach Anweisung nun die angeforderten Disketten ein.
   Excel-Setup dekomprimiert die Dateien und kopiert sie in das angegebene Verzeichnis.

- Die meist langweilige Zeit der Installation wird geschickt genutzt durch die Präsentation der neuen Features von Excel 4.0. Man erhält so einen ersten Eindruck vom Leistungsumfang.

Ihre weitere Vorgehensweise:

5. Abfrage der User-Information. Hierbei handelt es sich um eine Art Kopierschutz. Das installierte Excel wird mit den Angaben versehen, die Sie hier unter *Name* und *Firma* eingeben. Unerlaubt kopierte Versionen lassen sich somit leicht zurückverfolgen.
   Geben Sie bei *Benutzername* Ihren Namen ein.
   Geben Sie bei *Firma* die Firma ein, bei der Sie beschäftigt sind. Sollten Sie Excel privat nutzen, lassen Sie das Feld einfach leer.

Sobald die Installation von Excel 4.0 abgeschlossen ist, wird Excel mit den Zusatzprogrammen Q+E und Dialog-Editor sowie weiteren Info-Dateien (INFO.EXT, NETZWERK.TXT) in einer eigenen neuen Gruppe im Programm Manager aufgeführt.

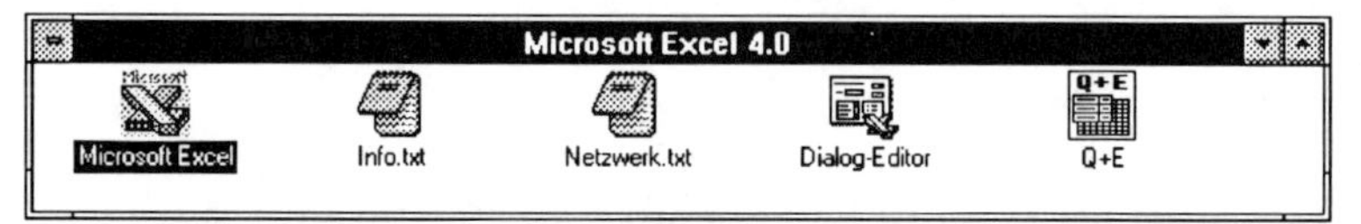

MS-Excel 4.0 nach der Installation

Benutzerdefinierte Installation
Sofern Sie das benutzerdefinierte Setup gewählt haben, können Sie in einer Dialog-Box die zu installierenden Komponenten von Excel 4 auswählen.

Umfangreiche Einflußnahme auf die zahlreichen Komponenten ist bei dieser Installationsmethode möglich.

Je nachdem, was Sie in Ihrer täglichen Arbeit von Excel benötigen, kann von Ihnen installiert werden. Komponenten, die Sie nie benötigen, werden einfach weggelassen. Das spart Speicherplatz auf Ihrer Festplatte. Übrigens können sämtliche ausgelassenen Komponenten später nachträglich installiert werden.

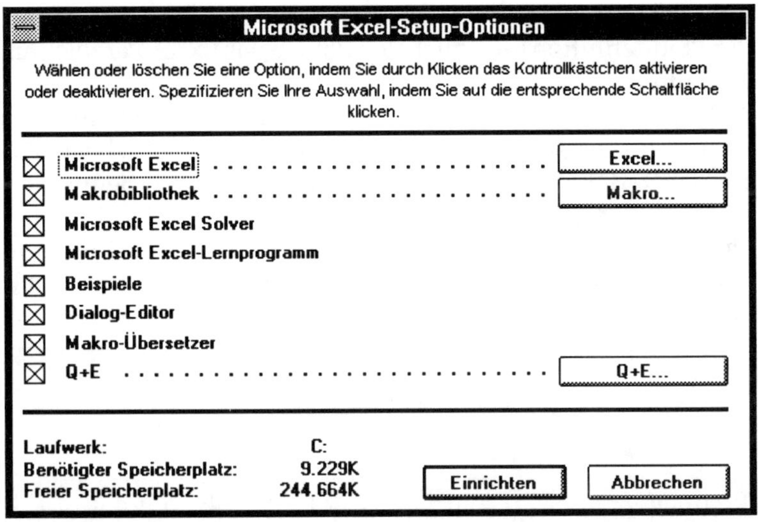

Microsoft Excel-Setup-Optionen

Wählen oder löschen Sie eine Option, indem Sie durch Klicken das Kontrollkästchen aktivieren oder deaktivieren. Spezifizieren Sie Ihre Auswahl, indem Sie auf die entsprechende Schaltfläche klicken.

- ☒ Microsoft Excel .... [Excel...]
- ☒ Makrobibliothek .... [Makro...]
- ☒ Microsoft Excel Solver
- ☒ Microsoft Excel-Lernprogramm
- ☒ Beispiele
- ☒ Dialog-Editor
- ☒ Makro-Übersetzer
- ☒ Q+E .... [Q+E...]

Laufwerk: C:
Benötigter Speicherplatz: 9.229K
Freier Speicherplatz: 244.664K

[Einrichten] [Abbrechen]

Installationsoptionen

Per [Klick] kreuzen Sie die gewünschten Komponenten an bzw. entfernen das eingetragene Kreuzchen.
Über die Schalter *Excel, Makro* ind *Q+E* können Sie exakt die Installation steuern.
Diese Installationsart ist insbesondere Umsteigern von Excel 3 zu empfehlen, da sie bereits über die nötigen Vorstellungen verfügen.

Minimal Installation
Bei Auswahl dieser Option wird nur die Mindestmenge an Programm-Modulen auf Ihrer Festplatte installiert.
Außer dem Programm selbst und seiner Hilfedatei werden in Unterverzeichnissen einige Add-In-Makros (Szenario-Manager, Add-In-Manager usw.) installiert. Alle anderen Dateien werden nicht installiert, können jedoch später nachträglich hinzugefügt werden.

Die Installation ist abgeschlossen, wenn in einer Info-Box *Microsoft Excel-Setup ist beendet!* angezeigt wird. Bestätigen Sie mit [Klick] auf **OK**.

Kontrollieren Sie Ihre Datei AUTOEXEC.BAT. Die Zeile mit der Pfaddefinition muß auch den Pfad in das Excel-Verzeichnis enthalten.
Sollte dies nicht der Fall sein, so ergänzen Sie den PATH-Befehl um einen entsprechenden Eintrag (z.B.: C:\EXCEL). Beachten Sie dabei, daß die einzelnen Zugriffspfade durch Semikolon voneinander getrennt werden.
Durch die Setup-Prozedur von Excel 4.0 wird folgende Verzeichnisstruktur generiert, sofern Sie die komplette Installation wählen.

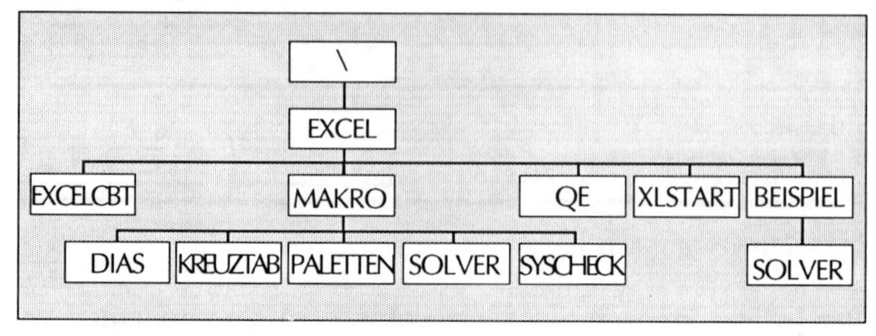

Verzeichnisstruktur nach der Excel-Installation

Anhang 2: Aufgabenlösungen

Dieser Teil des Anhangs ist der Lösung der Aufgaben gewidmet, die im Anschluß an einige Kapitel gestellt wurden. Sie finden nur solche Aufgaben gelöst und Fragen beantwortet, bei denen dies eindeutig möglich ist.

Lösungen zu Kapitel 6

Zu Aufgabe 1
MS-Excel 4.0 besteht aus 256 Spalten und 16.384 Zeilen.

Zu Aufgabe 5
Die standardmäßig von Excel automatisch erzeugte Tabelle erhält den Namen **Tab1**.

Lösungen zu Kapitel 7

Zu Aufgabe 2
Ihre Tabelle könnte folgendes Aussehen haben:

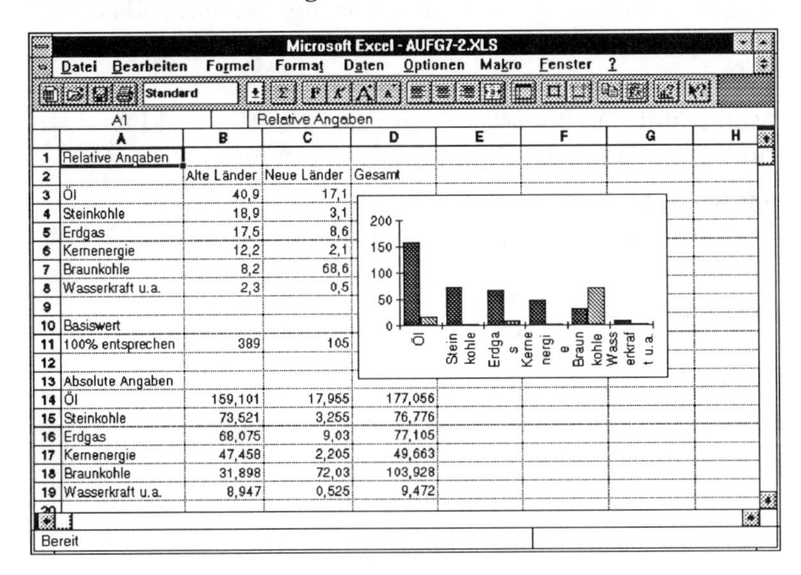

	A	B	C	D
1	Relative Angaben			
2		Alte Länder	Neue Länder	Gesamt
3	Öl	40,9	17,1	
4	Steinkohle	18,9	3,1	
5	Erdgas	17,5	8,6	
6	Kernenergie	12,2	2,1	
7	Braunkohle	8,2	68,6	
8	Wasserkraft u.a.	2,3	0,5	
9				
10	Basiswert			
11	100% entsprechen	389	105	
12				
13	Absolute Angaben			
14	Öl	159,101	17,955	177,056
15	Steinkohle	73,521	3,255	76,776
16	Erdgas	68,075	9,03	77,105
17	Kernenergie	47,458	2,205	49,663
18	Braunkohle	31,898	72,03	103,928
19	Wasserkraft u.a.	8,947	0,525	9,472

Zu Aufgabe 3
Vor jeder Formel muß das **Gleichheitszeichen** eingegeben werden.

Zu Aufgabe 4
Angabe der oberen linken Ecke, Doppelpunkt und untere rechte Ecke.

Lösungen zu Kapitel 8

Zu Aufgabe 1
Sie machen die Zelle A4 zur aktuellen Zelle. Betätigen Sie die Tastenkombination [Strg]+[Einfg]. Dann markieren Sie per [Dauerklick] den Bereich B4:E4 und drücken die [Return]-Taste.

Zu Aufgabe 2
Sie markieren per [Dauerklick] die Zellen B9:H9, drücken dann den Summenknopf in der Werkzeugleiste und schließen Ihre Eingabe mit [Strg]+[Return] ab.

Zu Aufgabe 3
Sie erzeugen über die Befehlsfolge *Fenster —> Neues Fenster* ein zweites Fenster der zu überprüfenden Datei. Dort wählen Sie über *Optionen —> Bildschirmanzeige* aus, daß **Formeln** angezeigt werden sollen. Dann sehen Sie alle Formeln und können sie bequem editieren.

Zu Aufgabe 4
Man wählt das *Bearbeiten*-Menü mit [Shift]+[Klick] an. Dort findet man dann die Option ***Links* ausfüllen**.

Zu Aufgabe 5
Dort steht dann nach dem Kopieren die Formel **=$A$3+I10**.

Lösungen zu Kapitel 9

Zu Aufgabe 2
Dort wird festgelegt, zu welcher Zelle bzw. welchem Zellbereich der dort festgelegte Name zugeordnet wird.

Lösungen zu Kapitel 10

Zu Aufgabe 2

Markieren Sie die Zahlenwerte. Dann *Format —> Zahlenformat*. Dort zunächst das Format *0,00* wählen. Durch eine Leertaste getrennt dahinter **"m/sec"** mit Anführungszeichen schreiben und mit [Klick] auf *OK* bestätigen.

Zu Aufgabe 3

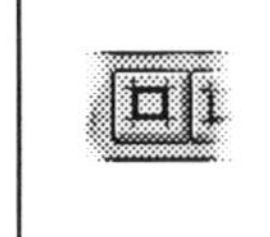

Der gesamte Tabellenbereich wird markiert. Dann wird über *Format —> Rahmenart —> Gesamt* der Rahmen zugewiesen. Alternativ dazu können Sie auch den Rahmenschalter der Symbolleiste anklicken.

Zu Aufgabe 4

Die Farbe **Violett** wird in Excel **Magenta** genannt. Im Standard-Währungsformat, in dem normalerweise negative Zahlen rot dargestellt werden, wird das Wort **Rot** durch **Magenta** ersetzt.

Lösungen zu Kapitel 12

Zu Aufgabe 1

Die erste Antwortmöglichkeit ist richtig: Der Inhalt einer Zelle stammt aus einer weiteren Tabelle. Die Zelle bzw. der Bereich wird in einem externen Bezug spezifiziert.
Beispiel: *='C:\EXCEL\HAUSHALT.XLS'!$B$3)*

Zu Aufgabe 2

Über *Daten —> Konsolidieren.*

Zu Aufgabe 4

Antwortmöglichkeit 1 ist richtig: Hierüber kann den einzelnen Gliederungsebenen ein spezielles Schriftattribut automatisch bei der Gliederungserstellung zugeordnet werden.

Lösungen zu Kapitel 13

Zu Aufgabe 3

Excel versucht, möglichst wenig Datenreihen im Diagramm zu erzeugen. Aus diesem Grunde werden die Datenreihen aus dem Tabellenelement gebildet, welches weniger markiert ist. Sind weniger Spalten als Zeilen markiert, werden die Datenreihen aus den Spalten gebildet, sind weniger Zeilen als Spalten markiert, werden die Zeilen zu Datenreihen verarbeitet.

Lösungen zu Kapitel 14

Zu Aufgabe 1

Nachdem Sie eine Datenbank erstellt haben, in der für jeden Darsteller ein eigenes Feld zur Verfügung steht (Darsteller_1, Darsteller_2 usw.), können Sie beispielsweise durch Verwendung des logischen UND beide Darsteller suchen, indem im Kriterienbereich **beide** Darstellerfelder mit einem Eintrag versehen werden.

Zu Aufgabe 2

Im Kriterienbereich tragen Sie für das Gehalt **>9000** ein. Den Ausgabebereich haben Sie auch als Druckbereich festgelegt. Über *Datei —> Drucken* können Sie genau diesen Bereich ausdrucken.

Zu Aufgabe 3

Fügen Sie ein weiteres Feld ein (z.B. **OST_WEST**), in das Sie entweder ein **W** für West (= alte Bundesländer) oder ein **O** für Ost (= neue Bundesländer) eintragen.

Zu Aufgabe 4

Die Umlaute und das ß werden dem jeweiligen Buchstaben zugeordnet, also das Ä dem A, das Ö dem O, das Ü dem U und das ß dem S.

Lösungen zu Kapitel 15

Zu Aufgabe 1

Zeichnen Sie mit Hilfe des Makrorekorders den Vorgang des Speicherns ab.

Vergeben Sie als Tastenkürzel den Buchstaben **s**.

Zu Aufgabe 2

Angabe von Zeilen und Spalten im "Multiplan-Format". Hier ist Zeile 12 und Spalte 34 gemeint.

Index